追那天上的星

从古人观天到飞向火星

卞毓麟 著

上海科学技术文献出版社
Shanghai Scientific and Technological Literature Press

图书在版编目（CIP）数据

追那天上的星：从古人观天到飞向火星 / 卞毓麟著．—上海：上海科学技术文献出版社，2022.1
ISBN 978-7-5439-8489-9

Ⅰ．①追… Ⅱ．①卞… Ⅲ．①天文学—普及读物 Ⅳ．①P1-49

中国版本图书馆 CIP 数据核字（2021）第 244815 号

选题策划：张　树
责任编辑：王　珺
封面设计：留白文化

追那天上的星：从古人观天到飞向火星
ZHUI NA TIANSHANG DE XING: CONG GUREN GUANTIAN DAO FEIXIANG HUOXING
卞毓麟　著
出版发行：上海科学技术文献出版社
地　　址：上海市长乐路 746 号
邮政编码：200040
经　　销：全国新华书店
印　　刷：商务印书馆上海印刷有限公司
开　　本：720mm×1000mm　1/16
印　　张：24
字　　数：259 000
版　　次：2022 年 1 月第 1 版　2022 年 1 月第 1 次印刷
书　　号：ISBN 978-7-5439-8489-9
定　　价：148.00 元
http://www.sstlp.com

作者简介

卞毓麟，1965年南京大学天文学系毕业。在中国科学院北京天文台（今国家天文台）从事科研30余年，1998年往上海科技教育出版社致力于科技出版。中国科学院国家天文台客座研究员，上海市科普作家协会终身名誉理事长，上海科技教育出版社顾问。曾任中国科普作家协会副理事长，中国天文学会常务理事，上海市天文学会副理事长等。著译科普图书30余种，发表科普类文章700余篇，作品屡获国家级和省部级奖，短文多次入选中小学语文读本。先后获建国以来成绩突出的科普作家（1990年）、全国先进科普工作者（1996年）、上海市大众科学奖（2001年）、全国优秀科技工作者（2010年）、上海科普教育创新奖科普贡献奖一等奖（2012年）、中国天文学会九十周年天文学突出贡献奖（2012年）、上海市科技进步奖二等奖（2013年）等多种表彰或奖励。

本书获得的奖励或荣誉

2021 年　北京市科协优秀科普图书推荐书目

2014 年　第五届中华优秀出版物奖

2010 年　国家科学技术进步奖二等奖

2008 年　新闻出版总署第五次向全国青少年推荐百种优秀图书

2008 年　国家图书馆第四届文津图书奖

2008 年　[海峡两岸] 第四届吴大猷科学普及著作奖创作类佳作奖

2007 年　科学文化与科学普及优秀图书奖

2007 年　上海市优秀科普作品

屈原草就新天问

呵壁龙章化巨槎

载我追星穷宇宙

归来满室散流霞

喜赋卞毓麟老弟《追星》佳作。

几个月来目力骤降，只好请电脑代笔了。

九十岁 王绶琯

中国科学院资深院士王绶琯先生为《追星》赋诗

中国科普界耆宿李元先生为《追星》题词

作者的话

2007年初，上海文化出版社首次推出拙著《追星——关于天文、历史、艺术与宗教的传奇》(以下简称《追星》)，迅即获得广泛的社会关注。当年就有近30家媒体刊发书评或报道，《新华每日电讯》还发了专电"科普作家卞毓麟16万字讲'追星'"。

在短短几年内，《追星》获得了许多褒奖，包括"新闻出版总署第五次向全国青少年推荐百种优秀图书"(2008年)、第四届国家图书馆文津图书奖(2008年)、2010年国家科学技术进步奖二等奖等。

《追星》究竟是一部怎样的作品呢？对此，我在《〈追星〉的创作理念与实践》* 一文做了较全面叙述。简而言之，我是希望能以一种新颖的创作风格，在沟通科学文化和人文文化方面做一点新的尝试，因此《追星》可以说是一部科学与人文"联姻"的作品。全书以天文学发展为主线，在广阔的历史背景中引出大量与之相关的人文要素，语言力求平易朴实，注重准确及时地反映最新科学进展，追求科学性与文学性的有机统一，以及历史感与画面感的完美呈现。让读者在字里行间的阅读过程中，随时在脑海中形成一幅幅生动的画面，是我素来向往的佳境。

---

* 见姚义贤、陈晓红主编《中国科普作家协会优秀科普作品奖获奖优秀科普作品评介丛书：首届获奖优秀科普作品评介》，科学普及出版社，2011年12月出版

曾有多位记者问我："这本书的读者对象究竟是谁？是青少年？还是天文爱好者？"其实，我心目中的读者，是具备中等文化程度的广义的社会公众。我的本意是，这部作品仿佛是为浩瀚的书林增添一道别致的景观，希望游人碰巧看它一眼时，会产生一种"嗨，有趣，还真好看"的感觉。如果一位原本未必对科学感兴趣的人，能够通过这次"追星"，体会到"科学，科学人文，确实蛮有意思"，那么本书的初衷也就算兑现了。诚如海峡两岸"第四届吴大猷科学普及著作奖"对《追星》的获奖评论所言："这本书让我们认识到另一种更深层次的'追星'，这是植基于人类心灵深处求知的渴望，寻求人格的提升，寻求人类自身的超越的'追星'。如果这样一类'追星'能在年轻朋友中多一些知音，难道不是对社会一件功德无量的事情吗？"

2013 年 3 月，湖北科学技术出版社推出的新版《追星》，除酌增天文学新进展外，还新增了王绶琯、李元二位前辈的题诗题词。2014 年，这个新版《追星》喜获第五届中华优秀出版物奖。

光阴荏苒，转眼间又过了六七年。2020 年，上海科学技术文献出版社总编辑张树先生建议我对《追星》再作修订，重出新版，以飨读者。这次修订，仍侧重于绍介国际天文界——尤其是我国——在相关领域取得的新成就。鉴于本书当前的面貌已与早年颇有差异，张树先生还提议不妨为其另取新名。我亦觉此议甚当，于是就择定了一个新书名：《追那天上的星》。

卞毓麟，2021 年 7 月 1 日于上海

目录
Contents

第三篇 注视宇宙的巨眼

第四篇 远离太阳的地方

小　引

追星是一种时尚。

人们喜欢把优秀的歌手称为“歌星”，把杰出的球员称为“球星”，把当红的电影演员称为“电影明星”，而这些“星”的崇拜者就构成了“追星一族”。

为什么是“星”，而不是别的什么——比如说“花”呢？为什么不称呼他们和她们为“歌花”、“球花”和“影花”呢？难道“星”比“花”更可爱，也更招人喜欢吗？

或许是，或许又不是。但是，不管怎样，有一点却是肯定的：人类天生就是“追星族”。如若不信，那就请你想象，在1万年前——不，在10万年前——或许，在50万年前——或者，在更早的时代——

太阳早已落山，大地一片寂静。这是一个无月的晴夜，远处，近处，没有一丝灯光——那时根本就没有灯，没有任何种类、任何形式的灯。在漆黑的天幕上，群星璀璨；原始人惊讶地注视着它们：星星为什么如此明亮，为什么高悬天际，为什么不会熄灭，为什么不会落下……啊，是啊，再也没有什么比星星更能吸引我们远古时代的祖先了。

有时，我想，也许一只猴子，一头牛，或者一条小毛虫，在万籁俱寂的黑夜，仰望奇妙的星空，也会有某种本能的冲动。我不知道这是不是真的。但是，我敢肯定，星星必定从一开始就强烈地吸引了早期人类的注意力，引起了他们的好奇心和求知欲。天长日久，斗转星移，这种好奇心和求知欲，渐渐发展成了一门科学，它就是研究天体运动、探索宇宙奥秘的天文学。

就这样，人类成了天生的“追星族”——追那天上的星。其实，天上的星星也是千差万别的。它们的明暗、颜色——有时甚至外形——都各不相同。对于上古的初民来说，还有什么比天空中突然出现“一把闪闪发光的大扫帚”更令人惊骇的呢？

这种外形酷似扫帚的星，就是彗星。人类对于彗星的惊骇，一直持续到近代。我们的追星之旅，也就从这里开始，它构成了本书的第一篇。关于彗星，有着许许多多奇妙的故事。在东西方文化加速交融的今天，过个快乐的圣诞节在我国也渐渐成了一种时尚。我们有关彗星的第一个故事，恰好就是“圣诞之星”。

我们的先辈很聪明，他们的“追星”很成功。他们认识的星星，远远不只是彗星而已。其实，更重要的是行星。本书的第二篇，谈论的就是古代天文学家对行星的认识，他们犯了不少错误，然而他们的智慧依然令人惊叹。

古人只是用肉眼观天，那时根本就没有望远镜。俗话说得好：见多识广。自从意大利科学家伽利略于1609年发明天文望远镜以来，人们看见的星星——更准确地说，是人们看见的各类天体——就越来越多了，天文学也随之发生了难以言状的巨大变化。向往探索宇宙奥秘的人，自然会想了解天文望远镜的历史：那可真是一部波澜壮阔的历史呢。本书的第三篇，谈论的正是“追星”的利器——天文望远镜以及望远镜制造家们的故事。

有了望远镜，天文学前进的步伐就更坚定有力了。本书第四篇谈的是天文望远镜问世以后，人类是如何追逐越来越遥远的行星的；也就是说，人类所知的太阳王国——太阳系的疆界，是如何一而再、再而三地向外扩展的。这是近代科学的伟大胜利，而且处处充满着诗意。

“追星族”从来不会满足于只是远远地朝明星们看上一眼。他们总想走到明星跟前，同他（她）说话，向他（她）致意。其实，科学家们又何尝不是如此呢？他们想让人类亲自到其他星球上去考察，就像踏上一块遥远的新大陆。1969 年，人类终于成功地登上了月球。如今，人类的一些机器人使者正在火星大地上勤勉地工作着……本书的第五篇，讲的就是人类“追星”如何从地球故乡一直追到了火星上的旷野。

所有这些，都很有趣。可是，这究竟又有什么意义呢？请放心，只要你读下去，很快就会明白的。

好了，现在就让我们从头开始吧。

第一篇

不速之客天外来

【题记】

对于上古的初民来说，还有什么比天空中突然出现“一把闪闪发光的大扫帚”更令人惊骇的呢？

图 1-0　新智彗星（NEOWISE）C/2020 F3。2020 年 7 月 14 日 SimgDe 摄

第一章
神秘的彗星

圣诞之星

大约在公元前后交替之际，世界上有两个庞大的帝国：一个是欧亚大陆东端的西汉帝国，另一个是地中海四周的罗马帝国。公元前 44 年，揽军政大权于一身的儒略·恺撒（Gaius Julius Caesar）成为罗马的终身独裁官，原先的罗马共和体制被彻底破坏，元老院成了他的统治工具。

然而，就在这一年的 3 月 15 日，恺撒被刺杀在罗马元老院的庞培雕像脚下，结束了他那传奇的一生。这时，天空中出现了一颗大彗星，罗马人相信它就是那位独裁者的灵魂。

恺撒死后 10 年，他的情人和盟友——美艳绝伦的埃及女王克娄巴特拉（Cleopatra），与他从前的部将安东尼（Marcus Antonius）成亲。公元前 31 年，他们在亚克兴海战中被恺撒的养子屋大维（Gaius Octavius）打败，翌年在埃及双双自尽。

屋大维成了整个地中海地区的统治者，元老院授予他“奥古斯都”——拉丁语意为“神圣的”“至尊的”——之称号以示敬意。他就是罗马帝国的第一位皇帝奥古斯都（Augustus），公元前 27 年至公元 14 年在位。

图1-1-1 意大利新古典主义画家卡穆奇尼（Vincenzo Camuccini）的名作《恺撒之死》（1798年），现藏意大利那不勒斯的国立卡波迪蒙特博物馆

奥古斯都开创的克劳狄王朝，在公元54年传至第五位皇帝尼禄（Nero Claudius Caesar）。尼禄登基时才16岁，在位14年，以放荡、暴虐出名，曾弑母杀妻，并杀死老师塞涅卡（Lucius Annaeus Seneca）。公元68年6月9日，尼禄在穷途末路中自杀身亡。在他执政的最后几年，种种问题接连不断，其中包括公元64年烧毁了四分之一个罗马城的那场大火。尼禄转嫁罪责于兴起未久的基督教，对教徒进行极其残酷的迫害。

古罗马的历史学巨擘塔西佗（Publius Cornelius Tacitus），在其独具风格的重要著作《编年史》中，详细记载了公元1世纪间的罗马政事和宫廷要闻。他并不支持尼禄残酷迫害基督教徒，却仍为这位皇帝辩解。他在该书第44章中写道：

> 皇帝曾以酷刑对待某些男女，这些人由于其所犯罪行而为群众痛恨，他们被群众称为“基督徒”。这个据此为

名的“基督”，在提庇留皇帝时代为当时的犹大省总督彼拉多处死。虽经短时期的镇压，这一可怕又可憎的迷信活动又在四处传播了，不仅在罪恶的发源地犹大省活动，而且还传播到罗马来。

其实，塔西佗并不清楚“基督徒”是些什么人，也不清楚“据此为名的”基督是谁。当时的其他历史学家对此也没有提供什么材料，所有同时代的史学家没有一个人提及“耶稣”（Jesus）这个名字。

人们知道的“耶稣”，来自《圣经·新约》的头四卷书，即所谓的四“福音”书——《马太福音》《马可福音》《路加福音》和《约翰福音》。有许多证据表明，这些书的作者本身并不认识耶稣。四“福音”书的共同来源是曾在公元200年间流行过的一些稿本，但这些稿本后来遗失了。

总而言之，耶稣诞生了。两千年来，关于他的生平和事迹，以各种文字出版的书籍不计其数，所持的见解应有尽有。现在使用的公历年份，原本就是想以耶稣诞生之日作为起算点的。但后来发现原先的计算有误，耶稣诞生的日子很可能是在公元前6年或公元前5年——反正有理由相信不会早于公元前7年，也不会晚于公元前4年。

耶稣出生的故事梗概，大体上是这样的——

在加利利河谷一个小山坡下的拿撒勒（位于今巴勒斯坦地区），住着木匠约瑟和他那已订婚但尚未过门的未婚妻马利亚，他们是大卫王的后裔。

当时，罗马皇帝奥古斯都下令四方按人口登记造册，以便核查交税的情况。命令规定，犹太人必须在指定的日期到原籍所在地登记纳税。于是，约瑟便带着马利亚从拿撒勒前往大卫之城伯利恒。他们到达那里时，马利亚身孕已重。客店里已经没有空房，马利亚只好住在一个旧马厩里，耶稣就在那里诞生了。

马利亚当时尚未正式成亲，怎么会有孩子呢？

于是，故事就从历史学转向神话传说了。据《圣经》说，天使加百列奉神的差遣到拿撒勒，告诉这位童贞女：“马利亚，不要怕！你在神面前已经蒙恩了。你要怀孕生子，可以给他起名叫耶稣。”约瑟和马利亚听从神的使者吩咐，果真给孩子起了“耶稣”这个名字。

《圣经》又说，耶稣在伯利恒的马厩里出生后，有几个博士从东方来到耶路撒冷。他们说：“那生下来做犹太人之王的在哪里？我们在东方看见了他的星，特来拜他。”《圣经》还说，在东方看见的那颗星，忽然在他们前头行，直行到小孩子的地方，就在上头停住了。博士们非常高兴，见到小孩和他的母亲马利亚，就献上了三样礼物：象征王者尊严的黄金、象征上帝功德的乳香，以及预示耶稣将被处死的没药。

关于耶稣出生的情况，《圣经》中没有更多的记叙了。但就是这些内容，却引发了后人的无限遐想。例如，“博士”究竟都是谁？他们一共是几人？人们大多根据献上的礼物有三样，而推测朝拜耶稣的“博士”是三人。

“博士”这一称谓，并不是指现代的Doctor。“博士”在此处的含义是“念咒的人”“使法术的人”“博学的人”，英语中称为Magi。这个词源自希腊语和拉丁语，后两者又都源自古代波斯语，原指古代波斯的僧侣。

那么，他们“在东方看见的那颗星”——“伯利恒之星”，亦称“基督之星”或“圣诞之星”，究竟是哪一颗星呢？

也许，它是一颗特别明亮的彗星？

也许，它是一颗新星，或者甚至是一颗超新星？

也许，它其实不只是一颗星，而是两颗明亮的行星正好相合，因而分外惹人注目？

也许，这仅仅是基督徒们的信仰，“圣诞之星”实际上根本就不存在？

中世纪的欧洲画家们创作了不计其数的宗教题材画，“耶稣诞生”和“博士朝圣”都是重要的主题。在他们的作品中，那颗神奇的“圣诞之星”究竟是什么模样呢？

他们“在东方看见的那颗星”——“伯利恒之星”，亦称“基督之星”或“圣诞之星”，究竟是哪一颗星呢？

乔托和《博士朝圣》

14 世纪初的意大利大画家乔托（Giotto di Bondone），把“圣诞之星”画成了一颗大彗星。

14 世纪初的意大利大画家乔托（Giotto di Bondone），把“圣诞之星”画成了一颗大彗星。

乔托是大诗人但丁（Dante Alighieri）的同时代人，生于 1267 年（一说 1266 年），其时正值中国的南宋末年。乔托的诞生地是距佛罗伦萨北部约 22 千米的委斯皮耶诺村（一说他就出生于佛罗伦萨）。乔托生活的时代，是中世纪的神学和禁欲主义渐趋没落、人文主义逐步形成的时代。他是文艺复兴时代的第一位绘画大师。他认为耶稣的传统画法缺乏真实感，难以令人动情。1290 年，23 岁的乔托在佛罗伦萨创作的《耶稣受难》，酷似一个真人悬挂在十字架上，忍受着巨大的痛苦，沉重的躯体自然地下垂。这是他遗存的最早一幅作品，也是一次大胆的创造性变革。

相传罗马教皇庞尼腓斯八世（Boniface VIII）曾派出许多使者，到意大利各地征召最优秀的艺术家。使者在佛罗伦萨见到乔托时向其索画，以便决定是否录用。乔托微笑着抓起画笔，饱蘸红色颜料，画了一个极其完美的圆，令使者目瞪口呆。从此，乔托因画圆而被邀往罗马成了著名的典故。后人遂用“乔托的圆圈”来比喻一件做得十分完美的事。

1337 年 1 月 8 日，乔托在佛罗伦萨与世长辞。在所有的革新派艺术家中，他真是最幸运的了。无论在生前，还是在死后，他都享有历久不衰的盛名。14 世纪著名学者、《十日谈》的作者薄伽丘（Giovanni Boccàccio）赞誉乔托为“世界上最好的画家”，并将他当作一个角色写进了故事。后来的达·芬奇（Leonardo da Vinci）、瓦萨里（Giorgio Vasari）都对他倍加推崇。至今人们仍尊其为欧洲绘画之父、现实主义画派的鼻祖。

在意大利文艺复兴时期，达·芬奇、波提切利（Sandro Botticelli）等绘画大师，多有以“耶稣诞生”和“博士朝圣”为题的佳作。乔托的《博士朝圣》则有其独到之处，画中圣母马利亚感人的脸庞始终是人们乐道的典范，画面上方是一颗形态逼真的大彗星。

但是，天文学家知道，在传说的耶稣诞生之年并无特大彗星出现。那么，乔托的创作动因又何在呢？

在于著名的哈雷彗星，它是所有彗星中最为世人熟悉的一颗。我们知道，世界上一些古老民族很早就开始了解天体在天

我们知道，世界上一些古老民族很早就开始了解天体在天空中有规律的运动，并能粗略地预测行星的动态。

图 1-1-2　以“博士朝圣”为题材的世界经典名画不胜枚举。这是 16 世纪荷兰画家勃鲁盖尔（Pieter Brueghel）的名作《三贤朝圣》

图 1-1-3 乔托的《博士朝圣》。画面正上方那颗神奇的"伯利恒之星"呈现为一颗形态逼真的大彗星

空中有规律的运动，并能粗略地预测行星的动态。那时，如果天空中突然出现某种外形奇特、行踪无常的东西，那就会引起人们的恐惧，以为灾难将临。这种奇特的东西是一个毛茸茸的亮斑，并且拖着一条大尾巴。古代西方人觉得它活像一个正在逃跑的疯妇人，长长的头发飘在后边。在希腊语中，表示长发的词汇是 kometes，后来罗马人据此把这种天体叫作 stellae cometae，意为"长头发的星"，英语中简单地称其为 comet，也就是"彗星"，汉语中俗称"扫帚星"。在历史上，对于彗星的恐惧，人们有过不少著名的描述。例如，16 世纪法国外科名医帕雷（Ambroise Paré）在其所著《天空怪物》一书中，以可

怖的笔墨描绘了 1528 年出现的大彗星："在群众中造成极大的恐怖，有吓死的，有吓了得病的。它的尾巴异常之长，颜色红得像血一样，在这颗彗星的头上我们看出一只屈曲的臂，手持一柄长剑，好像要往下砍……其中还混杂许多可憎恶的、须发耸立的人头"，就像这里的插图那样。

图 1-1-4《天空怪物》一书描绘的 1528 年大彗星示意图

古希腊的大智者亚里士多德（Aristotle）认为天界是完美无缺、永恒不变的，只有地球，以及月亮下方的区域才会出现变化和腐坏。因此，他断定彗星是地球大气中的现象，而不是真正的天体。虽然另一些古代哲学家不赞成这种看法，但在那时，亚里士多德的威望至高无上，他的思想不管是对是错，通常总会成为胜利的一方。一千多年以后，丹麦天文学家第谷·布拉赫（Tycho Brahe）于 1588 年证明，1577 年出现的那颗彗星肯定比月亮远得多。从此，人们才认可了彗星作为一种天体的存在。

1705 年，英国天文学家哈雷（Edmund Halley）注意到，1531 年、1607 年和 1682 年的这几颗彗星具有十分相似的运动轨道。他断定它们实际上是同一颗彗星，每隔 75 年或 76 年回归一次。哈雷正确地预言了 1758 年前后这颗大彗星还会再次回来，后来人们便将这颗彗星称为"哈雷彗星"。

1301 年哈雷彗星出现时，它那明亮的彗头和颀长的彗尾给乔托留下了极深的印象。两年后，他便在帕多瓦的阿累那礼拜堂里完成了壁画《博士朝圣》。可以顺理成章地认为，画中在马厩上空闪耀的，正是哈雷彗星的化身。

“乔托号”的壮举

说到乔托和哈雷彗星，人们自然会想起“乔托号”飞船，想起它的以身殉职。

自从近代科学肇始以来，人们发明了天文望远镜，掌握了计算彗星轨道的方法，用照相术留下了彗星的永久性形象，用分光法获悉了彗星的化学成分。但是，要确切查明彗星物质究竟是何等模样，却必须发送宇宙飞船去直接搜集和考察它的样品。

1985年9月11日，美国国家航空航天局的“国际彗星探测者”成功拦截了贾可比尼—津纳彗星，在距离地球7100万千米处从这颗彗星的彗发中穿过，从而成为世界上第一个探测彗星的宇宙飞行器，其探测结果证实了彗星主要由冰和尘埃组成。

1985年9月11日，美国国家航空航天局的“国际彗星探测者”成功拦截了贾可比尼—津纳彗星，在距离地球7100万千米处从这颗彗星的彗发中穿过，从而成为世界上第一个探测彗星的宇宙飞行器，其探测结果证实了彗星主要由冰和尘埃组成。

1985年11月，哈雷彗星抵达最靠近地球的位置，这时它与地球相距9200万千米，可以用普通的双目望远镜看见。为了抓住哈雷彗星这次回归的大好机遇，苏联、日本、西欧先后发射了5艘宇宙飞船，携载多种科学探测仪器，专程前往与之相会。

1984年12月，苏联发射了“维加1号”和“维加2号”两艘同样的宇宙飞船。“维加”的俄文原名是ВЕГА，它由前后两部分组成，前一半ВЕ是俄文Венера（金星）一词的头两个字母大写，后一半是Галей（哈雷）一词的头两个字母。因

图 1-1-5　美国发射的“国际彗星探测者”（来源：NASA）

此，ВЕГА 也可意译为“金星-哈雷号”飞船。这两个“维加号”先前往金星，向金星投下着陆器和一些气球；气球可以逗留在金星大气中，向地球发回有关金星大气和表面环境情况的资料。然后，“维加 1 号”和“维加 2 号”飞船本体继续飞向哈雷彗星。

1985 年 1 月，日本发射了它的第一艘飞船“MS-T5”；同年 8 月，又发射了第二艘，名叫“行星 A”。当年 11 月它们发回的资料表明，从哈雷彗核释放到该彗星大气中去的气体氢的数量，正在有规律地变化着，这可以归因于该彗核每2.2天自转一周。日本的这两艘飞船都不能到达离哈雷彗星很近的地方：前者从相距数百万千米处飞过哈雷彗星，后者于1986年3月8日飞到最接近哈雷彗星的地方，这时它与彗核的距离约为10万千米。

1986年3月，上述宇宙飞船直接观测了哈雷彗星及其紧邻的周围环境。其中，“国际彗星探测者”检测了围绕于该彗星四周的太阳风的性质。“行星A”监测了太阳风与来自哈雷彗星的气体相会的情形。“维加1号”和“维加2号”于3月初进入哈雷彗星的大气，后者直达距离彗核8600千米的地方，发回的首批彗核图像清晰地展现了它的形状和大小。因为彗星的高速尘埃粒子随时都有可能摧毁这艘飞船，所以这是一次相当冒险的飞行。

然而，由11个西欧国家组建的联合机构“欧洲空间局”却更为大胆，它要使自己的飞船切入哈雷彗星的主体，离彗核只有数百千米。科学家们意味深长地把这艘飞船命名为“乔托号”，就是因为乔托在将近700年前首次以画家的精确性绘下了哈雷彗星的形象。1986年3月14日，“乔托号”飞到距离哈雷彗核不足600千米处。由于遭到彗星尘粒的猛烈轰击，在发送了34分钟的资料之后，有大约半数的仪器被毁并终止了工作。

科学家们意味深长地把这艘飞船命名为“乔托号”，就是因为乔托在将近700年前首次以画家的精确性绘下了哈雷彗星的形象。

“乔托号”一命休矣！有人说，这本来就是在向自杀进军。可是，不入虎穴，焉得虎子？更何况乎机不可失，时不再来。“乔托号”拍摄的哈雷彗核图像是一个形状不规则的极暗的物体，有三处地方喷出由细尘组成的喷流。彗核的形状可以比拟为一只马铃薯或一粒花生，其尺度要比预期的大：长约 15 千米，宽 7～10 千米。科学家们还发现，大约 90% 的彗星尘埃似乎由含碳物质构成，而在此之前，人们曾以为彗星尘埃的主要成分是硅酸盐。

如今，哈雷彗星已经再度远离了我们，去了离地球极其遥远的地方。不过，关于哈雷彗星的传奇故事，可以讲述的却有很多很多。

图 1-1-6　欧洲空间局发射的“乔托号”飞船

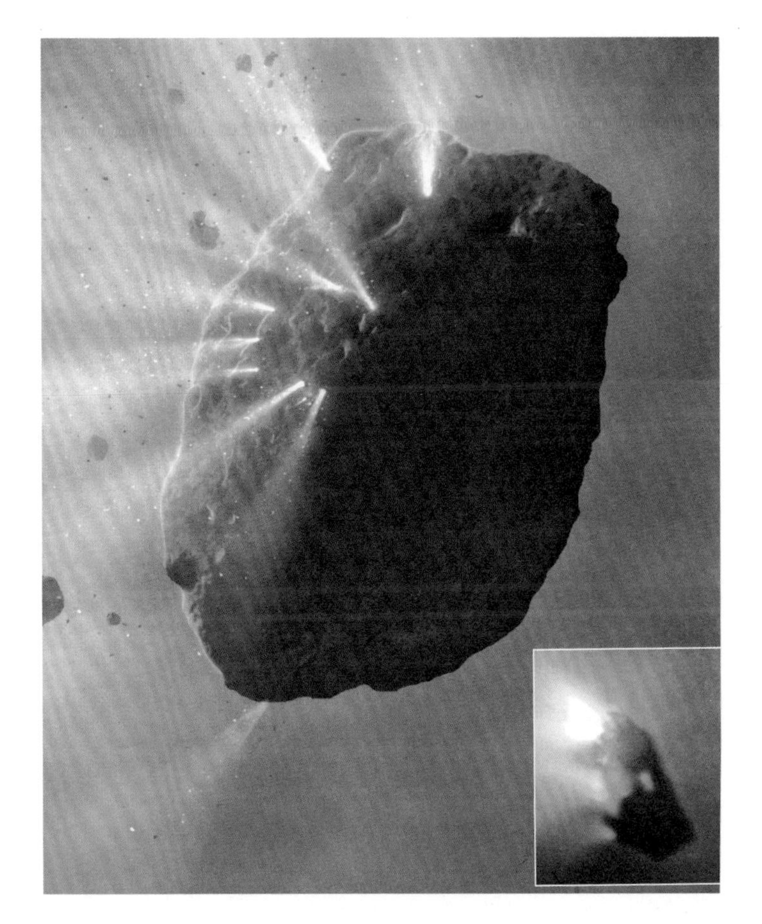

图 1-1-7　彗核喷射气体和尘埃的模拟图，右下方的小图是“乔托号”宇宙飞船以生命为代价拍摄到的哈雷彗核图像

第二章
哈雷彗星传奇

圣赫勒拿岛

有些地方的名声同它的面积大小完全不相称，圣赫勒拿岛便是一例。

地理学家们这样描述它：圣赫勒拿是一个火山岛，面积仅122平方千米。它位于南大西洋中，在赤道以南16°，离非洲西海岸1800多千米。它虽然地处热带，却有东南贸易风和南大西洋寒流的影响，所以气候宜人……

历史学家们则写道：1502年5月21日，葡萄牙人占领了这个火山岛。因为那一天正好是古罗马君士坦丁大帝（Constantine the Great）之母圣赫勒拿（Saint Helena）的诞辰纪念日，葡萄牙人便命名它为“圣赫勒拿”。1633年后，它一度为荷兰人占领，1659年又为英国东印度公司占领，后来它成了英国的殖民地。它之所以闻名于世，主要是因为拿破仑一世（Napoleon I）于1815年被流放时囚禁于此。1821年，这位纵横一世的大人物在该岛结束了他那惨淡的余生，岛上留下了他的衣冠冢。他在那儿的住处“隆武馆”现已辟为博物馆，陈列着他的书籍和用具。由于战略地位重要，圣赫勒拿岛在第二次世界大战期间是英国的海军基地。20 世纪 60 年代后，它成了一个电视、广播转播系统中心……

所有这些都很美妙，但天文学家还是觉得，如果不作一些补充，那就是自己的失职——

东印度公司占领圣赫勒拿以前 3 年，1656 年 11 月 8 日，在英国伦敦附近的哈格斯顿降生了一个婴儿，他的名字叫爱德蒙·哈雷。从学生时代起，他就对天文学产生了浓厚的兴趣。19 岁那年，他就发表了阐述行星运动定律的论著。1673 年，哈雷进入牛津大学王后学院，在校期间他获得了访问格林尼治皇家天文台的机会。在该台首任台长弗拉姆斯蒂德（John Flamsteed）影响和鼓励之下，1676 年 11 月，刚满 20 岁的哈雷决定放弃获得学位的机会，搭上东印度公司的一艘海轮，毅然前往圣赫勒拿。

图 1-2-1　英国著名天文学家爱德蒙·哈雷

直到那时为止，所有的天文学家都还在北半球工作。除了水手们和旅行家断断续续带回的一些零星报道外，对于系统的天文观测而言，最南方的天空依然是一块处女地。

这时，哈雷来了。他在圣赫勒拿建了一座临时性的天文台，它也是南半球的第一座天文台。哈雷有一架 7.3 米长的望远镜，他就用它在那儿耐心而艰苦地工作了一年。结果表明，圣赫勒拿虽然气候宜人，却非常不利于天文观测。不过，它是当时英帝国管辖下最南边的一块领地，而观测南天恒星还是尽量到南方去为好。

哈雷于 1678 年 1 月返回欧洲。他取得的观测资料只够编出一份包含 341 颗南天恒星的星表，表中给出了这些恒星的黄道坐标。然而，这却是第一份南天星表。就人类对恒星的了解

哈雷于 1678 年 1 月返回欧洲。他取得的观测资料只够编出一份包含 341 颗南天恒星的星表，然而，这却是第一份南天星表。

而言，这乃是一份新的宝贵财富。它很好地补充了当时最好的两份北天星表：一份业已完成，作者是但泽（今波兰的格但斯克港）的天文学家赫维留斯（Johannes Hevelius），另一份则由弗拉姆斯蒂德继续绘制。

哈雷这份星表发表于1678年，它也是最早的望远镜观测星表。在此之前，所有的星表——包括赫维留斯那份出色的北天星表，都是在肉眼观测的基础上编制的。因此，哈雷的工作仿佛又是星表史上的一座里程碑。

这份星表，不仅使天文学家们在拿破仑流放之前一个多世纪便熟悉了圣赫勒拿这个小岛，也使哈雷这个20来岁的年轻人享有盛名，被人们誉为“南方的第谷”——关于杰出的丹麦天文学家第谷的有趣故事，在本书后面还将详细讲述。就在1678年，22岁的哈雷当选为英国皇家学会会员。

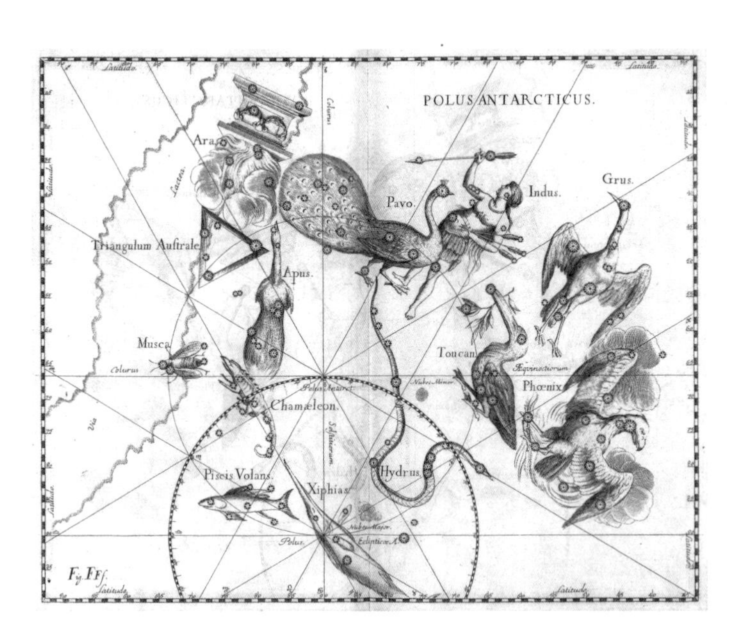

图1-2-2 赫维留斯绘制的南天星图体现了哈雷的观测成果。图中画的是南天极附近的星座

一个大胆的预言

1679 年，哈雷到但泽拜访年事已高的赫维留斯，第二年又到法国同巴黎天文台的主持人、当时世界上最优秀的天文观测家之一卡西尼（Giovanni Domenico Cassini）一起观测了 1680 年的大彗星。这对他日后与彗星结下不解之缘无疑有着直接的影响。

1684 年，哈雷初访正在剑桥的牛顿（Isaac Newton）。当时，牛顿已经把万有引力定律应用于行星和月球的运动，并且取得完全的成功。可是，彗星在天空中如何运动却依然是个谜，它们似乎出没无常，这一直使天文学家们困惑不已。哈雷决定着手解决这个问题。他在牛顿的帮助下，编纂了大量彗星的观测记录，并全力以赴地投身于计算彗星运行的轨道。

当时，牛顿已经把万有引力定律应用于行星和月球的运动，并且取得完全的成功。

1704 年，哈雷被任命为牛津大学的几何学教授。1705 年，他出版了《彗星天文学概要》一书，书中说明了从 1337 年到 1698 年间人们观测到的 24 颗彗星运行的抛物线轨道。长期跟浩瀚的数据打交道的经验，使哈雷获得了从中找出规律性的高超本领。他发现，曾于 1531 年、1607 年先后出现的两颗大彗星，和他本人亲眼所见的 1682 年大彗星具有极其相似的运行轨道，而它们出现的时间则相隔 75～76 年。于是哈雷猜想，它们实际上可能是同一颗彗星，它绕太阳运行的轨道不是抛物线，而是一个拉得很长的椭圆。只有当它离地球相当近的时候，我们才能看见它；而在我们看不见它的间歇期内，它一定会跑到比当时所知的最远行星——土星更远的地方去。

哈雷大胆地预言——有史以来第一次有人作这样的预言：

哈雷大胆地预言——有史以来第一次有人作这样的预言：这颗特大彗星将于 1758 年前后再度光临！

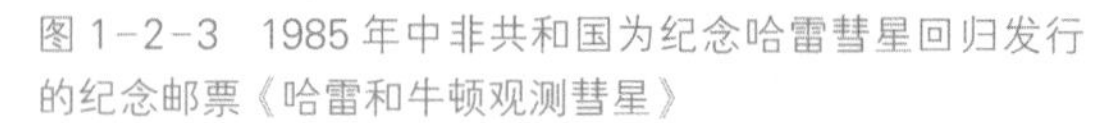
图 1-2-3　1985 年中非共和国为纪念哈雷彗星回归发行的纪念邮票《哈雷和牛顿观测彗星》

图 1-2-4　法国天文学家梅西叶的肖像画（时年约 40 岁）

这颗特大彗星将于 1758 年前后再度光临！哈雷本人要是能活到那一天的话，他就该有 102 岁了。不过事实上他只活了 86 岁，因而未能目击这颗彗星又一次回归。

最努力地准备观测那次彗星回归的天文学家是法国的梅西叶（Charles Messier），整个 1758 年他都在用望远镜观天，指望成为目睹这颗彗星回归的第一人，但结果却劳而无功。这份光荣最后落到了一位名叫帕利兹（Palitzsch）的德国人身上，他是德累斯顿附近的农民，也是一位目力敏锐的业余天文爱好者。1758 年 12 月 25 日圣诞节晚上，他用一架焦距约 2.4 米的望远镜，首先看见了这颗彗星。梅西叶则直到 1759 年 1 月 21 日才初次见到它。

哈雷的研究工作证明，原先人们觉得飘忽无常的彗星，实际上也像地球和其他行星一样，是太阳王国的臣民。更重要的是，哈雷准确计算并预言了彗星的行踪，有力地促使欧洲学术界普遍接受了牛顿的力学体系。

这是科学史上的一件大事。哈雷的研究工作证明，原先人们觉得飘忽无常的彗星，实际上也像地球和其他行星一样，是太阳王国的臣民。更重要的是，哈雷准确计算并预言了彗星的行踪，有力地促使欧洲学术界普遍接受了牛顿的力学体系。对于确定天体力学方法的正确性而言，这乃是一个决定性的证据。

1835 年，哈雷彗星再度回归，美国著名小说家马克·吐温（Mark Twain）就是这一年出生的。他曾戏言，哈雷彗星下次再回来时，他的死期大概也就到了。真是无巧不成书，1910 年，哈雷彗星又一次回归，马克·吐温也真的就在那年去世了。

对绝大多数人来说，一辈子能见到一次哈雷彗星就算幸运的了。假定一个人出生时，哈雷彗星刚刚离去，那么他的寿命必须超过 75 岁，才可望在晚年一睹哈雷彗星的风采；而且，他即使活上 120 岁，一生中也还是无缘目睹哈雷彗星两度回归。

不过，话说回来，大自然似乎对少数人特别眷顾。例如，曾领导我国南京紫金山天文台长达 41 年之久的著名天文学家张钰哲教授，出生于 1902 年 2 月，童年时代八九岁时，见到 1910 年回归的哈雷彗星，在脑海中留下了深刻印象；1985 年底，他又一次目击哈雷彗星回归。翌年 7 月，张钰哲先生在南京逝世，享年 84 岁。

曾任紫金山天文台副台长、后来又任上海天文台台长的李珩教授，生于 1898 年 12 月，也曾于 1910 年首次见到、并于 1985 年再度目击哈雷彗星回归。1989 年 8 月，李珩先生卒于上海，享年九十有一。

2005 年 1 月，长期担任北京天文馆科学顾问的李鉴澄老先生百龄华诞，业界同人纷纷致贺。哈雷彗星在 20 世纪的两度回归，鉴澄老也是一位难得的见证人。2006 年 12 月，本书初

图 1-2-5 中国天文学会日食观测西北队在甘肃临洮（1941年9月21日），后排左起为龚树模、李国鼎、陈遵妫、张钰哲，左六为李珩。左上方小图是观测队拍摄的日全食照片

版行将付梓之际，传来了鉴澄老人驾鹤西去的消息。

哈雷的伟大功绩

除了预言哈雷彗星的回归，哈雷对天文学的贡献还有很多。例如，他于1716年重申了开普勒（Johannes Kepler）曾经提过的一种设想：利用金星从日轮前方越过——这叫作“金星凌日”——的机会，来测定太阳与地球的距离。这一思想在哈雷死后付诸实践，在此后100多年间，这始终是测定日地距离的最佳方法。

1718年，哈雷指出，天空中至少有三颗恒星（即天狼星、南河三和大角星）的位置与古希腊时代有了明显的差异。经过缜密的分析，他率先证明：对此唯一令人满意的合理解释，乃是恒星并不“恒”，它们各有自己固有的运动，这就是恒星的“自行”。

除了天文学和数学以外，哈雷对航海、气象、地理、地磁、工程、历法、音乐等诸多领域亦均有涉猎。例如，他在1691年，通过对古代月食记录和其他资料的考证，弄清了古罗马儒略·恺撒首次登陆不列颠的日期和地点。又如，他于1693年首先作出一份详细的死亡率表，这样就使人们有可能用统计方法来研究生命和死亡现象，并开启了现代保险业的先声。在17世纪和18世纪之交，为测量不同地点地磁的变化情况，哈雷进行了广泛的旅行。

1719年12月31日，弗拉姆斯蒂德去世。翌年，64岁的哈雷接受任命，成为格林尼治天文台第二任台长。先前该台的

图1-2-6　哈雷时代的英国格林尼治皇家天文台外景

仪器都由清贫的弗拉姆斯蒂德私人筹置，哈雷上任时，原来那些仪器已被弗拉姆斯蒂德的后嗣或债主搬走。也就是说，他接手的实际上是一座空空如也的天文台——虽然仍冠以“皇家”头衔。哈雷重新为天文台装备了望远镜和其他仪器，在20多年的台长任期中，他最主要的工作是仔细地观测和研究月球。月球运动的长期加速现象，就是他在该台发现的。

哈雷是牛顿的莫逆之交。1684年，哈雷因其父被人谋杀而继承了一大笔遗产。正是在哈雷的鼓励和经费资助下，牛顿的不朽名著《自然哲学的数学原理》才于1687年出版。哈雷在格林尼治一直工作到80多岁，并于1742年1月14日在那儿寿终正寝。这一年，适逢他的挚友牛顿百年诞辰。哈雷死后，也像牛顿一样，和英国的英雄们在一起，安葬于威斯敏斯特大教堂内。

为纪念1986年哈雷彗星回归，人们在威斯敏斯特大教堂的哈雷墓上建了一个彗星状的标志。1988年春至1990年初，我本人在英国爱丁堡皇家天文台做访问学者，其间于1989年4

图1-2-7　伦敦市威斯敏斯特大教堂哈雷墓墙上的彗星标志

月24日前往瞻仰哈雷墓，并拍摄了这个标志的照片。从照片上可以看到，标志正中央是“乔托号”宇宙飞船的形象，“彗尾”上的文字则一一列举了哈雷的伟大功绩。

“彗星引领着入侵”

本书开卷伊始就谈到，公元前44年儒略·恺撒遇刺身亡。正好，天空中出现了一颗大彗星，罗马人相信它就是恺撒的灵魂。当时，这颗彗星必定异常夺目。因此，古罗马诗人奥维德（Publius Ovidius Naso）在其代表作长诗《变形记》最后一卷中便有了这样的叙述：

> 慈爱的维纳斯早已到了元老院，谁也看不见她。她从她的恺撒的尸身上捉住了冉冉上升的灵魂，她怕它化为清气，立刻把它带到天上万星丛中。她一路捧着，但觉这灵魂发光发热，就把它从胸口撒开。灵魂一升，升得比明月还高，后面拖着一条光彩夺目的带子。

不过，这颗彗星并非哈雷彗星。关于哈雷彗星回归的历史，从公元前240年至今，每一次都有记载可循。例如，著名法国天文学家、科学普及家、诗人弗拉马利翁（Nicolas Camille Flammarion）在其洋洋百万言的传世巨著《大众天文学》中，有一段脍炙人口的描写：

> 1066年4月，正当威廉（William）胜利入侵英国的时候，哈雷彗星出现了。历史学家都这样写道：“诺曼人

图 1-2-8　法国著名天文学家、《大众天文学》一书的作者弗拉马里翁

被一颗彗星引领着入侵英国。”威廉的妻子马蒂尔达（Matilda）把这颗彗星和她的臣民惊讶的情形，织在有名的巴约城的挂毯上面。今天还被保存在博物馆里。英国国王在他们的冠冕上绣有彗星尾巴的花纹，据说是纪念黑斯廷斯战役失败的耻辱。

下面就是有关此事的整个背景——

塞纳河从巴黎穿城而过，蜿蜒曲折，注入法国北部海岸的塞纳湾。古镇巴约就位于塞纳湾南岸。在古代，它曾为罗马帝国的城市。在现代，它是第二次世界大战中盟军诺曼底登陆时从纳粹德国手里光复的第一个法国城镇。该镇最具代表性的建筑是 12 世纪至 15 世纪建造的诺曼哥特式的圣母大教堂，中心塔高 73 米。那里还有一个马蒂尔达王后博物馆，巴约绣毯就是它的镇馆之宝。

巴约绣毯长 70.4 米，宽 49.5 厘米，用羊毛纤维搓成线在亚麻布上刺绣而成。它以一连串生动活泼的画面配以拉丁文，记叙了 1066 年诺曼人征服英格兰的事迹。绣毯对当时的社会风貌有准确的描绘，是对 11 世纪相关国家生活和行为的记录。例如，画面上英国人和诺曼人的头发式样以及修剪马鬃的方式

图 1-2-9　著名的巴约绣毯（局部）。哈雷彗星的形象在图中左上角

皆有所区别，且与书面记载相符。同时，绣毯也提供了当时的武器、船只、要塞、建筑、服装等方面的形象化信息。总之，它是中世纪精美的刺绣工艺品和珍贵的历史资料。

1066 年的黑斯廷斯战役，起因于英国王位继承问题。早先在公元 9 世纪时，北欧的诺曼人尚处于氏族社会后期，常对外进行海盗式的掠夺。9 世纪后期，他们在英格兰东北部建立了“丹麦区”；10 世纪初在法国北部建立了诺曼底公国。侵入英国的丹麦人是诺曼人的一支，他们于 1016 年征服了整个英格兰。丹麦国王卡纽特（Cnut）把英格兰、丹麦、挪威置于自己的统治之下，形成一个不甚巩固的“帝国”。卡纽特死于 1035 年，7 年以后，盎格鲁—撒克逊贵族恢复了英国王统，拥立爱德华为国王，世称“忏悔者爱德华”（Edward the Confessor）。他生于 1004 年，卡纽特时代流亡在诺曼底公国，直到 1041 年才回到伦敦，所以当上国王后仍对诺曼底多有依赖。

当时，英格兰的威塞克斯伯爵高德文（Goldwin）的权势极大，出于政治目的，他把女儿嫁给了爱德华。后来，高德文的儿子哈罗德（Harold，生于 1022 年）权势日增，渐至可以左右国王。

爱德华是个虔诚而文静的基督徒，他不善理政，不爱战争，主要兴趣在宗教方面。他从小在诺曼底进修道院，遂有“忏悔者”之称。他在位期间建造了威斯敏斯特大教堂——即著名的“西敏寺”，又把王宫从温彻斯特迁到教堂附近，从此伦敦成了英国的政治中心。1066 年 1 月，爱德华去世，其妻弟哈罗德被拥立为王，史称哈罗德二世（Harold II）。

再说法国塞纳河下游的诺曼底，隔英吉利海峡与大不列颠

图 1-2-10　诺曼底公爵威廉用武力夺取了英国王位，后被称为“征服者威廉”

相望。10 世纪初，法国内乱，国王出于无奈而封诺曼人首领罗洛（Rollo）为第一代诺曼底公爵。表面上法国对其有宗主权，实际上诺曼底公国却是个独立王国。

忏悔者爱德华的母亲埃玛（Emma），是第四代诺曼底公爵罗伯特（Robert）的妹妹。罗伯特去世时，其唯一的儿子威廉成为第五代诺曼底公爵。所以，威廉实际上是爱德华的表弟。1053 年，他与法兰德斯伯爵鲍德温（Baldwin）的女儿马蒂尔达结婚。

威廉借口爱德华生前曾许以王位，且指称哈罗德二世只是爱德华的旁支亲属不应继承王统，遂积极准备入侵英格兰，以夺取王位。1066 年 4 月下旬，全英格兰都看见天上有一颗拖着长长尾巴的彗星。人们觉得这是不祥之兆，灾难就要降临了。

哈罗德二世风闻威廉将有所为，立即赶赴南部的怀特岛一带严加防范。不巧的是，北方传来了他的弟弟托斯提格（Tostig）伯爵引领挪威国王在英格兰东岸登陆的坏消息。哈罗德不得不从南部北撤，去对付更紧迫的威胁。直到 9 月 25 日，哈罗德终于在约克郡将挪威国王和托斯提格伯爵击毙，从而大获全胜。

但是，就在 9 月 27 日，久候海边的诺曼人终于迎来了他们所盼望的南风。28 日凌晨，诺曼人的战舰在英格兰南部海岸的帕文西登陆。这时，假如哈罗德二世的军队驻守在岸边，那真有可能消灭已在英吉利海峡中颠簸了一天一夜的诺曼人。然而，历史却不容作这样的假设。

待哈罗德二世获悉诺曼人大举侵入时，威廉和他的将士们已在帕文西和黑斯廷斯之间建立了桥头堡。

待哈罗德二世获悉诺曼人大举侵入时，威廉和他的将士们已在帕文西和黑斯廷斯之间建立了桥头堡。哈罗德赶到黑斯廷斯时，只能采取被动的守势。他的人马排成密集的盾牌阵，守卫在一个小山丘上。威廉的武士全身披挂骑着战马，队前是弓箭手，却无法突破盾牌阵。于是，诺曼人佯作溃退，有些英格兰人欲乘胜追击，这就使盾牌阵出现了缺口，哈罗德的防线被冲开了。更不幸的是，哈罗德二世本人被箭射中了眼睛。他亲手将箭拔出，但伤势太重，终于死在马背上。此后，威廉从多佛到坎特伯雷，直抵伦敦，再也没有遇到什么抵抗。

1066年的圣诞节，威廉在爱德华建造的威斯敏斯特大教堂举行加冕典礼，正式成为英格兰国王，史称威廉一世（William I），又称征服者威廉（William the Conqueror）。在此处举行加冕礼，这是第二次，上一次是几个月前刚为国王哈罗德二世举行的。此后，英国每个新国王登基，都在此处加冕。

威廉征服英格兰后，他的两个同父异母兄弟奥多（Odo）和罗伯特（Robert）先受封赏，后又于1082年遭拘捕和监禁，这大概是威廉欲防患于未然。奥多大约生于1036年，1049年成为巴约的主教，1066年参加黑斯廷斯战役，1067年受封为肯特伯爵，并获赐多佛城堡。他参加第一次十字军东侵，于1097年在前往巴勒斯坦的途中去世。奥多是一个想象力极丰富的人。他重建了巴约大教堂，相传著名的巴约绣毯就是按他的意思特地为此制作的。

巴约绣毯充分反映了1066年发生的那些事情。壁毯上绣有与奥多和罗伯特在一起的威廉，绣有听到诺曼人入侵和其他坏消息时几乎从宝座上摔下来的国王哈罗德二世，绣有哈罗德军队的盾牌阵，绣有哈罗德正在亲手拔出射入他眼中的箭，等等。绣毯上，1066年回归的哈雷彗星高悬在哈罗德国王宝座的上空，

巴约绣毯充分反映了1066年发生的那些事情。

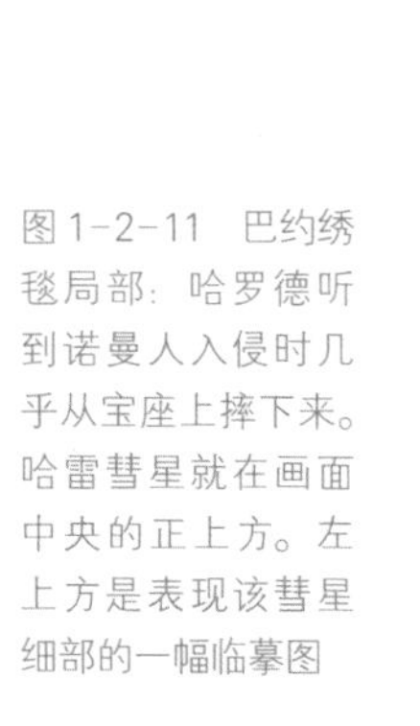
图 1-2-11　巴约绣毯局部：哈罗德听到诺曼人入侵时几乎从宝座上摔下来。哈雷彗星就在画面中央的正上方。左上方是表现该彗星细部的一幅临摹图

许多人都在惊愕地注视着它。至于巴约绣毯上究竟有多少画面确系威廉的妻子马蒂尔达亲手绣制，那恐怕就难以查明了。

如期归来的守护者

关于哈雷彗星的回归，还有一个 15 世纪的故事，这要追述到 14 世纪前叶奥斯曼帝国在小亚细亚崛起。建立这个国家的土耳其人就称为奥斯曼土耳其人。在百余年中，奥斯曼帝国不断征战，将小亚细亚半岛的大部和巴尔干半岛的大部均纳入了自己的版图。

1453 年，土耳其人作好最后进攻的准备。他们的苏丹穆罕默德二世（Mehmet II）率大军 20 万、战船 300 艘，以及攻城重炮，于 4 月 6 日开始围攻拜占庭帝国的首都君士坦丁堡。经过 53 天苦战，君士坦丁堡最终在 5 月 29 日陷落。土耳其人纵

兵屠掠，连续3天，壮丽的宫殿被付诸一炬，历代艺术品化成劫灰，众多居民沦为奴隶。

奥斯曼帝国随即迁都君士坦丁堡，并将其更名为伊斯坦布尔，那里的圣索非亚教堂被改为清真寺。1461年，拜占庭的残余领土亦被土耳其占领。至此，西罗马帝国灭亡后继续存在近千年的拜占庭帝国终于寿终正寝。

1456年，哈雷彗星再次回归，在欧洲引起了极大轰动。那时，君士坦丁堡落入信奉伊斯兰教的土耳其人之手才3年，欧洲人依然处于惊恐之中。当时的历史学家说，那颗彗星金光灿烂，如摇荡的火焰，尾巴在天空中估计延伸达60°，人们在那里看出了天神的怒气。教皇卡利克斯特三世（Calixte III）要求信奉基督教的人共御伊斯兰教徒的侵略，并叫信徒们除了原有的晚祷外，中午再做一次祈祷。他们认为，这颗彗星的出现是上天对土耳其人占领君士坦丁堡的惩罚。土耳其人则因这一异常天象，而对真主的意图产生了歧见。

当时的历史学家说，那颗彗星金光灿烂，如摇荡的火焰，尾巴在天空中估计延伸达60°，人们在那里看出了天神的怒气。

在现代，天文学家总是非常乐于回顾1910年哈雷彗星回归的盛况。弗拉马利翁在《大众天文学》中的描述是：

在现代，天文学家总是非常乐于回顾1910年哈雷彗星回归的盛况。

> 1910年哈雷彗星又转来一次。考埃尔（Philip Herbert Cowell）和克罗姆林（Andrew Claude de la Cherois Crommelin）计算它于4月17日过近日点，但实际是在4月20日……沃尔夫（Maximilian Franz Joseph Cornelius Wolf）在1909年9月11日拍摄的照片上，就在它被预测的位置上首先发现了这颗彗星。在它逐渐接近太阳和地球的期间，显得比1835年更美丽。弗拉马利翁在他的天文台里在大气良好的情况

下观测了几个月。3 月 9 日至 4 月中它落在太阳光辉里不能看见。当它再出现的时候，真是好看极了。5 月 10 日彗核光明达 2 等，早上就可以看见，5 月 17 日长达 100°。第二天，即 5 月 18 日，彗核经过日轮，一点痕迹也看不见，只是在晚间彗星呈现出一条正背着太阳的尾巴。5 月 19 日、20 日和 21 日，很长的彗尾又在黎明前出现。彗星曾达空前的长度，至 140°，表现出显著的曲率，地球很可能是从它的尾部穿过去了。

1985 年末至 1986 年初的那次哈雷彗星回归，给人们的印象远不如 1910 年那么深刻。彗星在离地球相当远的地方已经度过了它最光辉的时刻，待到 1986 年 4 月 10 日离地球最近时反倒比较暗弱了。对业余爱好者和普通百姓而言，这实在是令人伤感的事情。然而，人们用天文望远镜观测它的热情丝毫不减，用宇宙飞船去探测它则更是破天荒第一遭。这颗大彗星如期归来依然令科学家们陶醉。

1986 年 4 月，美国华盛顿卡内基地磁研究所所长乔治·韦瑟里尔（George W. Wetherill）在智利的拉塞雷纳观测哈雷彗星时，写下了一首美妙的诗：

桉树林中，
绿叶伴着秋风起舞，
那冷酷苍白的人类守护者，
再次踏上了他那古老的轨道。

风驰电掣般地越过愤怒的金牛、

星光闪耀的双鱼和宝瓶，

他蔑视太阳那吞噬一切的火舌，

还有人马的弓，

天蝎的螯，

半人马的暴跳如雷，

长蛇那致命的缠绕，

他随之便隐遁而去。

不要问黑斯廷斯的哈罗德，

你知道他不在这里，

不要问在沙隆沉沙折戟的阿提拉（Attila）

或埃德蒙，这艾萨克法规的主人。

也不要问乔托，或耶路撒冷的吉拉德人。

你一定看到了

那前来迎接你的飞船，

下一次将会更多。

它们还将登上你那桀骜不驯的头顶，

驾着你驶向海王星的黑夜！

是的，我们依然很勇敢。

尽管我们再一次了解到

你携带着的

与你那冷酷无情的回归号角共鸣的信息，

我们人类最庄严的韵律，

我们却满怀希望等待着你确定无疑的归来。

图 1-2-12　被罗马基督教世界称为“上帝之鞭”的匈奴王阿提拉画像

诗中的金牛、双鱼、宝瓶、人马、天蝎、半人马和长蛇都是星座的名字，借以描绘哈雷彗星在天空中穿行于群星之间。阿提拉是匈奴帝国国王，外貌粗野，生性残暴，公元 433 年至 453 年在位，是为匈奴最盛期。阿提拉以蹂躏罗马帝国而著名，在罗马基督教世界被称为“上帝之鞭”。公元 451 年，哈雷彗星回归；同年，阿提拉在今法国东北部马恩河畔沙隆附近的激战中被西罗马帝国击败，两年后卒于行军途中。埃德蒙和艾萨克未详确指何人，但值得注意，它们恰好分别是哈雷和牛顿的教名。“耶路撒冷的吉拉德人”是公元 6 至 70 年间反抗罗马统治的犹太教狂热派，在此暗指公元 66 年那次哈雷彗星回归。

恰好在 1985 年，哈雷彗星飞临地球的时候，美国开始了一项改革科学技术教育的国家计划。计划的发起者们认为，从 1985 年开始上学读书的孩子，在哈雷彗星于 2061 年再度光顾地球之前，将有机会看到此番改革的全部成果。于是，他们就把这项志向宏大的科学教育改革命名为“2061 计划”。

恰好在 1985 年，哈雷彗星飞临地球的时候，美国开始了一项改革科学技术教育的国家计划。计划的发起者们认为，从 1985 年开始上学读书的孩子，在哈雷彗星于 2061 年再度光顾地球之前，将有机会看到此番改革的全部成果。于是，他们就把这项志向宏大的科学教育改革命名为“2061 计划”。1989 年 2 月，2061 计划的第一份重要报告《面向全体美国人的科学》正式发表。今天，这项计划在世界上已经变得非常有名。

第三章
猎　彗　人

“太阳王”的时代

上面说到“2061 年”，使我联想起在此之前整整 400 年的一桩大事：1661 年，清王朝 24 岁的顺治皇帝驾崩，虚龄才 8 岁的爱新觉罗·玄烨即位，是为清圣祖康熙。

图 1–3–1　号称“太阳王”的法国国王路易十四

康熙生于 1654 年，卒于 1722 年，在位时间长达 61 年。他雄才大略，励精图治，整肃朝纲，通漕运、平三藩、收台湾，使中国成为当时东方最强大的国家，后遂有人称其为“千古一帝”。令人称奇的是，恰与康熙同时，在欧亚大陆的另一端也有一位长寿君主，那就是宣称“朕即国家”的法国国王路易十四（Louis XIV）。后者生于 1638 年，1643 年登基，在位时间达 72 年之久，直至与世长辞。

路易十四身高略逾 1.6 米，比拿破仑一世高不了多少，但他们的武功文治往往会令人产生体魄魁伟的错觉。路易十四统治前期，波旁王朝盛极一时。他发展经济，精修武备，对西班牙、荷兰、英国等屡次用兵，确立了法国在欧洲大陆的强国地位。路易十四拥有众多的荣誉称号，其中最响亮的就是“太阳王”和“大君主”。他对自己的业绩无比自豪，乃至竟敢以太阳神阿波罗自喻。他精力旺盛，聪明过人，喜好艺术，品位出众。这使得凡尔赛宫成了当时欧洲的政治、文化中心。欧洲的君王们都梦想自己也有一座凡尔赛宫，过着路易十四那样的生活。在他的宫廷中，所有的人都像日后发现的小行星一般，日复一日地围绕着太阳王运行。

1684年，路易十四派耶稣会神父白晋（Joachim Bouvet）等人为使前往中国。白晋于1688年2月抵达北京后，曾为康熙担任侍讲，传授西方天文历法、化学、医学和药学知识。同时，他也潜心研究中国文化。康熙对白晋的工作非常满意，并要他做一次返法之行，传播中国文化兼表亲善，同时争取更多的传教士来华。1697年3月，白晋回到法国，将康熙皇帝的礼品和自己著的《康熙帝传》献给路易十四。康熙礼品中，有在北京精装的49册汉文书籍，是欧洲人了解中国的珍贵资料。

然而，连年征战，兼之大兴土木——包括建造凡尔赛宫，终于使路易十四的法国国库日竭，元气大伤。1715年9月1日，“太阳王”在备受子孙相继病殁和战事失利的打击之后黯然归天。

不管怎么说吧，在路易十四时代，法国的科学、文学、艺术皆卓有成就，例如闻名于世的巴黎天文台就是1671年建成的。而且，他一度很注重罗致人才繁荣社稷，例如主持建造巴黎天文台、并领导该台长达40年之久的卡西尼就是从意大利引进的杰出人物。卡西尼到巴黎后，要求改变天文台的设计方案，使之减少装潢而更为实用。路易十四虽感不悦，但终究还是同意了。

卡西尼一家四代天文学家在法国有着深远的影响，1712 年老卡西尼与世长辞，其次子雅克·卡西尼（Jacques Cassini）接任巴黎天文台领导人；雅克·卡西尼于 1756 年去世，该台领导又由其次子 C·F·卡西尼（Cesar Francois Cassini de Thury）继任。1771 年，巴黎天文台正式设立台长一职，C·F·卡西尼遂为台长。他于 1784 年逝世，其独子 J·D·卡西尼（Jacques-Dominique Cassini）又接着担任了巴黎天文台台长。

图 1-3-2　路易十四从意大利引进的法国天文学家卡西尼

同样是这个国王路易十四，在 17 世纪 80 年代却犯了一个愚蠢的错误，那就是采取一系列措施以反对法国的新教徒，结果则是无数有用的人才流失到了其他国家。本来，荷兰大科学家惠更斯（Christiaan Huygens）就是在 1666 年被路易十四吸

图 1-3-3　古老的巴黎天文台。卡西尼一家四代都曾是它的掌门人

引到法国来的，但他是个新教徒，当这位法国国王渐渐变得不肯容忍新教徒时，惠更斯便于1681年回到了荷兰。2005年伊始，随着“卡西尼号”土星探测器将其携带的子探测器“惠更斯号”施放到土星最大的卫星——土卫六上登陆，卡西尼和惠更斯这两位科学家的大名就更是家喻户晓了。

“我的小猎彗人”

路易十四去世时，他的独生子以及长孙都已先逝，王位遂由其曾孙继承，是为路易十五（Louis XV）。路易十五生于1710年，1715年登基，直至1774年去世，在位59年。有趣的是，他出生后1年，康熙的孙子爱新觉罗·弘历也诞生了，那就是后来在位达60年之久的清高宗——乾隆皇帝。路易十五耽于打猎逸乐，谈情说爱，长期惰理朝政，国家表面上平安繁荣，实际上却酝酿着深刻的危机。路易十五时代，法国国内反封建启蒙运动渐兴。他死后15年，爆发了震撼世界的法国大革命。

路易十五时代，法国出了一批非常著名的学者，例如启蒙运动的代表人物伏尔泰（Voltaire，真名为Francois Marie Arouet）、法国大百科全书的编纂者狄德罗（Denis Diderot）、数学家达兰贝尔（Jean le Rond D’Alembert）、博物学家布丰（Georges Louis Leclerc Buffon）、天文学家拉朗德（Joseph Jérôme le Français de Lalande），等等。拉朗德是个有趣的人物，他生于1732年，本是一个研究法律的青年人。但他偏巧住在一个天文台附近，于是激起了对天文学的嗜好。学完法律后，他正式成为一名天文学家。1762年，30岁的拉朗德成了法兰西学院的天文学教授。1795年，63岁的拉朗德成为巴黎天文台台长。他是一位伟大的天文知识普及者，狄德罗百科全书中的全部天文学条目均出自他一人之手。1798年，拉朗德66岁时还曾乘坐热气球升空，后来又提出过改善降落伞的建议。

在前文中，我们曾经提到一个人：梅西叶。这位法国天文学家生于1730年，比拉朗德年长两岁。他于1759年初成为在法国率先看见哈雷彗星回归的人，这激励他成了一名出色的彗星搜索者。他最大的乐趣就在于，当那些模模糊糊的东西刚刚隐约可见时，便能亲自发现并跟踪它们。路易十五曾怀着恩宠的感情称呼他为“我的小猎彗人”。

梅西叶一生共发现了21颗彗星，这在当时是很不简单的成就。尽管他发现的那些彗星都没有什么特别令人感兴趣的特色，可是他为弄清彗星的行踪而观测记录了大批天体却使其永垂天文史册。此事的起因是，梅西叶在系统地搜寻彗星的过程中，不断为那些暗弱的云雾状天体所愚弄——它们是天空中随处可能存在的永久性天体，而不是像彗星那样的匆匆过客。1781年，梅西叶汇编了一份包含100余个这类天体的表，以便自己和他人在搜寻彗星时不再遭受它们的捉弄：倘若一位观测者在天空中看见一颗疑似的彗星，那么他最好先对照一下梅西叶的表，然后再宣布自己究竟发现了什么。

梅西叶一生共发现了21颗彗星，这在当时是很不简单的成就。尽管他发现的那些彗星都没有什么特别令人感兴趣的特色，可是他为弄清彗星的行踪而观测记录了大批天体却使其永垂天文史册。

梅西叶表中的天体，至今仍被称为M1、M2、M3，等等。天文学家们后来查明，它们其实包含着几种截然不同的天体：星云、星团和星系。在梅西叶的威力不大的望远镜中，它们都仅仅呈现为一些模糊的斑点。例如，M13是一个巨大的星团，总共可能含有上百万颗恒星。它位于武仙座中，后来人们便称

图 1-3-4　梅西叶表中的 M31——美丽的仙女座大星云

它为武仙座大星团。更重要的是，在梅西叶列出的天体中，有一些是同我们的银河系一般大，甚至比银河系更大的恒星系统。例如，M31 就是著名的仙女座大星云，一个半世纪之后，美国天文学家哈勃（Edwin Powell Hubble）利用当时世界上最大的天文望远镜将 M31 的外围部分分解成了一颗颗的恒星。原来，M31 是一个比银河系更大的星系，现在，它的名字已正式改为“仙女星系”。

还有一位活到 98 岁高龄的英国女天文学家——卡罗琳·赫歇尔（Caroline Lucretia Herschel），她是 1848 年去世的，一生共猎获了 8 颗彗星。我们在后文中，还会再次谈到她的传奇生涯。

彗星的“百家姓”

随着猎彗人的本领越来越高，人们知道的彗星也越来越多了，那么该怎样称呼它们呢？

我们每个人都有一个代号——名字，彗星也有代号，那就是天文学家为它们起的名字。彗星通常以发现者的姓氏命名。例如，在1996年风光一时的“百武彗星”，就是日本天文爱好者百武裕司首先发现的。倘若两个人发现了同一颗彗星，那就将两人的姓氏连起来称呼它。著名的“海尔—波普彗星”就是美国天文学家阿兰·海尔（Alan Hale）和托马斯·波普（Thomas Bopp）各自独立发现的。但用此法命名时，最多只能

图1-3-5　纪念币上的海尔—波普彗星。画面右上侧呈十字形的天鹅座、左上方呈W形的仙后座、中间偏左的飞马座四边形均清晰可辨

并列3个人名。

当然，凡事总会有例外。比如，前面已经提到，哈雷彗星就不是哈雷首先发现的。但是，哈雷首先确认和预言了它的回归，其功莫大焉。也有的彗星不以个人的名字命名，例如“紫金山1号”彗星就是以中国科学院紫金山天文台命名的第一颗彗星。

这样命名固然简洁，却不能体现彗星发现之先后。于是又有了另一种命名法：用发现时的公元年份添上一个拉丁字母——这个字母可以表明它是该年份中发现的第几颗彗星：a代表第一颗，b代表第二颗，c代表第三颗，等等。例如，紫金山1号彗星是1965年发现的第二颗彗星，故又称1965b。

“发现年份加拉丁字母”只是临时性的命名。当人们对一颗彗星观测的次数足够多时，天文学家就可以据此计算出它的运行轨道，并定出它通过近日点的精确时刻。然后，按照在一年之中通过近日点的先后顺序，在年份之后依次标以罗马数字，作为该彗星的永久性名字。如紫金山1号是1965年内首先通过近日点的彗星，故其永久性名字为发现年份1965之后加上罗马数字I，即1965I。

上述命名法已沿用多年。但是，鉴于种种考虑，国际天文学联合会在1994年又通过了新决议：从1995年1月1日起采用一种新的方法，来命名今后发现的新彗星。具体做法是：先写上该彗星发现时的公元年份，再加上一个标志它是在哪半个月内被发现的大写拉丁字母（A代表1月1日至15日，B代表1月16日至31日……直至Y代表12月16日至31日。其中不用字母I，以免与数字1相混淆），最后再用阿拉伯数字注明在这半个月内的发现序号。例如，海尔—波普彗星是1995年7月23日发现的，按新命名法遂称“1995O1”，其中字母“O”代表7月的下半个月，数字1则表明它是这半个月内发现的第一颗彗星。此外，为了进一步表明彗星的某些特征，名字中还可以加上相应的前缀：P/代表短周期彗星，C/代表长周期彗星，D/代表不再回归的彗星，A/代表它也可能是一颗小行星，X/代表无法计算出轨道的彗星。海尔—波普彗星是长周期彗星，故写作“C/1995O1”。

猎彗之路

猎彗历来是业余天文爱好者的用武之地，直到今天依然如此。1965年有一颗白昼可见的大彗星（1965f），最初是两名日本青年天文爱好者不约而同地用简单的自制望远镜发现的。他们的全名分别是池谷薰和关勉，池谷和关都是姓，这颗彗星遂被命名为“池谷—关”。

1965年有一颗白昼可见的大彗星（1965f），最初是两名日本青年天文爱好者不约而同地用简单的自制望远镜发现的。他们的全名分别是池谷薰和关勉，池谷和关都是姓，这颗彗星遂被命名为“池谷—关”。

青年池谷在日本静冈县浜松市（现滨松市）一家乐器厂工作，因酷爱天文，便亲自动手制作望远镜进行观测。早在1963年1月2日，19岁的池谷就发现了他的第一颗彗星——池谷彗星（1963a），那时他已经累计在109个观测夜晚中守望天空335小时30分钟。

接着，池谷又于1964年6月发现一颗新彗星（1964f），1965年10月21日猎获“池谷—关彗星，1966年9月8日发现池谷—艾维哈特彗星（1966d），1967年猎获了他的第五颗彗星，即池谷—关2号彗星。

夜复一夜，静静地又是35年过去了。2002年2月1日太阳刚下山，无月的天空清澈非常。58 岁的池谷薰照旧在院子里放好望远镜，开始进行日常的巡视。大约半小时后，他在西方地平线附近发现了一个模糊的光斑。尽管来自专业天文观测者的竞争压力非常大，池谷依然勇往直前。“我还会发现新彗星的”，年近花甲的他宝刀不老，壮心不已。

正是池谷薰发现的这个模糊光斑，把我们的故事引向了龙的传人。须知，当我们把日历翻到 20 世纪最后一天的时候，仍然没有一颗彗星是由中国的天文爱好者发现和获得命名的。最终，这“零的突破”来自中州大地的一位青年工人。

张大庆，1969 年 10 月 23 日出生于河南省开封市，父母都是工人。1983 年上初中时他对天文学产生了浓厚的兴趣，1985 年开始用父母给的零花钱订阅《天文爱好者》杂志。同年年底，16 岁的他用简易的自制折射望远镜观测到了哈雷彗星。他没有条件购置较好的观测设备，便从 1987 年开始尝试磨制反射镜。1988 年 9 月，张大庆成功地磨制出第一面高质量的抛物面主反射镜，镜面直径 20 厘米，焦距 96 厘米。同月，他将其组装成一架牛顿式反射望远镜，用它很容易就可以观测到梅西叶表中最暗的 M76。此后 10 余年中，他磨制的抛物面反射镜在我国天文爱好者中享有盛誉。

1992 年 10 月 16 日，张大庆独立发现了斯威夫特—塔特尔彗星（1992t），虽然比国外晚了 20 天，却是我国天文爱好者一次重要的独立发现。

同时，张大庆还不断尝试改进望远镜的支架结构，使它更适合于寻找彗星。经过多方面的充分准备，他于 1991 年夏天正式开始系统地搜索彗星。1992 年 10 月 16 日，张大庆独立发现了斯威夫特—塔特尔彗星（1992t），虽然比国外晚了 20 天，却是我国天文爱好者一次重要的独立发现。啊，我们仿佛听见，胜利的号角已经在远方响起。

1994 年 9 月 6 日凌晨，张大庆又独立发现了麦克霍尔兹 2 号彗星（1994o），但还是比国外发现者晚了 20 多天。1995 年 9 月 25 日，他独立发现了德维柯周期彗星（1995S1），这次仅比国外的发现者晚了 8 天。

1996 年 8 月，张大庆买了一辆摩托车。开封市夜晚灯光太亮，无法开展寻彗工作，他便在东郊一个乡里设立一个观测点，主要是在凌晨对东方天空进行搜索。这一干就是 5 年，但没有什么收获。另外，他还经常骑上摩托车，携带一架轻便的自制 20 厘米反射望远镜，来到开封市北郊的黄河大堤上。那里视野开阔，正好适宜观测。

2002 年 2 月 1 日晚上，张大庆又一次来到柳园口黄河大堤第 39 号坝。19 时 10 分，他对着西方天空开始搜索，大约 5 分钟后，就在望远镜视场中看到一个朦胧的星云状天体，位置在鲸鱼座。反复对照星图后，他终于断定自己发现了一颗 8.5 等的新彗星！

张大庆立即设法尽快与紫金山天文台的王思潮研究员以及北京天文台的朱进博士取得联系，向他们通报彗星坐标、亮度以及外貌特征。王、朱闻讯后随即转报国际天文学联合会天文电报中心主任马斯登（Brian Marsden）。当晚 22 时左右，张大庆收到朱进转来的马斯登回复的电子邮件："谢谢报告。那里像是已经有一个来自日本的更早些时间的独立发现者。"原来，那位日本的独立发现者正是大名鼎鼎的池谷薰，他的发现

图 1-3-6　2004 年 8 月，本书作者与张大庆（左）在福州参加第六届海峡两岸天文推广教育研讨会时的合影

时间是 2002 年 2 月 1 日 17 时 47 分（北京时间），比张大庆早了 88 分钟。

北京时间 2 月 3 日清晨 7 点，朱进给张大庆去电话，第一句话就是："兄弟，命名了，池谷—张彗星，编号 C/2002C1。"

关于此事，《天文爱好者》杂志曾刊登张大庆本人写的文章《池谷—张彗星发现始末》。全文是这样开头的："2002 年 2 月 1 日傍晚，我进行了第 518 次彗星搜索，当我在自己磨制组装的口径为 20 厘米、f4.4、28x 的牛顿式反射望远镜中看到一个暗淡朦胧的云雾状天体的时候，漫长的十年半，累计 676 小时 20 分钟的观测工作终于有了回报。"文章的最后一句话则是："胜利了，终于胜利了！中国几代天文爱好者为之期盼、为之努力的梦想在一瞬间变成了现实——中国天文爱好者的姓氏第一次高高写在天空。"

"胜利了，终于胜利了！中国几代天文爱好者为之期盼、为之努力的梦想在一瞬间变成了现实——中国天文爱好者的姓氏第一次高高写在天空。"

更多的彗星是专业天文学家发现的。一颗名叫"葛—汪"的彗星，发现者就是中国科学院紫金山天文台的葛永良和汪琦两位天文学家。汪琦教授 1965 年毕业于南京大学天文学系，是本书作者的同班同学。2005 年 5 月，我班同学毕业 40 周年，在紫金山天文台盱眙观测站——汪琦工作的地方——重聚并留影。

第四章
“脏雪球”和“冰泥球”

彗星的真面目

知道了彗星的“百家姓”，下面我们再回望一下它的真面目——

彗星俗称“扫帚星”，主要由彗头和彗尾两部分构成。

彗头是彗星的主体部分，大致呈球状，集中着彗星的大部分物质。彗头又由彗核和彗发两部分构成。彗核是位于彗头中央的固态物质，直径大多为几千米到十几千米，由冰、岩石和尘埃物质混合而成。彗发呈气态，围绕于彗核四周，由彗核挥发出来的稀薄气体和尘埃构成，范围可达几万千米到几十万千米，有的甚至大过太阳。

彗尾是彗星挥发出来的气体和尘埃，在太阳风的“吹拂”或太阳光的压力下，沿着背离太阳的方向伸展而形成的长尾，其物质密度比彗发更低。

彗星绕太阳运行的轨道上，离太阳最近的那一点称为近日点。近日点到太阳的距离称为近日距。例如，哈雷彗星的近日距约为 8800 万千米，比金星到太阳的距离还近。反之，彗星轨道上离太阳最远的那一点则称为远日点。远日点到太阳的距

彗星绕太阳运行的轨道上，离太阳最近的那一点称为近日点。近日点到太阳的距离称为近日距。

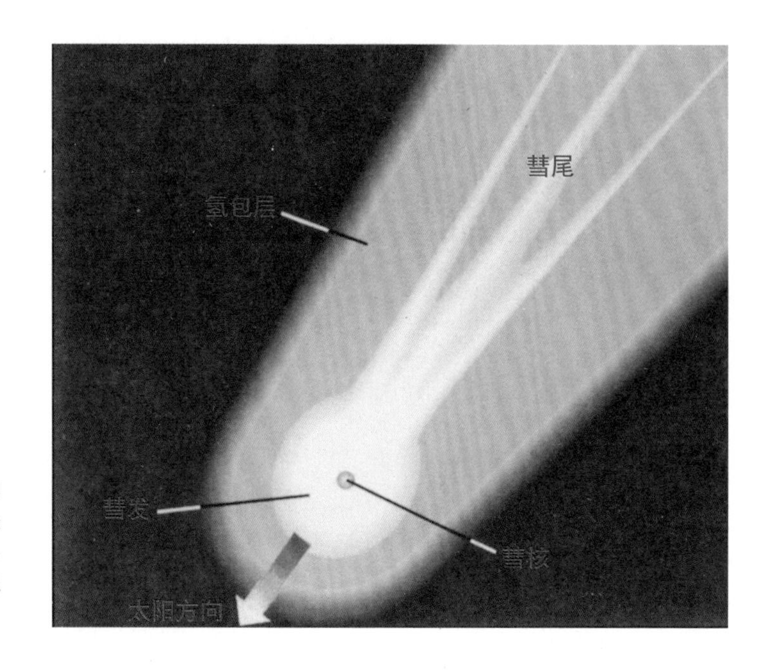

图 1-4-1 彗星的结构。彗头中央是彗核，四周是彗发，外围是氢原子云包层，彗尾背向太阳

离称为远日距。例如，哈雷彗星的远日距约为 52.8 亿千米，比海王星到太阳的距离还远。

哈雷彗星是壮丽的，但这样的大彗星毕竟只是极少数。绝大多数彗星都很暗弱，单凭肉眼根本无法看见。迄今为止，人类已经掌握运动轨道的彗星仅 1000 来颗而已。但是，太阳系中实际存在的彗星却多得不可胜数。早在 400 年前，开普勒就曾聪明地猜测：天空中的彗星就像大海中的鱼儿一样多。那么，这些彗星究竟从何而来呢？

有一种被广泛采纳的见解，来自荷兰著名天文学家奥尔特（Jan Hendrik Oort）。奥尔特 1900 年 4 月 28 日生于荷兰的弗兰涅克，祖父是一位希伯来语教授，父亲是一名医生。他本人在格罗宁根大学师从当时荷兰天文学界的泰斗卡普坦（Jacobus Cornelis Kapteyn），1926 年取得博士学位，但卡普坦已于 1922

年 6 月逝世。奥尔特从 1924 年起长期在莱顿大学天文台工作，1945 年任台长，1958—1961 年任国际天文学联合会主席，他在天文学的许多领域都做出了重要贡献。直到九旬开外，人们仍常在莱顿大学天文台他的办公桌前见到其身影。1992 年 11 月 5 日，奥尔特走完了他漫长而愉快的一生。

图 1-4-2　荷兰著名天文学家亨德里克·奥尔特

1950 年，奥尔特提出：在离太阳非常遥远的地方——可能远达 10 万亿千米，有一个庞大的彗星云。它被称为“奥尔特云”。

1950 年，奥尔特提出：在离太阳非常遥远的地方——可能远达 10 万亿千米，有一个庞大的彗星云。它被称为“奥尔特云”，其中包含着数以万亿计的彗星，沿着各自的轨道，缓慢地围绕太阳运行。奥尔特云的外观宛如包裹着太阳系的一个球壳，太阳就在球心处。奥尔特云中的彗星数量虽然多得惊人，但它们的总质量仅仅相当于几个地球而已。

天长日久，总会有其他恒星从奥尔特云附近路过。这时，过路恒星的引力就会干扰奥尔特云中彗星的运动，有一些彗星就有可能偏离原先的轨道转而向太阳系内部飞来。或者，奥尔特云中的彗星彼此偶然相撞，也会导致它们运动的速度和方向发生变化，并向太阳驰来。这些彗星的周期非常长，需经数百万年才能绕太阳转完一圈。在彗星离太阳大约 5 亿千米时，彗发开始出现，因为那里的温度在−60℃上下，水冰正好升华为水蒸气。彗星在向太阳行进的过程中，有朝一日出现在地球的天空中，就可能为我们所见。

在太阳系中，从海王星轨道外侧直到离太阳上百亿千米处，还有一大群天体，称为“柯伊伯带天体”——它们构成了“柯伊伯带”，带中可能也包含着数十亿颗彗星。

在太阳系中，从海王星轨道外侧直到离太阳上百亿千米处，还有一大群天体，称为“柯伊伯带天体”——它们构成了“柯伊伯带”，带中可能也包含着数十亿颗彗星。前面曾经谈及“长周期彗星”，那是指绕太阳运行的周期超过 200 年的彗星；运行周期不超过 200 年的，则称为“短周期彗星”。哈雷彗星的周期约为 76 年，便属短周期彗星之列。奥尔特云是长周期彗星的源泉，柯伊伯带则是短周期彗星的聚居地。但是，与球状的奥尔特云不同，柯伊伯带呈扁平的盘状。柯伊伯带中的天体，看来是太阳系形成时的残留物，它们可以提供太阳系形成时期当地环境条件的有关信息。

20 世纪 90 年代开始发现柯伊伯带天体时，早先猜测其存在的柯伊伯（Gerard Peter Kuiper）本人已经去世 20 年。柯伊伯是奥尔特的同胞，1905 年 12 月 7 日生于荷兰的哈伦卡斯贝，1927 年毕业于莱顿大学，1933 年获物理学博士学位，1937 年入美国籍。他曾先后在哈佛大学、芝加哥大学执教，在叶凯士天文台、麦克唐纳天文台任台长。1973 年 12 月，柯伊伯卒于墨西哥城。

比柯伊伯晚一年出生的美国天文学家惠普尔（Fred Lawrence Whipple）一直对太阳系的这些漂泊者——彗星深感兴趣。他于 1950 年前后提出，彗核很像一个“脏雪球”，包含岩石尘粒，以及水、二氧化碳、氨和甲烷等冻结成的冰。这一设想就是著名的“脏雪球模型”。当一颗彗星接近太阳时，彗核中的“冰”渐渐蒸发，气体和尘埃从彗核中抛射出来，宛如火箭往外喷气，为彗星提供了动力。这样就会导致彗星的轨道随时发生微小的变化，从而使得准确地预告彗星的运动变得相当困难。

当一颗彗星运动到离太阳更近时，就有可能展开一条巨大的彗尾。但是，彗尾的物质非常稀薄，所以我们可以透过彗尾看见远方天幕上的恒星。事实上，彗尾物质的密度甚至比地球上任何实验室中能够实现的超高真空更加稀薄，难怪人们时常把彗尾比喻为“看得见的虚空”。

有时，一颗彗星会拥有两条，甚至更多条的彗尾。通常，彗尾可以分为两大类：气体彗尾和尘埃彗尾。气体彗尾是由太阳风直接从彗头笔直地吹出来的，因此它始终背向着太阳。气体彗尾中含有大量的分子离子，如一氧化碳离子、二氧化碳离子、水分子离子等，因此它又称为离子彗尾。气体彗尾的长度可以达到上亿千米，且常因一氧化碳离子的辐射而略呈蓝色。另一方面，尘埃彗尾则是跟随彗星运动的“掉队”物质，其末端渐渐弯曲，看上去就像沿着彗星轨道画出的一条平滑曲线。它因受到太阳光的压力而被抛射出来，长度可达上千万千米。

图1-4-3　莫尔豪斯彗星（1908 Ⅲ）从彗头拖出许多彗尾，景色非常美丽。拍摄时间是1908年10月23日22时30分

旷古一撞惊天地

目前科学家们公认，彗星是大约46亿年前太阳系形成之初的原始物质碎片，而且在太阳系内，只有彗星内部的物质从那时至今基本上未发生什么变化。因此，彗星乃是人类了解太阳系的身世和地球生命物质起源的重要钥匙。可惜，几千年来，人类对彗星的认识仅仅源自远距离的观测。人们理应对彗星有更贴切的了解，尤其是必须掌握彗星内部物质的特性。换句话说，人类需要直接拿彗星“开刀”做实验。

目前科学家们公认，彗星是大约46亿年前太阳系形成之初的原始物质碎片，而且在太阳系内，只有彗星内部的物质从那时至今基本上未发生什么变化。

为此，美国国家航空航天局在格林尼治标准时间2005年1月12日18时47分（北京时间1月13日2时47分），从佛罗里达州南部的卡纳维拉尔角肯尼迪航天中心将一个名为“深度撞击”（Deep Impact）的彗星探测器送上了天，前往探测一颗名叫“坦普尔1号”（Tempel 1）的彗星。

“深度撞击”探测器重650千克，体积为3.2×1.7×2.3米，

图 1-4-4 “深度撞击”彗星探测器发出的撞击器与“坦普尔 1 号”彗星相撞的艺术构想图（上）；与撞击器相撞 67 秒钟后的“坦普尔 1 号”彗星，照片系“深度撞击”探测器从近旁飞越时用高分辨相机拍摄。图像上显示出山脊、边缘呈贝壳状的结构以及也许是很久以前形成的撞击坑（下）（来源：NASA/JPL）

与一辆小型面包车相当。它包括两个部分：主探测器和撞击器，它们各自带着仪器，以完成不同的探测任务。撞击器起先“藏”在主探测器中，直到被主探测器抛出，像一颗炮弹那样射向撞击目标——坦普尔 1 号彗星。撞击器释放出去之后，主探测器将会降低速度，以便近距离观测整个撞击过程。

2005 年 7 月 4 日，“深度撞击”彗星探测器携带的重 363 千克的铜制撞击器按预定计划成功地撞向坦普尔 1 号彗星。不难想象，一个巨大的铜锤砸在一块坚硬的岩石上，或是砸入一团黏土中，或是砸在一堆冰雪上，其结果将是很不相同的。“深度撞击”的使命，正是人类首次尝试猛砸一个彗核，剥落它的表面，以便分析其外壳和内部物质，并进而探知太阳系早期的一些秘密。

对于这次撞击实验，世界上许多有条件的天文台都参与了跟踪观测。各个单位和组织相互免费交换数据和资料，这种合作精神确保了科学工作者可以每天 24 小时不间断地获取数据，从而取得了圆满成功。

“深度撞击”主探测器确定，坦普尔 1 号彗核的自转周期是 41 小时。撞击发生后，坦普尔 1 号彗星上出现了一个新的羽状物，它是由喷射物质产生的。从撞击时刻算起，喷射连续进行了约 17 个小时。撞击后的第一个晚上，彗星尘埃的流量有小幅度的增强，然后喷出物质逐渐枯竭。在接下来的几天中，上述羽状结构渐渐扩散，终至不复可见。“深度撞击”初步验证了彗核中包含太阳系的原始物质，并含有碳、氮等生命必要的元素。科学家们还将继续仔细分析撞击释出物的光谱，以求更深入地了解它的化学成分。

“深度撞击”的撞击器在坦普尔1号彗星上撞出了一个洞，然而却未像人们预想的那样，在彗星表面撞出足够大的陨击坑，也没有让足够多的原始物质从彗星表层下面喷溅出来。它完成了任务，也解除了武装，像一只失去螫针的蜜蜂。但是，主探测器依然运转正常。美国国家航空航天局鼓励科学家们对“深度撞击”的下一个探测目标发表高见，而在新目标确定之前，该探测器则锁定在某个暂泊轨道上。

因为很少有彗星的近距离镜头，所以坦普尔1号的资料弥足珍贵。从平坦的表面到陨击坑，坦普尔1号彗星的彗核具有明显的地质分层。它是多孔渗水的，碰到阳光时，表面几乎立刻升温；照不到阳光时，又会马上变冷。当“深度撞击”直冲冲地撞上坦普尔1号彗星时，该彗星释放的尘埃要比水蒸气多。这说明彗星大部分是岩石和尘埃，主要由水冰将它们结合在一起。因此，有些科学家认为，彗星也许并不是货真价实的“脏雪球”，而更像是一个“冰泥球”。

“冰泥球”的想法十分有趣，但是需要更多的证据予以支持。关于彗星物质成分的最有说服力的取证方法，应该是发射一艘宇宙飞船，直接到某个彗星那里去采集样品，并将其送回地球，供各国科学家们用最先进的实验设备潜心研究。

所幸的是，天文学家的这一梦想，现在已经开始成真。第一艘这样的宇宙飞船名叫“星尘号”（Stardust），下面讲的就是它成功冒险的经历。

“星尘号”的冒险

早在1999年2月7日，“星尘号”就从美国佛罗里达州的卡纳维拉尔角发射升空了。此后，它一直在“追赶”当时距离地球 8.2 亿千米的“维尔特 2 号”（Wild 2）彗星，以便用随身携带的“网球拍”式的尘埃采集器捕获彗星微粒。2004 年 1 月 2 日，重约 46 千克、书柜大小的“星尘号”终于同“维尔特 2 号”彗星“擦身而过”，飞船上的光学导航相机还抢拍了一些彗核照片，作为这次“近距离约会”的纪念。

美国西部太平洋时间 2006 年 1 月 15 日 2 时 10 分（北京时间 1 月 15 日 18 时 10 分），“星尘号”返回舱开始迅速向地面降落，并在 3 万米高空“撑起”降落伞，最后平稳着陆在美国犹他州的沙漠中。这标志着美国国家航空航天局历时 7 年、首次利用航天器对彗星取样的计划圆满成功。“星尘号”飞行的总路程为 46.3 亿千米，相当于从地球到月球往返 5000 多次。该项目由美国国家航空航天局下属的喷气推进实验室负责，耗资约 1.68 亿美元——不包括飞船发射费用。值得一提的是，“星尘号”返回舱进入大气层时的最高速度达到了每小时 46 444 千米，或每秒 12.9 千米，穿过整个大气层仅仅用了大约 13 分钟。这一速度超过了美国“阿波罗 10 号”宇宙飞船 1969 年创造的纪录，成为重返地球大气层时速度最快的人造飞行器。

“这是一个非常完美的着陆，完全按照计划进行”。太平洋时间 2006 年 1 月 15 日 2 时 20 分，刚刚在犹他州现场确认返回舱安全着陆的“星尘”项目设计者、喷气推进实验室资深研究员邹哲（Peter Tsou）看似平静的话语中难掩激动。

邹哲取得今天的成功真是谈何容易！他出生于抗日战争时期的中国，少年时代经历动荡。20 世纪 50 年代从我国

台湾地区前往美国，边打工边读书，先在加利福尼亚大学伯克利分校攻读电器专业，后在加利福尼亚大学洛杉矶分校获系统工程博士学位。一个偶然的机会，邹哲在其美国学生的介绍下，进了喷气推进实验室。

在接受新华社记者的采访时，作为项目副首席科学家的邹哲谈了自己的“星尘”计划：“我1981年就首次提出了这个构思，但直到1986年才被美国国家航空航天局接受，这已经是我的第13次提案了。”他说，那时哈雷彗星回归，才使美国国家航空航天局开始重视彗星，否则提案还可能夭折。不少科学家提出了研究方案，而他的“星尘”计划因为构思巧妙、成本低廉而获得支持，并成为美国国家航空航天局旨在以低成本探索宇宙的“发现计划”的组成部分。

图1-4-5 “星尘”项目设计者、华裔科学家邹哲和用来做“苍蝇拍”的硅气凝胶网格

“我当时想的是，如何不登陆彗核就能捕获彗星的物质粒子样本。要登陆的话，成本非常高，大约1万磅的推进剂才能把1磅重的载荷送上去。我设想一个较简单的飞船，能借助太阳和行星的引力，和彗星近距离交会，取得样本后飞回地球”。

问题的关键在于，如何捕捉太空中高速运动的彗星物质粒子呢？邹哲成功地设计了一种介质——硅气凝胶网格，他生动地将其比喻为“苍蝇拍”，而喷气推进实验室则较为斯文地将它喻为“网球拍”。

问题的关键在于，如何捕捉太空中高速运动的彗星物质粒子呢？邹哲成功地设计了一种介质——硅气凝胶网格，他生动地将其比喻为“苍蝇拍”，而喷气推进实验室则较为斯文地将它喻为“网球拍”。这是一种具有海绵状结构的超轻

物质，其 99.8% 的体积是空的，其余 0.2% 由硅组成。它轻得“几乎可以在空中浮起来”。这样的物质“可以像拍苍蝇一样粘住和保存彗星物质粒子，而且不会影响粒子本身的特性，可以回到地球上研究”。这个“苍蝇拍”还可以捕获从银河系中的星际空间进入太阳系的尘埃粒子，真可谓一物两用、一举两得。

事实上，从 1999 年 2 月发射升空，到 2004 年 1 月追上“维尔特 2 号”彗星，这整整 5 年中“星尘号”决非在太空中无所事事。在此期间，它最主要的几件大事是：2000 年 2 月至 5 月，第一次采集星际尘埃；2001 年 1 月 15 日，绕地球运行一周后重新调整轨道；2002 年 1 月 18 日，抵达远日点；2002 年 8 月至 12 月，第二次采集星际尘埃。2002 年 11 月 2 日，近距离飞越第 5535 号小行星安妮弗兰克（Annefrank），拍摄了首张照片，并进行系统测试。

“星尘号”项目组首席科学家布朗李（Don Brownlee）博士表示：“我们的任务称为‘星尘’，是因为我们相信有些彗星的粒子事实上比太阳和行星还要古老……我们把这类粒子叫作星尘。”

“星尘号”返回舱的软着陆为这次计划画上了绝妙的句号。当听到回收现场传来同事们的雀跃欢呼声时，65 岁的邹哲说：“我等了 25 年，就是为了这一刻。”

这里还有一个真正的难题。科学家们必须耗费极大的精力，从“捕捉”尘埃的“网球拍”中找出那些极其微小的星际尘埃粒子——估计被捕获的这类粒子总共还不到 100 个。寻找的过程如同大海捞针，如果仅靠参加这个项目的科学家亲自寻找的话，可能需要长达 20 多年的时间。

为了尽快分析成果，美国国家航空航天局推出了全民总动员的“家中星尘”计划。志愿者只需登录一个专门网站 http://stardustathome.ssl.berkeley.edu，安装一个特殊软件，即可被链接到国家航空航天局星际尘埃实验室自动显微镜拍摄的气凝胶照片上。每张气凝胶图片将通过志愿者的层层检视，最后再由专职研究人员鉴定。用这种方法，可望大大加快工作的进程。

为此，加利福尼亚大学伯克利分校的科学家努力寻找“眼力出众、耐心过人”的志愿者，利用他们的业余时间在自家电脑上从无数照片中帮助寻找星际尘埃的踪迹。作为回报，研究组计划在今后发表论文时，将任何协助发现星际尘埃的志愿者名字列为论文的“共同作者”。

2006 年 7 月 20 日，第 36 届世界空间科学大会在北京召开，邹哲在会上作了报告。他说，“星尘号”带回地球的星尘，已经化验了 50 多粒。原先想象它们应该很类似，结果却发现其中没有任何两粒是一样的，而且有些物质必须在高温下形成。这种出乎始料的局面，说明人们以前把彗星想象得太简单了。科学家们还需要很长的时间，才能查明事情的真相。

登九天兮抚彗星

科学也和艺术一样，需要有丰富的想像力。“星尘号”“抓一把彗星物质带回家”的出色表现，不禁令人想起了我国最早的大诗人屈原的不朽诗句（《九歌・少司命》）：

孔盖兮翠旍，
登九天兮抚彗星。
竦长剑兮拥幼艾，
荪独宜兮为民正。

身为楚国贵族的屈原生于约公元前 340 年，起初辅佐楚怀王，遭谗害去职，楚顷襄王时被放逐。后因楚国政治腐败，首都郢为秦兵所破，屈原深感绝望，遂于约公元前 278 年投汨罗江自尽。《九歌》系屈原采取楚国民间祭神乐歌素材，经提炼加工而写成。它既是祀神歌舞，同时也借以娱人。《九歌》中的生动描绘，读来给人极大的美感享受。

由于年代久远，《九歌》依据的众多神话故事已难究其详，历代注家亦每多歧见。作为有影响的一家之说，郭沫若在其《屈原赋今译》中将“少司命”作为司恋爱的处女神来看待，并将上面几行诗句译为：

孔雀翎，车上顶。
翡翠毛，旗上旌。
登上九重天，
伸手摩着彗星。
右手挺着长剑，
左手抱着美人。
少司命呵，
只有你才是我的生命！

在屈原的另一名篇《远游》中，再次提到了彗星：

揽彗星以为旍兮，举斗柄以为麾。叛陆离其上下兮，游惊雾之流波……

其实，早在屈原之前很久，我国古人就已对彗星多有关注，并留下了生动翔实的历史记载。

在相传由孔子整理修订而成的、记录春秋时期历史的编年体古籍《春秋》中，有着不少的天文资料。例如，鲁文公十四年（公元前613年），“秋七月，有星孛入于北斗”，就是关于哈雷彗星的最早的可靠记载。《公羊传》阐释《春秋》“微言大义”，是研究战国秦汉间儒家思想的重要资料，相传为子夏弟子、战国齐人公羊高所作；或曰起初只有口头流传，至西汉景帝时由公羊高的玄孙公羊寿偕弟子著于竹帛，其中记载了鲁昭公十七年（公元前525年）“冬，有星孛于大辰。孛者何？彗星也。”此处的“孛”字，本义是指星芒四射的现象，古时又作为彗星的别称。

两汉时期对天象观察的细致和精密程度，已堪令人惊叹。

两汉时期对天象观察的细致和精密程度，已堪令人惊叹。1973年，湖南长沙马王堆三号汉墓发掘成功，墓主是西汉初年轪侯利仓之子，入葬于汉文帝十二年（公元前168年）。出土文物中包括帛书20余种，共12万多字，许多古佚书因之重新传世，其价值不可估量。帛书中有彗星图29幅，显示了当时不仅已经观测到彗头、彗核和彗尾，而且彗头和彗尾还有不同的类型，真是精彩非凡。

我国古人对于彗星发光本质的理解，也比同时代的西方人

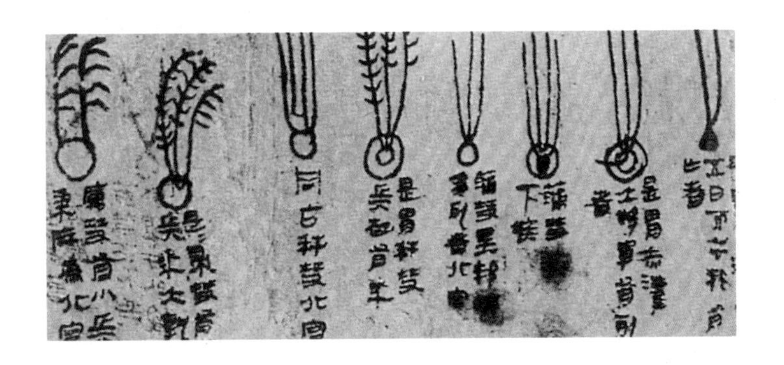

图 1-4-6　湖南长沙马王堆三号汉墓出土帛书中的彗星图（局部）

高明许多。例如,《晋书·天文志》中就写道:“彗体无光，傅日而为光，故夕见则东指，晨见则西指。在日南北，皆随日光而指。顿挫其芒，或长或短。”这比丹麦的第谷证实彗星是天体要早了近千年!

令人对彗星以及其他天象的了解已经远较古人深入得多，然而古人的睿智依然值得钦佩、令人赞叹。现在，就让我们来看看地处亚洲西部的另一个古老文明——苏美尔人的卓越成就吧。

EFFIGIES TYCHONIS BRAHE O.F.
ÆDIFICII ET INSTRUMENTORUM
ASTRONOMICORUM STRUCTORIS
Aº DOMINI 1587 ÆTATIS SUÆ 40

第二篇

传承古人的智慧

【题记】

我们的先祖们虽然在追星的过程中犯了不少错误，然而他们的智慧依然令我们惊叹。

图 2-0　第谷的墙象限仪，安置在一堵南北向的墙上，黄铜的四分之一个圆周上有精密的刻度。观测者在图的最右边，可能就是第谷本人。右下角的助手负责报时，左下角的助手负责记录。大幅的装饰画内容丰富，第谷本人及其爱犬亦在其中

第一章
苏美尔人的发现

吉尔伽美什的故乡

在亚洲西部，伊拉克共和国的境内，有两条举世闻名的大河：幼发拉底河和底格里斯河。它们流经的区域称为“两河流域”，在古希腊语中叫作“美索不达米亚”，意即“两河之间的地方”。它和我国的黄河流域一样，也是世界古代文明的摇篮。

上古时代两河流域的北半部称为亚述，南半部称为巴比伦尼亚。通常，巴比伦尼亚的北半部又称为阿卡德，南部则称为苏美尔。考古资料告诉我们，大约从公元前五千年开始，巴比伦尼亚就有了农业聚落，并逐渐形成一套复杂的灌溉网络。大约从公元前四千年开始，巴比伦尼亚进入了“乌鲁克时期”——乌鲁克是一座著名的古城，也就是《圣经》中所说的“埃雷克”。这一时期人类历史有了重大发展，特别是出现了文字和大城市的纪念性建筑物。

近代出土的乌鲁克时期的泥板，上面刻有许多图案，它们正是后来苏美尔—巴比伦文化所用的楔形文字的前身。有文字记载的人类历史，差不多有一半时间在用这种文字书写。起初，这种文字只供僧侣们用来记录农业产量，到了乌鲁克时代

近代出土的乌鲁克时期的泥板，上面刻有许多图案，它们正是后来苏美尔—巴比伦文化所用的楔形文字的前身。

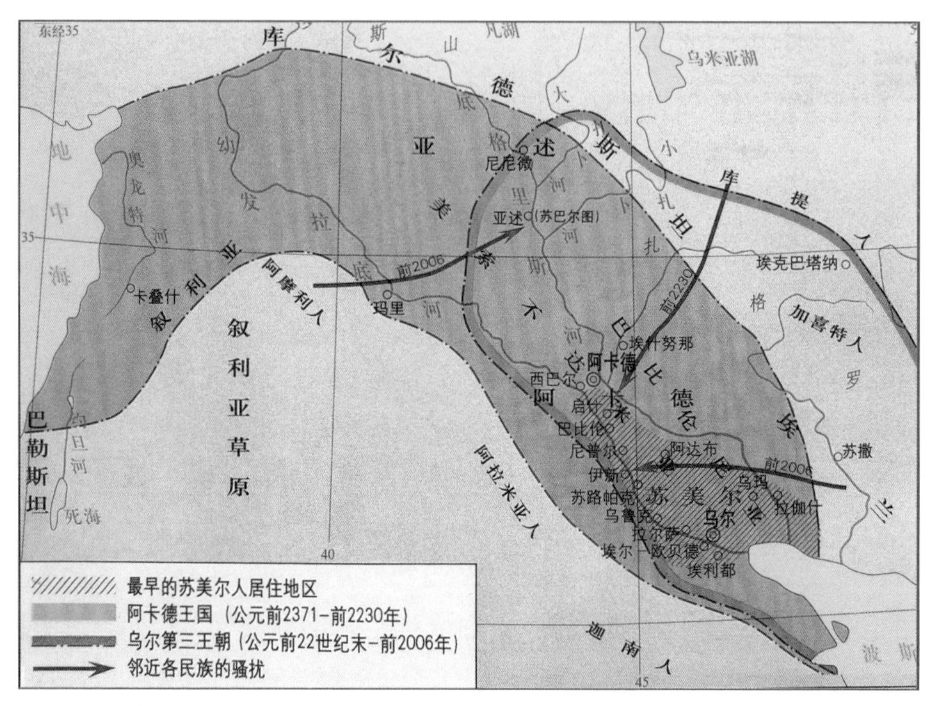

图 2-1-1　在人类历史上，美索不达米亚曾经孕育了灿烂的文明。这是公元前 2000 年前后两河流域的历史地图

晚期，它与苏美尔的语言结合成了一体。

公元前 4000 年之后的某个时候，圆颅直鼻、不留须发的苏美尔人成了巴比伦尼亚的主要居民。公元前 3000 年之后不久，苏美尔人的城邦有了充分发展。各城邦的统治者大多从领导作战、管理公共灌溉或其他事务的人中脱颖而出，但是他们不一定都称为国王。

苏美尔第一位著名的统治者，是基什王朝的国王伊坦纳（Etana），生活在约公元前 2800 年。基什王朝在某种程度上成功地统一了与之竞争的其他苏美尔城邦。该王朝的最后两位统治者恩美巴拉格西（Enmebaragesi）和阿加（Agga）不仅是著名的军事家，也是杰出的宗教领袖。他们在尼普尔建立了苏美尔人的主神埃库尔（Ekur）的神庙，从而使尼普尔成为苏美尔地区的宗教和文化中心。

与此同时，苏美尔南部地区的乌尔王朝也正在崛起。乌尔与基什、乌鲁克三个城邦为夺取苏美尔的霸权征战不息。公元前2500年之前的某个时期在位的吉尔伽美什（Gilgamesh）使他的乌鲁克王朝居于苏美尔城邦的统治地位，他本人则成了苏美尔故事和传说中的大英雄，成了世界上第一部史诗《吉尔伽美什》的主人公。

史诗《吉尔伽美什》的时代要比著名的荷马史诗早得多。它以楔形文字刻在12块泥板上，最早可上推到公元前18世纪。这些泥板是从19世纪70年代发掘尼尼微的宫殿遗址开始陆续发现的，随着考古工作的进展和楔形文字释读的成功，历经半个世纪，该史诗的面貌已经基本明朗。然后，便相继出现了各种文字的译本：英文、法文、德文、俄文、日文、意大利文、匈牙利文、捷克文、希伯来文、阿拉伯文……1981年终于也有了第一个中译本。现在，世界上研究这部作品的论著已经称得上汗牛充栋。

图2-1-2　刻在泥板上的世界上第一部史诗《吉尔伽美什》

史诗《吉尔伽美什》共有3000余行，人们通常将其情节分为四个部分。第一部分的故事梗概是：吉尔伽美什凭借权势，在乌鲁克城欺男霸女，强迫居民构筑城垣、修建神庙，弄得民不聊生。苦难的人们祈求诸神拯救自己，天神们便创造了一个半人半兽的勇士恩启都来对抗吉尔伽美什。恩启都起初与野兽为伍，不食人间烟火，后在神庙中的神妓引导下有了人的智慧和情感。他来到乌鲁克城，与吉尔伽美什激烈搏斗，彼此不分胜负，于是互相钦佩，成了好友。

史诗的第二部分叙述吉尔伽美什与恩启都结交之后，一起出走为人民造福，成为受人爱戴的英雄。他们创造了许多英雄业绩，其中最突出的是战胜杉树林中的怪人芬巴巴和杀死残害乌鲁克居民的天牛。这是史诗的核心部分，描述生动细腻，充满着英雄主义的激情。

史诗的第三部分描绘吉尔伽美什和恩启都因杀死天牛而得罪了天神，遂遭受两人“必得死去一个”的惩罚。恩启都病故了，吉尔伽美什悲痛欲绝。现实使他感受到了死亡的可怕，特别是由神主宰命运的威胁。于是，吉尔伽美什为了探索“生和死”的奥秘而长途远游，但结果一无所获。

史诗的第四部分记叙吉尔伽美什回到乌鲁克城，十分怀念亡友。他祈求神的帮助，同恩启都的幽灵见面。他请求他的朋友告知“大地的法则”，但恩启都回答的情调十分感伤。

《吉尔伽美什》内容复杂，情节常有矛盾。这正说明其流传久远，而在此过程中又被加工乃至篡改，从而失去了完整的风貌。

发现曾经存在过苏美尔人这一事实，是现代考古学的重大成就。对于早期人类文明，苏美尔人有着许多重要贡献，例如制陶转轮、轮车、帆船等技术发明。苏美尔人建造了由水渠、堤坝、导流坝和蓄水池等设施组成的复杂灌溉系统，在制订计划和进行测量时使用地图、测竿和水平仪。他们建立了一套测量角度的系统，并为后世天文学家沿用至今：将一个圆等分为360份，现在我们把这每一等分称作“一度”，或记为1°。我们将每小时分为60分钟，每分钟分为60秒，也可以追溯到苏美尔人60进制的进位系统。此外，苏美尔人的寺庙和塔楼是清真寺、犹太会堂和基督教堂的原型；苏美尔的成文法是希腊法和罗马法的先驱……

他们建立了一套测量角度的系统，并为后世天文学家沿用至今：将一个圆等分为360份，现在我们把这每一等分称作“一度”，或记为1°。

浪漫的星座

苏美尔人早就发现，天上的群星仿佛构成了一些容易识别的图形。这并没有什么神秘，人人都可以学会辨认它们。但是，苏美尔人也许比任何其他民族都更早而有系统地把天空划分成了一个个星群——在公元前三千多年他们就这么作了，人们后来把这种星群称为“星座”。苏美尔人还为那些星座取了名字，其中有些名称一直流传到今天，并在国际上通用。

到了古希腊时代，已经形成一个包括40多个星座的星空体系。这些星座的名称，都和美丽古老的希腊神话传说紧密联系在一起，而这些神话有可能就起源于巴比伦。例如，在古希腊的神话传说中，有这样一个奇妙的故事——

卡西奥匹亚是埃塞俄比亚国王色弗斯的王后。她炫耀自己的女儿安德洛墨达是世界上最美丽的姑娘，就连大海中最美丽的仙女、海神波塞冬的女儿也比不上她。这使海神非常生气，他要严厉惩罚那位骄傲的王后。于是，他在大海上鼓起波涛，还派一个怪物——鲸鱼，到海边吞吃色弗斯国王的百姓。

谁也战胜不了这个怪物。要它离去只有一个办法，那就是把可爱的公主献给它。国王和王后束手无策。为了拯救国家和人民，他们只好用铁链把自己的女儿安德洛墨达锁在海边的岩石上。鲸鱼从波浪中浮出了水面……

英雄珀尔修斯是大神宙斯的儿子，那时恰好打这里经过。他刚刚完成了一项非凡的业绩——割下女妖墨杜萨的头。墨杜萨的头发是无数条毒蛇，谁要是直接看她一眼，谁就会立刻变成石头。聪明的珀尔修斯趁墨杜萨熟睡时，从反光的青铜盾里看了个准，一刀砍下了她的脑袋。

珀尔修斯来解救可怜的公主了。他从空中降落下来，举剑向海怪刺去。鲸鱼回过身子，想要吞吃他。但是，英雄珀尔修斯突然把墨杜萨的脑袋举到了海怪眼前。刹那间，巨大的海怪就变成了石头。

国王和人民都衷心地感激珀尔修斯。安德洛墨达做了他的妻子。后来，他俩又一同乘坐珀尔修斯的飞马比加索斯离去了。

天上有6个星座和这个动人的故事有关。这6个星座是：仙王座（色弗斯）、仙后座（卡西奥匹亚）、仙女座（安德洛墨达）、英仙座（珀尔修斯）、飞马座（比加索斯）和鲸鱼座（那个讨厌的海怪）。人们常把它们统称为“王族星座”。

公元2世纪，伟大的古希腊天文学家托勒玫（Ptolemy）系统地总结了前人的工作，把北半球能够看见的星空划分成48个星座，还给它们一一取了希腊神话故事中的名字。在西方世

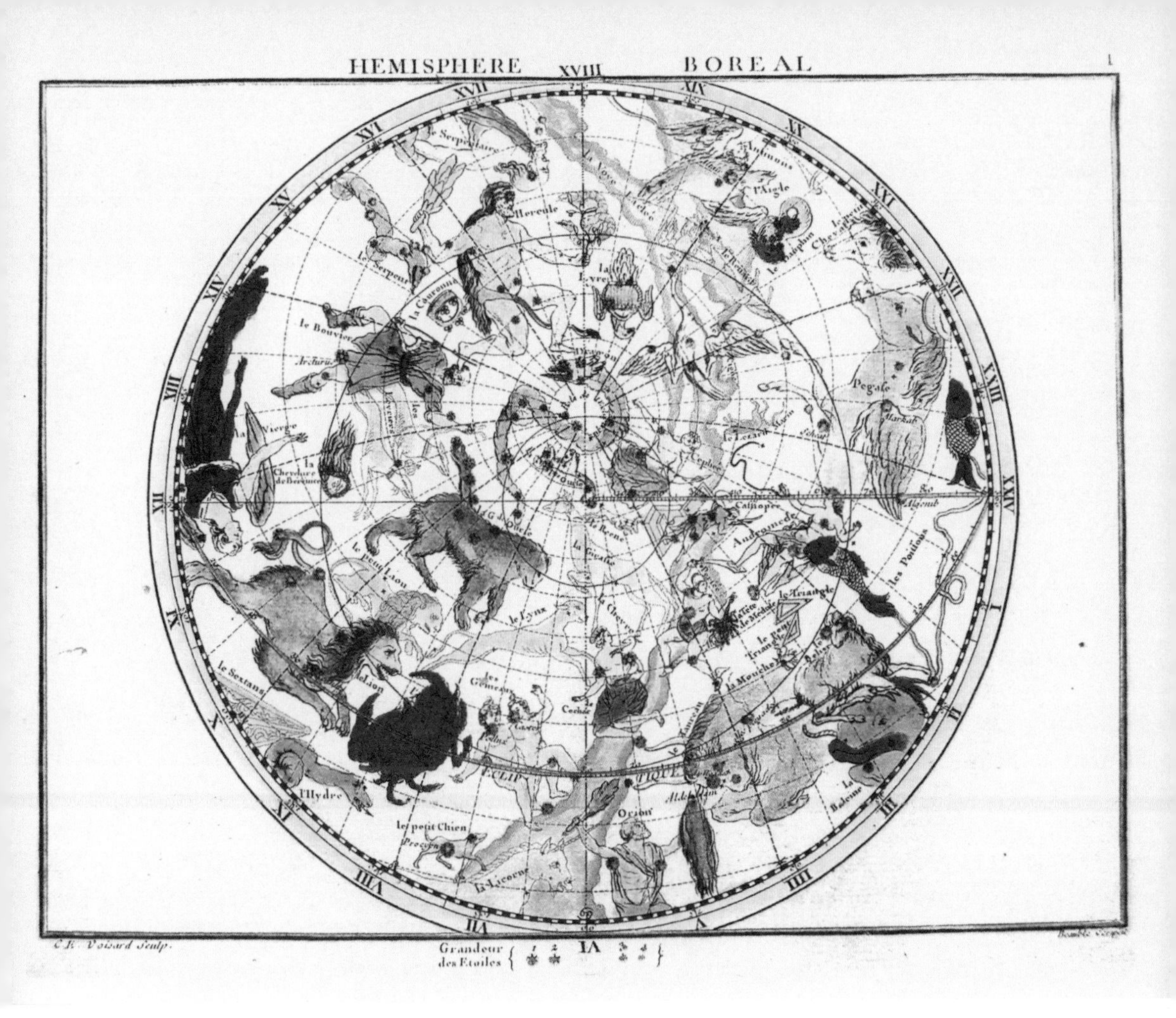

图 2-1-3　星座与神话故事联姻，是人类想象力的结晶，天空仿佛成了一个巨大的“动物园”。在这幅 1795 年的北天古典星图上，北天极位于正中央

界，这是影响最为深远的一种星座划分体系。

在前面介绍哈雷的时候，我们已经提到，生活在地球北半球的人，看到的星座多半是在天空的北方。16 世纪以前，科学家们的活动大多在北半球，古希腊天文学家也不例外，他们对南天的星空并不了解。17 世纪以后，航海家和天文学家开始对南天星空进行系统而细致的观测，并且陆续命名了一批新的星座。当时正处于近代科学技术发展的初期，因此人们给新星座起名时用了不少科学仪器和航海用具的名称，例如望远镜座、显微镜座、时钟座、船帆座，等等。此外还增添了一些珍奇动物的名称，如孔雀座、凤凰座、剑鱼座等。

1928年，国际天文学联合会正式确定全天星座的划分和定名，这就是当前国际上通用的88个星座。对于北部天空，它基本上沿用古希腊的星座体系，并且全部保留了原先那些星座的名字。

1928年，国际天文学联合会正式确定全天星座的划分和定名，这就是当前国际上通用的88个星座。对于北部天空，它基本上沿用古希腊的星座体系，并且全部保留了原先那些星座的名字。

在这88个星座中，大约有一半以动物命名，有四分之一以希腊神话中的人物命名，还有四分之一以仪器和用具命名。北天的希腊星座充满着古老而神奇的色彩，至今仍能激起人们对于星空的遐想。南天近代星座的名字，虽然与北天星座的名称不太协调，但是这对于认识星空来说并不会造成什么麻烦。下面就是所有这88个星座的名字——

神话形象（44个）：仙女，宝瓶，天鹰，白羊，御夫，牧夫，鹿豹，巨蟹，猎犬，大犬，小犬，摩羯，仙后，半人马，仙王，鲸鱼，后发，北冕，天鹅，天龙，小马，波江，双子，武仙，长蛇，狮子，小狮，天兔，天秤，天琴，蛇夫，猎户，飞马，英仙，双鱼，南鱼，天箭，人马，天蝎，巨蛇，金牛，大熊，小熊，室女

仪器用具（17个）：唧筒，雕具，船底，圆规，巨爵，天炉，时钟，显微镜，矩尺，绘架，船尾，罗盘，网罟，盾牌，六分仪，望远镜，船帆

珍奇动物（18个）：天燕，蝘蜓，天鸽，乌鸦，海豚，剑鱼，天鹤，水蛇，蝎虎，豺狼，天猫，麒麟，苍蝇，孔雀，凤凰，杜鹃，飞鱼，狐狸

其他（9个）：天坛，南冕，南十字，印第安，山案，南极，玉夫，三角，南三角

在中国古代，对于星群的划分也有自己独特的体系。早在周朝以前，即公元前 11 世纪以前，我们的祖先就把星空划分成了许多“星官”，它们的意思大体上和星座相仿。后来，又进一步演变为“三垣二十八宿”的星空体系。“三垣”，是指天穹北极——即北天极——周围的三个天空区域，它们分别叫作紫微垣、太微垣和天市垣。“二十八宿”是大致分布在黄道附近的 28 个天区，它们的名字依次为“角、亢、氐、房、心、尾、箕、斗、牛、女、虚、危、室、壁、奎、娄、胃、昴、毕、觜、参、井、鬼、柳、星、张、翼、轸”。这些星宿的名字，化作神话人物，频频出现在中国古典文学作品中，例如“角木蛟”、“亢金龙”、“危月燕”、“室火猪”等等。在《西游记》中尤其出名的“昴日鸡”乃是昴宿的化身，它的原形是一只威武雄壮的大公鸡。从天文学的角度来看，星宿和星座并没有什么实质性的差别，只是与此有关的神话传说和相应的名称反映了东西方传统文化的差异。如今，虽然国际上已经统一采用共同的星座体系，但是我国人民在谈到那些星宿的古老名称时，依然感到亲切而有趣。

早在周朝以前，即公元前 11 世纪以前，我们的祖先就把星空划分成了许多“星官”，它们的意思大体上和星座相仿。

“游星”和“七曜”

天空中绝大多数的星星，仿佛构成了一幅固定不变的壮丽图画。夜复一夜，年复一年，群星仿佛固定在拱状的天穹上，随着固态的天穹一起，周而复始地转动着。这些固定的星星叫作“恒星”。

苏美尔人发现，天空中有七个天体，夜复一夜地相对于群星改变着自己的位置。它们各按自己的运行途径，在众星构成

图 2-1-4　山西大同市文庙大殿壁画之二十八宿星君，人物大小如真人。我国资深天文普及家闵乃世先生于 2013 年 9 月拍摄

的图形间游移不定。其中最显眼的两个，是太阳和月亮。任何人只要留心，都可以发现：每天日落后，展现在我们眼前的星空都有一些差异，这正是太阳相对于群星不断移动的反映。由于这种移动，灼眼的阳光在不同的日子里淹没了天空的不同部分，人们在夜间所见的另外那半边星空自然就在不断地改变。月亮的情况更为显著。任何人都不难发现：在一个月中的各个晚上，月边的“寒星”都是互不相同的。月亮在群星间自西向东地移动，每天竟达约13°之多！

其余那五个天体都只是一些光点，看上去和满天的恒星很相像，只是显得更明亮。它们夜复一夜地从西向东徐徐穿行于群星之间，直到在天穹上绕转整整一周，重又回到原先的地方。然后又是一次同样的旅行。

苏美尔人从天空中勾画出了这五个天体循迹的途径，并将天空中包容这些径迹的一个带状区域——今天我们称之为“黄道带”——划分为12个星座。太阳在365天（也就是一年）之中经历所有这12个黄道星座，换句话说，它在每个黄道星座中大致逗留1个月。月亮在天穹上的移动比太阳快得多，它每29天半（也就是约1个月）就可以遍历全部黄道星座。

苏美尔人的后继者们侵占了他们的家园，也继承了苏美尔人的天文学知识，并把它传授给了古希腊人。古希腊人将那五个貌似恒星的光点状天体称为planetes，其原意是“游荡者”；也就是说，那五颗星都是“游荡的星”，或者说“游星”。后来，这个词进入英语，成了planet，也就是我们今天所说的“行星”。

古希腊人将那五个貌似恒星的光点状天体称为planetes，其原意是“游荡者”；也就是说，那五颗星都是“游荡的星”，或者说“游星”。后来，这个词进入英语，成了planet，也就是我们今天所说的“行星”。

在古代中国，上述五颗行星被统称为“五星”，再加上太

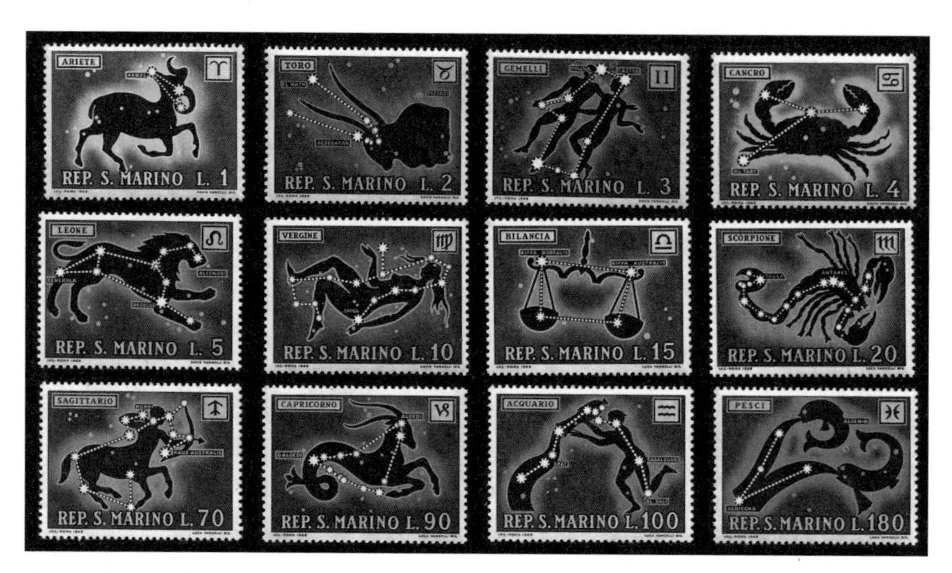

图2-1-5 圣马力诺共和国发行的一组以黄道12星座为题材的邮票

阳和月亮则合称“七曜”。在古希腊人的地心宇宙体系中，这七个天体都占有特殊的重要地位。但是，首先系统地观测和研究它们的，还是早先的苏美尔人。苏美尔人觉得，这五颗星在天空中的行径，宛如一些神灵在游荡。于是，他们就按自认为合乎逻辑的方式，将诸神的名字一一赋予这五颗行星。自不待言，在难以查考的远古时代，人类早就认识了太阳和月亮，我们已经无法也无须知道，是谁、或者是哪个民族首先为他们起了名字。

五颗行星中，有一颗的亮度经常仅次于太阳和月亮，几乎没有一颗恒星的亮度能与之媲美。于是，苏美尔人就用他们神话中掌管爱和美的那位女神——光彩非凡的“伊斯妲尔”的芳名来称呼它。有趣的是，在史诗《吉尔伽美什》中，吉尔伽美什与恩启都得天神舍马什之助，终于砍死怪人芬巴巴，救出了被其软禁的伊斯妲尔女神。伊斯妲尔获救后即向吉尔伽美什求爱，但是遭到严厉的拒绝。她恼羞成怒，便求其父天神阿努造一头天牛，来残害乌鲁克的居民。但是吉尔伽美什和恩启都毫无惧色，并肩战胜天牛，再次拯救了乌鲁克的百姓。

用神名命名行星的体制，被苏美尔人的后继者们完好地保存下来。于是，古希腊人把行星“伊斯妲尔”改称做“阿佛洛狄忒”——希腊神话中专司爱和美的女神。罗马人又从希腊人那里借用同样的命名方案，把这颗行星叫作“维纳斯”（Venus）——罗马神话中的爱神。这个名字在国际上一直沿用至今。

我国古代在春秋战国以前，把这颗行星叫作“太白”。太，就是大，该星色白，“太白”便是它显著的外貌特征。春秋战国以后，阴阳五行学说盛行，日遂被称为“太阳”，月则称为“太阴”；五行“金、木、水、火、土”分别被赋予五颗行星，这就是汉语中五颗行星今名的由来。“太白”就是金星，由此又有了“太白金星”的称谓。另外，金星在黎明前从东方地平线上升起的时候，又称作“启明”，意思是东方欲晓、开启光明；当它在黄昏以后，低垂西方天边的时候，又称为“长庚”，意思是暮色降临、长夜将至。

图 2-1-6　大理石雕米洛斯的阿佛洛狄忒，亦称米洛斯的维纳斯，系公元前 2 世纪后期的古希腊艺术杰作。1820 年在希腊爱琴海的米洛斯岛古城废墟中被发现后不久，即在法国巴黎卢浮宫博物馆展出。雕像高 204 厘米，双臂缺失，作者尚无定论（图源：Wiki）

金星的晶莹同女神维纳斯的美貌确实十分相配，谁都会觉得金星的光芒是多么温柔而恬静。也许，那正是爱神圣洁的目光在注视世间的情人是否忠贞。

古人还给每颗行星确定了一个符号。这些符号虽然简单，却都能显示同那些行星配对的神祇的特征。金星的符号是♀，它代表一面镜子。显然，婀娜多姿的爱神是少不了这类物件的。瞧，金星的一切是多么富有诗意！

这五颗行星中，有一颗的颜色明显地与众不同——呈暗红色，所以它的名字也应该与其独特的颜色相当。暗红色往往使人联想起流血、创伤、危险、战争乃至死亡。因此，苏美尔人就将这颗红色的行星称为“奈格尔”（Nergal）——他们传说中的战争、毁灭和死亡之神。从此以后，这颗红色的行星就始终与这一位或那一位战神的名字联系在一起了。希腊人将这颗红色的行星重新命名为阿瑞斯（Ares），这是古希腊战争之神的名字。罗马人又改称它为马尔斯（Mars）——罗马人的战神。至今，这颗红色的行星在国际上仍通称为马尔斯。

图 2-1-7　象征金星的爱神维纳斯和金星符号

在我国先秦时代，这颗红色的行星因其“荧荧如火”，兼之行动和亮度变幻十分惑人，故被称为“荧惑”。后来，随着五行学说的盛行，它又得到了火星这个名称。

火星的颜色和战神的大名，使古人认为它会给地球带来灾难性的影响。古人以为，火星高悬在夜空中而且特别明亮时，地球上就会有战争。这当然是无稽之谈，但是多少世纪以来，火星确实一直被视为一颗预示凶兆的行星。

天文学家用符号♂来代表火星，画的是一对古老的战争武器——矛和盾，它们是战神的随身装备。在古老的神话中，战神马尔斯是一位理想的男子，爱神维纳斯是一位完美的女性。在生物学中，♂和♀这两个符号正好被用来代表“雄”和“雌”，或者“男”和“女”。

图 2-1-8　象征火星的战神马尔斯和火星符号

火星的出没和金星完全不同。金星在天空中始终是太阳的随从，不是跟随着太阳落山，就是略早于太阳升起，永远不会在子夜前后高悬空中。火星却不一样，它的位置可以离太阳很远，有时整夜在天空中闪耀着红色的光芒。

然而，还有一颗行星的亮度仅次于金星，其行动却像火星那样自由。有时在无月的晴夜，金星隐没在地平线下，这颗行星就成了整个天空中最亮的天体。于是，古代西亚人就用大神“马尔杜克”的名字称呼它，古希腊人改称它做大神“宙斯”（Zeus），古罗马人又改用罗马神话中的大神“朱庇特”（Jupiter）为它命名，后者正是目前国际上通用的名称。中国先秦时期称它为“岁星”，因为当时人们用它来定岁纪年。后来才被称为“木星”。

木星的符号是♃，它是 Zeus（宙斯）的第一个字母 Z 的花体写法。大神的称号同木星在天空中行动端庄、仪态万千极其相称，尤其凑巧的是，木星是一颗特别巨大的行星，体积为地球的1300多倍。当然，古人用大神命名它时并不明白这一点。

还有一颗行星，在天空中移动的速度最快，而且比金星更靠近太阳。它老是在太阳近旁前后徘徊，时而在黄昏、时而在黎明时分出现。古代中国人称它为“辰星”，因为它与太阳之间的角距离从不会超过一“辰”（中国古代把周天360°分为十二辰）。后来它又被称为“水星”。就像金星那样，古代人也曾把晨出和夕见的水星误认为两颗不同的星星。古埃及人在薄暮中见到它的时候称它为“何鲁斯”，在清晨见到时则称它为“塞特”，他们是太阳神的两个侍卫。古代印度人相应地称其为“罗利纳亚”和“佛陀”，后者乃是佛祖释迦牟尼的尊称。现在许多名称都已废弃，留下的名字是“墨丘利”（Mercury）——古罗马神话中为诸神传递消息的信使，同时又掌管着商业、医药、道路等等。人们想像墨丘利的脚上长着一对翅膀，于是就连小偷也把他认做自己的保护神。这些都同水星的行动敏捷十分相称。墨丘利有一根两条蛇缠绕的手杖，后来演变成了天文学家用以代表水星的符号☿。

最后一颗行星正好同水星相反，在天空中的行动特别迟缓。古人认为这是年老的象征，于是就用一位老神的名字来称呼它。在古希腊神话中它是大神宙斯的父亲“克洛诺斯”，在古罗马神话中又叫“萨都恩”（Saturn），后者也是至今仍在国际上通用的名称。在先秦时期，中国人称这颗星为“镇星”或“填星”，认为它每28年绕行一周天，恰好每年“坐镇”二十八宿之一。后来，它又获得了“土星”的名称。

古代欧洲人认为土星行动缓慢而镇定，象征着命运变幻和时间的流逝。同时，萨都恩还掌管着农业，因此土星的符号乃是♄——它既是一把象征收获的镰刀，又是一把“时间和命运之镰”。

古代欧洲人认为土星行动缓慢而镇定，象征着命运变幻和时间的流逝。同时，萨都恩还掌管着农业，因此土星的符号乃是♄——它既是一把象征收获的镰刀，又是一把“时间和命运之镰”。

古代西方人熟悉七种不同的金属：金、银、铜、铁、锡、铅和汞。他们觉得：这些金属必与七曜有关，因为它们的个数正好都是“七”。例如，金和太阳似乎是有联系的；银和月亮也是如此；由铁和战争之神相配也很自然，因为人们作战时总是携带着铁制的兵器。至今，某些含铁原子的化学物质的名称，依然和战神马尔斯有关。例如，有一些着色用的颜料就称为“马尔斯黄”或“马尔斯紫”。

“星期”的来历

因为天上有七曜，所以苏美尔人和他们的后继者便将一年分为许多“星期”，每个星期由七天组成，每天各与七曜之一相联系。第一天和第二天分别属于太阳和月亮，迄今在英语中仍把星期日叫作 Sunday，意为“太阳（Sun）之日”，星期一叫作 Monday，意即“月亮（Moon）之日”。在其他多种语言中，星期日和星期一的名称和拼写方法虽然各异，但含义均为“太阳日”和“月亮日”。

其余五天与五颗行星相联系。例如，与战神马尔斯相联系的是第三天，即星期二，罗马人称它为 dies Marti，即“火星日”。罗马人使用拉丁语，在由拉丁语派生出来的各种语言中，这个名称并未发生多大的变化。对法国人而言，星期二是 Mardi，对意大利人是 Martedì，对西班牙人则为 Martis，意思都是“火星之日”。某些古代日耳曼人用他们的战神梯乌（Tiw或Tiu）的名字来称呼这一天，因此，至今英语中的星期二还称为Tuesday，原意就是“梯乌之日”。

星期三是水星之日。前面说过，水星是众神的使者墨丘利。在斯拉夫神话中，与墨丘利相当的神祇是沃顿（Woden），所以星期三是“沃顿之日”，转入英语便成了Wednesday。在其他语言中，对星期三的称谓更明显地折射出了墨丘利的影子：法语的Mercredi，意大利语的Mercoledì，还有西班牙语的Miércoles。

星期四是木星之日。木星是大神朱庇特，在古代斯堪的纳维亚神话中，与朱庇特相当的大神叫托尔（Thor），“托尔之日”转入英语便成了Thursday。其他语言中的情况也与之相仿，例如意大利语的星期四是Giovedì，即“乔维（Giove）之日”，“乔维”则系“朱维”之转音，而“朱维”就是朱庇特。法语中星期四称为Jeudi，也与Jupiter有着共同的词源。

星期五是金星之日。金星是爱神维纳斯，在古老的撒克森民族中，与维纳斯相当的女神是弗雷雅（Freya）。因此，在撒克森语中，金星之日便成了“弗雷雅之日”，进入英语后成了Friday，进入德语则成了Freitag。其他语言中的星期五，更直接地照出了Venus的身姿：如法语中的Vendredi，意大利语中的Venerdì，以及西班牙语中的Viernes。

星期六是土星之日。土星是农神萨都恩，英语中的Saturday便直接由Saturn（土星）与day（日）缀联而成。另一些语言中星期六的称呼实际上是“安息日”，源自希伯来语中的Shabbath，原意为“休息”。这是因为《圣经·创世记》中说，上帝在六天之内创造了宇宙万物，第七天完工休息。《圣经·出埃及记》中又说，上帝训示以色列人应该劳作六天，第七天休息。犹太教规定该日停止工作，专事敬拜上帝，称为“守安息”。基督教承袭这一规定，但根据耶稣在星期日复活的故事，守安息便改到了星期日——即“主日”。

第二章
世界的体系

奇特的舞步

一旦古人注意到行星的存在，以及它们沿着特殊的途径在群星间“游荡”，他们对弄清行星的运动规律就兴趣倍增了。他们甚至猜想，也许行星的运动方式控制着地球上发生的事件。倘若能够弄清所有行星运动的详情，乃至能够预告在任何特定的时刻，每颗行星将处于什么位置上，那么也许就能预言地球上发生的事情了。这类玩意称为“占星术”，实际上是一种伪科学。但是在生产力低下、科学十分落后的古代，它也在一定程度上促使人们更精密地观测天象、探索天体的运行规律，因而从一个侧面促进了古代天文学的进步。

每颗行星以各不相同的速率相对于恒星背景移动着。人们可以合理地假定：一颗行星看上去运动得越快，它离我们就越近。毕竟，一架低空飞行的飞机，看起来要比一架飞得极高、仿佛只是天空中一个小黑点的飞机快得多。

月亮相对于群星运动得最快，所以古人断定七曜中数它最近。月亮之外是水星，然后依次是金星、太阳、火星、木星和土星，它们看上去好像都在环绕着地球的一些大圆上运动。

古代天文学家注意到，在大部分时间内，行星在天穹上总是自西向东地穿行于群星之间。然而，每颗行星都有这样的时候：它移动得越来越慢了，直到某一时刻完全停住；然后开始从东往西倒退着移动一段时间；而后，它再度停顿；接着又重新按正常的方向前行。行星自西向东的运动称为“顺行”，自东往西运动称为“逆行”。由顺行到逆行，以及由逆行到顺行之间“完全停住”的瞬间则称为“留”。

在大部分时间内，行星在天穹上总是自西向东地穿行于群星之间。

行星自西向东的运动称为“顺行”，自东往西运动称为“逆行”。由顺行到逆行，以及由逆行到顺行之间“完全停住”的瞬间则称为“留”。

在我国，自战国迄汉初，人们已经完全知晓五星的逆行现象。例如，《隋书 · 天文志》中就明确记载：

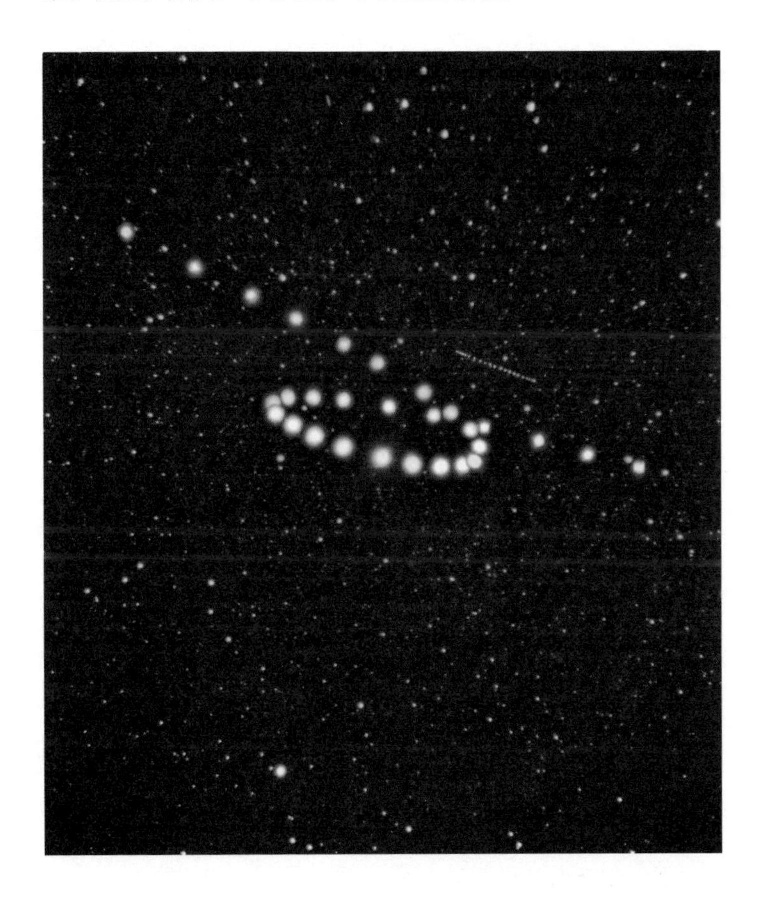

图 2-2-1　从这幅图中可以清楚地看出火星逆行的过程

古历五星并顺行，秦历始有金、火之逆……汉初测候，乃知五星皆有逆行。

行星在天空中运行的路径很复杂，它们仿佛各有一套独特的“舞步”。例如，木星每12年左右环绕天空转完一周，在此期间共有11个逆行期，也就是说，它的逆行期是平均约13个月一次。土星的运行很迟缓，环绕天空转完一周需要29.5年。在此期间，它总共要逆行28次——同样是每隔一年多时间有一次。火星差不多2年就环绕天空转完一周，它只有一个逆行期。但是，火星在逆行期内倒退的路径比木星和土星要长。而且，火星在逆行期间总是分外明亮。虽然它有时候比木星和土星暗，但在逆行期间，它往往比木星和土星更亮。

“天文学之父”的贡献

今天，我们用“星等”来衡量天体的亮度。确定星等的方法，可上溯到古希腊最伟大的天文学家依巴谷（Hipparchus）。关于他的生平，后人知之甚少。他大约在公元前190年出生于比提尼亚的尼西亚（今土耳其的伊兹尼克）。公元二三世纪尼西亚的一些硬币上刻有他凝视着一只球的坐像，硬币上的铭文是ΙΠΠΑΡΧΟΣ，即依巴谷。所以，依巴谷至少在其家乡，在几个世纪中名声一直很大。不然，他的坐像就不可能如此长久地出现在那些硬币上。依巴谷卒于约公元前120年，逝世地可能是爱琴海的罗得岛。

古代希腊文化对人类文明的进步有着很大的影响。实际上，从公元前4世纪开始，“希腊人”已不单纯是一个种族概念，而是泛指一切讲希腊语和接受希腊文化的人。公元前334年，曾是亚里士多德弟子的马其顿国王亚历山大开始东征。这是以马其顿人为主的马其顿、希腊军队对北非和亚洲的大规模入侵，它迅速横扫小亚细亚和叙利亚，旋即转入埃及，在尼罗河三角洲建立了亚历山大城，继而征服两河流域，消灭波斯帝国，然后北犯中亚，南下印度，形成一个十分庞大的帝国。

亚历山大的东征在印度受阻后，于公元前325年开始撤军，翌年返抵巴比伦。这次“东征”所及之处破坏严重，但在一定程度上又促进了东西方的经济、文化交流。公元前323年，33岁的亚历山大大帝卒于巴比伦。可以顺便一提：当时的中国，正处在战国时期；亚历山大大帝去世的时候，屈原大约20岁光景。

亚历山大大帝死后，其帝国迅即瓦解，随之形成了一批“希腊化”国家。其中最主要的有塞琉古王国、安提柯王朝、托勒密王国等。托勒密王国的领土包括埃及、利比亚、地中海东部的克里特岛和塞浦路斯岛，其首都就是亚历山大城。公元前31年，托勒密王朝的末代女王、38岁的克娄巴特拉与其丈夫安东尼在亚克兴海战中被屋大维打败，翌年在埃及相继自尽——读者当记得，本书开卷伊始已提及此事。公元前30年，最后一个希腊化国家——埃及的托勒密王朝正式并入罗马版图。那时，中国正值西汉后期，与匈奴时战时和。公元前33年，汉元帝将后宫王嫱赐予匈奴单于呼韩邪为妻。两年后，呼韩邪逝世，其子复株累若鞮单于继位，仍娶王嫱为妻。王嫱，就是王昭君。

言归正传，再说生活在希腊化盛期的依巴谷，在罗德岛上建立观象台，发明了许多用肉眼观测天象的仪器。他测算出一年的长度是365.25天再减去1/300天，这与实际情况只相差6分钟。他编制了几个世纪内日月运动的精密数字表，据此可以推算日月食。他还编出一份包含1000多颗恒星的星表，列出了它们的位置和亮度。他是古希腊的一位知识巨人，西方人尊称他为“天文学之父”。他的著作均已失落，人们只是通过前已提及的那位托勒玫的著作，才了解到他的一些情况。

依巴谷把天空中最亮的20颗恒星算作“1等星”，稍暗一些的是“2等星”，然后依次为“3等星”、“4等星”、“5等星”，正常人的眼睛勉强能够看见的暗星则为“6等星”。不过，这样区分恒星的亮度毕竟不太严格，就连20颗1等星的亮度也各有小小的差异。显然，天文学还需要一把衡量恒星亮度的精密“标尺”。

依巴谷去世后差不多过了整整2000年，19世纪的英国天文学家波格森（Norman Robert Pogson）发现，1等星的平均亮度差不多正好是6等星的100倍。于是，他据此定出一种亮度“标尺”：恒星的亮度每差2.512倍，它们的星等数就相差1。也就是说，5等星的亮度是6等星的2.512倍；4等星的亮度又是5等星的2.512倍，因而是6等星亮度的$2.512\times2.512=(2.512)^2$倍，即6.310倍；3等星的亮度又是4等星的2.512倍，因而是6等星亮度的$(2.512)^3$倍，即15.85倍；依次类推，容易算出1等星的亮度正是6等星的$(2.512)^5$倍，即100倍。

用望远镜可以看见许多用肉眼无法直接看见的暗星：7等星要比6等星暗2.512倍，8等星又要比7等星暗2.512倍……

图 2-2-2　星星的亮度不均，使浩瀚的星空更显得多姿多彩

另一方面，比 1 等星更亮的叫作 0 等星，比 0 等星更亮的是“−1 等星”，如此等等。很容易算出，“−4 等星”的亮度是 6 等星的 10 000 倍。

现代天文学家测量天体的亮度很精密，星等要用小数来表示。例如，太阳是−26.7 等，满月时的月亮是−12.7 等，金星最亮的时候是−4.4 等。火星最亮时是−2.8 等，最暗的时候则是+1.4 等，它在最亮时要比最暗的时候亮 15 倍。

伟大的综合者

行星为何有顺行、逆行和留？它们的舞步何以各不相同？逆行时，诸行星的运动为何徐疾不一？再加上火星的亮度变化是那么明显，这些都使古希腊的天文学家大为困惑。他们觉得天界应该比这更有秩序，行星应该以极有规律的速率在完美无瑕的圆周上运行。今天，我们把一个天体环绕另一个天体运行的途径称为“轨道”，英语中称为orbit，它源自希腊语，本意就是“圆”。为了解释行星运动的奇特“舞步”，古希腊人非常机智地构想出这样一幅图景：行星在许多圆圈的复杂组合中环绕着地球运行。

确实，古人看见日月星辰每天东升西落，便认为它们都绕着大地旋转，而地球则是静止的，位于宇宙的中心。这种想法既朴实，又自然。后来，亚里士多德将这种观念变成了一种哲学学说。而真正从科学上集这种宇宙观念之大成者，则是前文已多次提及的托勒玫。

图 2-2-3 “伟大的综合者”托勒玫。他的地心说曾被教会奉为不可动摇的信条（16 世纪的肖像画，作者佚名）

托勒玫生于约公元100年，卒于约170年，与我国东汉天文学家张衡大致生活在同一时代。有人从托勒玫的名字猜想，他或许是早先那个托勒密王朝的王族后裔。但实际上，他可能是因诞生地而得名的：他可能出生于上埃及的托勒密（Ptolemais）城。他留下的观测记录表明，其所有的天文观测都在亚历山大城进行。没有证据表明他曾经在其他地方生活。

托勒玫真正的重要性在于他对前人成果

的伟大综合。有人认为他抄袭了依巴谷，这种说法恐怕是太过分了。后人普遍赞誉他在公元 130 年前后完成的一部著作为《伟大的数学综合》，有时甚至认为它不仅“伟大”（希腊语 Megale），而且“伟大之至”（希腊语 Megiste）。罗马帝国衰落后，托勒玫的著作在阿拉伯人中间流传。他们也像希腊人那样用“伟大之至”来称呼它，并且还加上了阿拉伯语的冠词 Al，于是书名就成了 Almagest，汉语可称为《至大论》。此书曾有多个中译名，最普遍采用的是《天文学大成》。该书的阿拉伯文本于 1175 年译成拉丁语，在文艺复兴时期，它在欧洲天文学思想中占有统治地位。正是通过这部著作，人们才知道了依巴谷和其他早期希腊天文学家的大量工作。

古希腊人坚信匀速圆周运动是最完美的运动形式。为了解释行星时而疾驰、时而徐行的原因，他们的第一种几何学设计是：行星确实在作匀速圆周运动，但地球却偏在一边，并不正好在圆心上。行星在这样的偏心圆上运行，它与地球的距离就在不断改变；从地球上看去，它的视速度也在不断变化。

古希腊人坚信匀速圆周运动是最完美的运动形式。

为了解释行星的逆行，古希腊天文学家的第二种几何学设计是：行星各沿自己的“本轮”匀速转动，圆形的本轮就是转动的轨道；同时，本轮的中心又沿着更大的圆形轨道环绕地球匀速转动，这种更大的圆称为“均轮”。

托勒玫在《天文学大成》中综合前人的巧妙构思，再加上他本人的独创，详尽地阐述了他的“地心宇宙体系”：地球是宇宙的中心，日月星辰均绕地球转动；五颗行星各沿自己的本轮匀速转动，本轮的中心又在均轮上环绕地球匀速转动；地球并不处在均轮的圆心上，均轮乃是一些偏心圆；

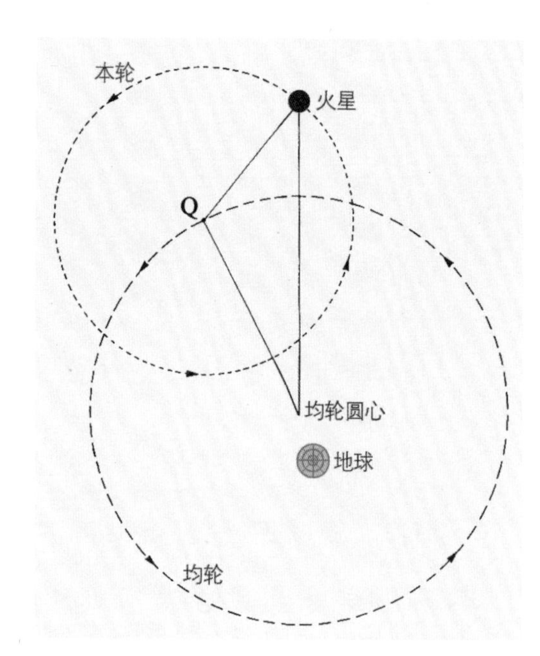

图 2-2-4 在托勒玫体系中，行星在本轮上匀速转动，本轮的中心（Q 点）又在均轮上匀速转动。均轮是偏心轮，地球并不正好位于均轮中心。行星在本轮和均轮上的运动组合起来，导致了在地球上观察到的行星顺行、逆行和留

日、月、行星在作轨道运动的同时，还与所有的恒星一起，每天绕地球转动一周。托勒玫精巧地选取诸行星均轮半径与本轮半径的比例、行星在本轮与均轮上运动的速度，以及本轮平面与均轮平面相交的角度，使推算的行星动态尽量与实际的天象相符。

随着岁月的流逝，天文观测水平在不断地提高。人们逐渐发现，按托勒玫的地心学说推算出来的行星位置，总是与实际情况有相当的差异。于是，托勒玫的追随者们不得不在本轮之上再添加更小的小本轮，以凑合观测的结果。如此圆上加圆、圈上添圈，结果使整个行星运动的图景变得复杂不堪，却依然未能从根本上解决问题。所以，虽然在托勒玫之后长达 14 个世纪之久，人们仍然接受他的地心宇宙体系，但后来的事实却证明如此构想的图景并不正确。

日心说的创立

甚至在托勒玫以前，已有少数天文学家天才地猜测，地球大概根本就不在宇宙的中心。其中最著名的，当推萨摩斯岛的阿利斯塔克（Aristarchus）。他生于约公元前 310 年，既是一位伟大的观测家，又是一位天才的理论家。他的大部分著作已经失传，但是《论日月的大小和距离》一书流传了下来。他用书

中提出的方法，测定日、月与地球的距离，结果是太阳比月亮远 19 倍。这虽然比实际数值小了约 20 倍，但作为人类测定天体距离的首次尝试，理所当然地受到了后人的赞扬。

阿利斯塔克利用月食的机会，测算出月球的直径约为地球直径的 1/3，这与实际情况相去不远。由此，他进而推算出太阳的直径是地球的 19×1/3 倍，即 6 倍有余，于是太阳的体积便是地球体积的（19×1/3）^{3} 倍，即 200 多倍。这比实际情况小了许多，但是却足以证明，地球决非宇宙间最显赫的天体。也许正因为这一事实，促使阿利斯塔克勇敢地提出：太阳和恒星一样，都静止在远方；地球则一面绕地轴自转，一面又环绕太阳运行。他还认为，与地球绕太阳运行的轨道相比，恒星要更加遥远得多。

阿利斯塔克利用月食的机会，测算出月球的直径约为地球直径的 1/3，这与实际情况相去不远。

今天我们知道，所有这些观念都是正确的。但是，阿利斯塔克太超前于他的时代了。他被指控亵渎神灵，他的理论也为人们所鄙弃。对于古希腊人而言，地球在太空中穿行委实难以令人置信。

这一问题的真正解决，应归功于伟大的波兰天文学家尼古拉·哥白尼（Nicolaus Copernicus）。1473 年 2 月 19 日，哥白尼诞生在波兰维斯拉河畔的托伦城。他的父亲是一个富裕商人，与他同名，也叫尼古拉·哥白尼。母亲是一名大商人的女儿。他们的 4 个子女中，尼古拉是最小的一个。10 岁丧父后，尼古拉由舅父卢卡斯·瓦琴罗德（Lucas Watzenrode）抚育，享有接受良好教育的优越条件。瓦琴罗德从 1489 年起任瓦尔米亚的主教，他希望尼古拉和自己一样，成为神职人员。但是尼古拉的志趣主要在于自然科学，他在克拉科夫大学学习到约 1495 年。至于

图 2-2-5　2010 年上海世博会期间波兰馆的一份宣传材料，封面人物是“日心说”的创立者哥白尼，下方用中文写着“欢迎您到托伦”——托伦城是哥白尼的出生地

他究竟完成了哪些课程以及是否取得学位，现已无从查考。从他后来长期保存的两册笔记来看，他读过天文学、数学和地理学。1496 年秋，他步舅父后尘，入意大利博洛尼亚大学，攻读教会法规。1501 年初他离开博洛尼亚大学，并未取得学位。后来他在帕多瓦大学攻读医学，仍未获得学位。但是，1503 年 5 月，他取得了费拉拉大学的教会法规博士学位。

1503 年初，舅父卢卡斯 · 瓦琴罗德使哥白尼开始领取布列斯诺圣十字教堂的薪俸，直至 1538 年才终止。1503 年下半年，哥白尼回瓦尔米亚定居。后来的 40 年中，他除了在波兰和普鲁士境内短期旅行外，从未离开过他所说的这个“地球上的遥远角落”。

哥白尼早先对天文学发生兴趣，与读到雷纪奥蒙坦（Regiomontanus）的著作有关。

哥白尼早先对天文学发生兴趣，与读到雷纪奥蒙坦（Regiomontanus）的著作有关。雷纪奥蒙坦是德国天文学家，1436 年生于弗朗科尼亚的柯尼斯堡。他的真名叫约翰 · 缪勒（Johannes Müller），雷纪奥蒙坦这个化名则是其诞生地的拉丁名，它在拉丁语中的原意是“国王之山”。其实，号称“国王之山”的这个柯尼斯堡并不是一个有名的地方，位于东普鲁士的另一个柯尼斯堡远比它更加出名。

雷纪奥蒙坦 11 岁就进了莱比锡大学，他是托勒玫宇宙体系的忠实信徒，并出版了《天文学大成》的修订本。他刻意嘲笑地球在转动的念头，坚持认为地球要是绕着地轴自转，那么云就会掉在后边，鸟就会被刮跑，房屋建筑就会倾斜、倒塌。这种错误论调的影响，直到伽利略时代才宣告终结。

雷纪奥蒙坦作了许多有益的天文工作。例如，他编制新的行星运行表，在当时被广泛使用，日后还为哥伦布（Christopher Columbus）所采用。1472年，他对一颗彗星——后来称为哈雷彗星——进行观测，这是将彗星作为科学研究的对象，而不是把它当作造成恐慌的怪物的最初尝试。此外，雷纪奥蒙坦还在学校讲授维吉尔和西塞罗。

图2-2-6　1496年雷纪奥蒙坦出版的《天文学大成》修订本卷首插页，画面表现雷纪奥蒙坦（右）正在听托勒玫阐述他的宇宙体系

基于托勒玫的宇宙体系，无论进行多么仔细的计算，都无法长时期地准确预告行星的位置。甚至雷纪奥蒙坦所作的改进，归根到底也只具有暂时的价值。

早在1507年，哥白尼就曾想到，倘若宇宙的中心是太阳，而不是地球，那么计算行星的位置就会容易得多。不久，他开始对这种新的宇宙体系进行详尽的数学计算，同时进行大量的天文观测。他前后花费了30多年的心血，系统地提出并严密论证了日心地动学说，发表了阐述这一学说的巨著《天体运行论》。

先前，人们总以为地球是宇宙的中心，日月群星都绕着地球转动不已。哥白尼则指出：所有的行星都绕着太阳运行，就连地球本身也是环绕太阳转动的一颗行星。行星按离太阳从近到远的次序排列是：水星、金星、地球、火星、木星和土星。在《天体运行论》中，哥白尼详细解释天体运动的种种情况，提出预告天体未来位置和运动状况的方法，并阐明了夜空中的恒星要比月亮、太阳和行星遥远得多。

日心体系毫不困难地解释了行星逆行的原因。例如，我们来考虑地球和火星，它们仿佛在绕着太阳赛跑。地球离太阳较近，跑的是内圈，约 365.25 天（或者说一年）跑完一圈。火星离太阳较远，跑的是外圈，约 687 天跑完一圈。设想地球和火星一齐起跑，那么当地球跑完一圈回到起点时，火星才跑了半圈多些。过了一些时候，地球再次赶上并超过火星。这种情况每 780 天发生一次。

当地球赶上并超过火星时，在地球上的观测者看来，火星就好像后退了。正如两辆汽车沿同一方向前进，当开得较快的那辆车超过另一辆车时，在快车中的乘客看来，较慢的那辆汽车仿佛就在后退。原来，火星逆行的成因竟是这么简单！

当火星远离地球跑到太阳的另一侧时，从地球上看去火星和太阳就在同一个方向上，这时火星淹没在耀眼的阳光中，我们不可能看见它。在这种情况下，火星将与太阳同升同落，这称为火星“合日”，或简称“合”。当火星和地球位于太阳的同一侧，从地球上看去火星和太阳正好处于天空中相反的位置上，此时，我们便说火星与太阳相“冲”，或者说火星“冲日”。火星在冲日时离我们最近，这时它最亮，也最容易看见。火星合日时与地球的距离可达冲日时的 5 倍以上。

可以用同样的方式来解释木星和土星的逆行。它们离地球比火星远得多，绕太阳运行时划出两个非常巨大的圆。相比之下，地球的轨道要小得多，以至于无论地球与木星或土星位于太阳的同侧还是异侧，都不会造成太大的差别。木星合日时与

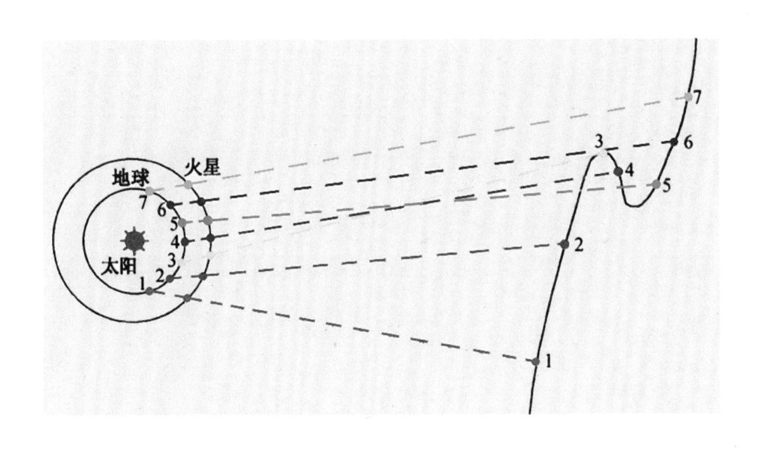

图 2-2-7　用日心说解释火星逆行的示意图

地球的距离仅为它冲日时的 1.5 倍，土星合日时与地球的距离则仅为其冲日时的 1.25 倍。

《天体运行论》问世

在 16 世纪 30 年代后期,《天体运行论》的撰写已基本就绪。手稿在欧洲学者中流传，引起相当大的兴趣。哥白尼不愿正式发表这部作品，他知道关于地球运动的见解会被教会视为异端邪说，从而惹来很大的麻烦。最后，在雷蒂库斯（Rheticus）的强烈要求下，哥白尼才同意出版全书。雷蒂库斯是一位重要的数学家，1514 年生于奥地利，他首先将三角函数与角而不是与圆弧联系起来，并编出了当时最好的三角函数表。雷蒂库斯以哥白尼的第一信徒著称于世。他从 1539 年 5 月到 1541 年 9 月和哥白尼住在一起，协助修订书稿。1540 年，他出版了哥白尼新观点的摘要，但没有暴露哥白尼的名字。

在 16 世纪 30 年代后期,《天体运行论》的撰写已基本就绪。手稿在欧洲学者中流传，引起相当大的兴趣。

哥白尼同意出版全书后，监督出版工作由雷蒂库斯自愿承担。后来，雷蒂库斯因故离开，监督出版便留给了路德派教长安德烈斯·奥西安德（Andreas Osiander）来担当。由于马

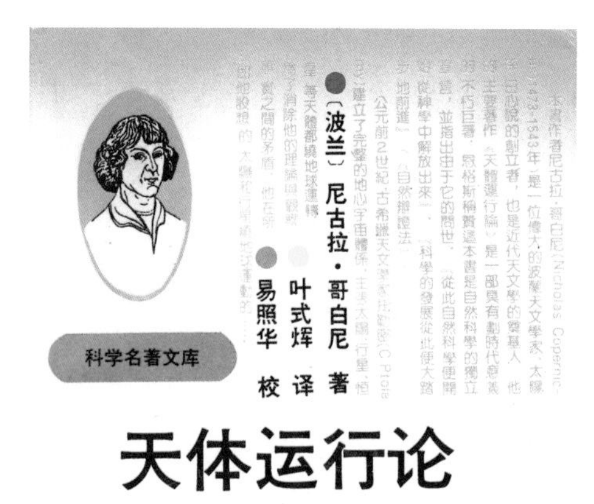

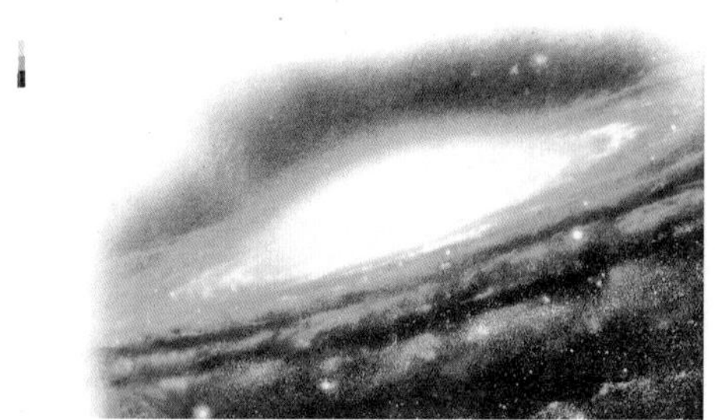

图 2-2-8 哥白尼《天体运行论》的第一个中译本，武汉出版社 1992 年 10 月出版。译者是中国科学院紫金山天文台研究员、天体物理学家叶式辉，校者是南京大学天文学系教授、天体力学家易照华

丁·路德（Martin Luther）曾表示坚决反对哥白尼的理论，奥西安德为稳妥起见，便擅加了一篇未署名的序言，大意是说，就反映行星运动的真实情况而言，哥白尼的理论并不先进，它主要是为简化计算而采用的一种手段。这就大大削弱了此书的意义，并使哥白尼的声誉遭损多年，因为人们一直以为哥白尼本人应对这篇序言负责。

现在已经很难查考，哥白尼本人对奥西安德的序言有何反应。雷蒂库斯说哥白尼对此颇为恼怒，有人甚至认为这促使哥白尼中风致死。但是，也有可能哥白尼根本就没有见到这篇序言，因为他那时脑出血右半身瘫痪，已卧床数月。长时期来有一种传说，那就是：1543 年 5 月 24 日，哥白尼已在弥留之际，一本刚刚印好的书送到了他的病榻旁。

哥白尼的这部巨著用拉丁文写就，原稿无书名，由出版者命名为《关于天球旋转的六卷集》，后人简称为《天体运行论》。1543 年此书在纽伦堡初版时，有二三百个排印错误，书末附有勘误表。1566 年在瑞士的巴塞尔再版，1617 年在荷兰的阿姆斯特丹出第三版。后来，它被译成德、英、法、俄、波兰、西班牙、印地等多种文字，在世界各地出版。1973 年，我国的科学出版社出版了中文节译本。1992 年，叶式辉先生执译的《天体运行论》中文全译本由武汉出版社出版，2001 年该中译本又由陕西人民出版社重新出版。

奥西安德擅加的那篇序言，迷惑了许多人，也使罗马教廷忽视了《天体运行论》可能造成的威胁。但到16世纪末，情况发生了变化。《天体运行论》在思想界的影响甚至超出了哥白尼本人的预料，这自然引起了教会的恐慌。意大利杰出的哲学家和思想家布鲁诺（Giordano Bruno）坚定地捍卫和发扬哥白尼的思想，并写了不少抨击《圣经》和基督教的作品，因而于1592年被押往罗马的宗教裁判所。他被幽禁、审问、拷打了8年，依然毫不让步。最后，宗教裁判所宣判他为异端。1600年2月17日，布鲁诺被活活烧死在罗马的繁花广场上，他拒绝接下在最后时刻递来的十字架。

1616年3月3日，罗马教廷将《天体运行论》列入禁书目录。然而，哥白尼日心学说的影响仍在不断扩大。1807年，拿破仑在他的戎马生涯中到达波兰，访问了哥白尼的出生地。使他深感惊讶的是，当地竟然未为哥白尼树立纪念塑像。这一缺憾直到1839年始得弥补，但在华沙举行哥白尼塑像的揭幕典礼时，却没有天主教神父愿意来主持仪式。

与先前的地心宇宙体系相比，哥白尼的日心体系确是一次革命性的飞跃。但是，它也并非尽善尽美。例如，行星的运动似乎并不均匀，它们似乎并不沿着完美的圆周环绕太阳运行。为此，哥白尼保留了不少本轮和均轮，甚至还用到了偏心轮——当然，居于中心地位的是太阳，而不再是地球了。尽管如此，要彻底解释行星运动的全部复杂性还是很困难。看来，必须更精确地测定行星的位置在天空中如何变化，才能进一步弄清它们究竟是怎样运动的。完成这件大事的，是第谷和开普勒。

第三章
近代天文学的曙光

第谷的一生

1622年，在西学东渐史上影响堪与利玛窦（Matteo Ricci）相比的耶稣会传教士、德国人汤若望（Johann Adam Schall von Bell）来华。当他获悉我国元代科学家郭守敬取得的伟大天文成就时，便情不自禁地夸奖他是“中国的第谷”。

对当时的欧洲人而言，这是一种至美的赞誉——因为第谷确实是令人钦佩的。

1546年12月24日，第谷·布拉赫诞生在丹麦的一个贵族家庭中。

1546年12月24日，第谷·布拉赫诞生在丹麦的一个贵族家庭中。当时的人们不太知道他姓布拉赫，而只知道第谷这个名。第谷自幼热爱观测星辰，13岁进入哥本哈根大学学习法律和哲学，16岁入莱比锡大学，17岁开展首项天文研究——木星合土星，26岁在仙后

图2-3-1 一幅16世纪的第谷·布拉赫肖像画（画家佚名，丹麦国家历史博物馆藏）

座中发现了著名的“第谷新星”。30 岁时，在丹麦国王腓特烈二世（Frederich II）资助下，第谷在丹麦和瑞典之间的汶岛上建立了规模宏大的“天堡”，他研制的许多大型天文仪器，已经达到望远镜时代之前的巅峰。

第谷是一位极优秀的观测家，他测量角度可精确到 1/60 度，即 1 角分，这是天文望远镜问世以前所能达到的极限。他在汶岛从事天文观测 20 余年，精度超过以往的任何记录。他潜心跟踪行星的运动，而对火星尤为关注。火星运动得较快，因而在较短的时间内就能观测到显著的位置变化。20 多年中，第谷先后对火星的位置进行了几千次测量。

第谷 51 岁时因与新国王反目而被迫离境，53 岁时在布拉

图 2-3-2 第谷在丹麦和瑞典之间的汶岛上所建的“天堡”

图 2-3-3 神圣罗马帝国皇帝鲁道夫二世在听第谷讲述天文知识

格成为神圣罗马帝国皇帝鲁道夫二世（Rudolph II）的御前天文学家。第谷一生中有许多十分可笑的地方。他骄傲自大，目中无人，20 岁时竟为争论某个数学问题而在决斗中失去了自己的鼻子，后来只好装上一个金属假鼻以正容颜。他念念不忘自己的贵族身份，进行天文观测时总要穿上朝服。他任御前天文学家时声名显赫，生活浮华，热衷于盛宴豪饮。但是，毋庸置疑，他的天文观测数据乃是构筑近世天文学的优质材料。

第谷知道开普勒在 1596 年出版了一部出色的著作，名叫《宇宙的神秘》，并意识到自己很需要开普勒那样的理性思维能力。于是，他便写信邀请开普勒来一道工作。开普勒起先并不很想前往，但是宗教迫害促使他下定决心投奔第谷。当权的统治者要恢复天主教的势力，而不容异教徒继续存在。新教徒开普勒不愿顺从地皈依，结果不得不多次流亡。最终，他于 1600 年 2 月 3 日携妻子和养女到达第谷的贝纳特基城堡观象台。

图 2-3-4 德国天文学家约翰·开普勒的肖像画（1627 年）

开普勒对第谷颇寄厚望。可是，他在第谷那里的所见所闻，却与始料相去甚远。第谷对开普勒颇有戒心，生怕自己请来的助手最后成了一场重大科学竞赛的对手。他不甘心痛痛快快地把毕生辛劳所得的精华奉赠他人，所以只是零敲碎打地今天说出某个行星的远地点数据，明天又提到另一颗行星的交点坐标。

两个人都预感到前面会有更丰硕的成果，但是他们都无法独自取得。因此，他们继续步履艰难地互相配合。意味深长的是，这种并不十分和谐的合作却成了体现近代科学精神——观测与理论的对证和交融——的最早范例。

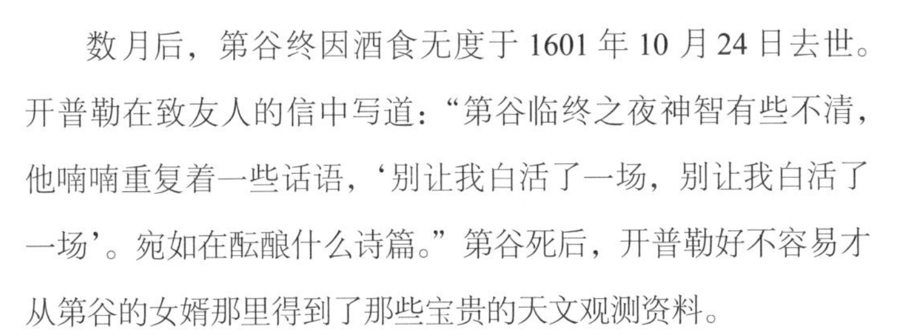

数月后，第谷终因酒食无度于 1601 年 10 月 24 日去世。开普勒在致友人的信中写道："第谷临终之夜神智有些不清，他喃喃重复着一些话语，'别让我白活了一场，别让我白活了一场'。宛如在酝酿什么诗篇。"第谷死后，开普勒好不容易才从第谷的女婿那里得到了那些宝贵的天文观测资料。

郭守敬的伟绩

说完第谷，我们再来说说被汤若望称为"中国的第谷"的郭守敬。他生活的时代要比第谷早 3 个多世纪。公元 13 世纪前后的中华大地，狼烟遍野，烽火连天。面对金国的大举南侵，南宋政权中"主战派"与"主和派"的斗争异常激烈。抗金名将岳飞惨遭奸臣秦桧陷害，被宋高宗赐死。南宋王朝的境况江河日下。

正在此时，在金国北边的蒙古高原上，迅速刮起了一股强劲的旋风。1205年，蒙古各部首领一致拥戴铁木真为全蒙古的大汗，尊称“成吉思汗”。“汗”的意思是王，“成吉思汗”的意思则是“拥有四海的王”。成吉思汗从1211年到1215年间大举向金进攻，并占领了金国的“中都”——今天的北京。1219年，他又挥师西征，占领了从中亚直到东欧的大片地区。1226年，他率军南下攻打西夏。1227年，一代天骄成吉思汗在西夏境内病逝。

成吉思汗死后，他的三儿子窝阔台于1229年被推为大汗。1234年，窝阔台灭了金国。又过了26年，成吉思汗的孙子忽必烈在开平（今内蒙古自治区多伦附近）登上大汗宝座。1264年（至元元年）他又将都城定在中都，1272年（至元九年）改称“大都”。

忽必烈于1271年（至元八年）定国号为“元”，他本人就是赫赫有名的元世祖。1279年，忽必烈灭南宋，建立了统一的元帝国，疆域东南临海，西到今天的新疆，西南包括西藏、云南，北面包括西伯利亚大部，东北直达西伯利亚东面的鄂霍次克海，幅员之辽阔，超过了历史上的汉唐盛世。

当时世界上名列前茅的大科学家——备受人们崇敬的天文学家、水利学家、数学家和机械专家郭守敬，就出生在这样的一个时代。郭守敬的家乡是位于华北平原西侧、离太行山东麓不远的一座历史名城——如今河北省西南部的邢台市。在元朝时，它是邢州（后改称顺德府）的一个县，即邢台县。邢台县有户姓郭的人家，主人名叫郭荣。他通晓中国古代文史典籍，擅长数学、天文、水利等多种学问，并经常和当地一些好学之士切磋治学之道。公元1231年，郭荣膝下增添了一个小孙儿，取名郭守敬，字若思。

郭守敬深受祖父影响，用心读书，热衷于观察各种自然现象，有时还动手作一些有趣的小玩意儿。他很早就显示出科学才能，十五六岁就独立制成了工艺久已失传的计时仪器“莲花漏”。20岁率众修复家乡的石桥、填补了堤堰的决口。31岁首次见到忽必烈汗就提出6条水利工程建议，此后又领导完成了修浚西夏古河渠等多项重要任务。郭守敬在大地测量方面首创了相当于“海拔”的概念，在世上拔了头筹。他根据实际测量的结果，编制了黄河流域一定范围的地形图。

郭守敬45岁开始全力投入天文事业。他创制的大批天文仪器构思巧妙、精密可靠，大大超越了前人。其中最主要的一种是简仪，它是将唐代和宋代结构复杂的浑仪革新简化而成，故称简仪。现代英国科学家约翰逊（Johnson）曾评论：元代的天文仪器“比希腊和伊斯兰地区……的做法优越得多”，这些地区“没有一件仪器能像郭守敬的简仪那样完善、有效而又简单”。英国的科学史大家李约瑟（Joseph Needham）也说过：“对于非常广泛地应用于现代天文望远镜的赤道装置而言，郭守敬（的简仪所采用）的装置乃是当之无愧的先驱。”300年后，第谷才在欧洲率先采用了同样的装置。

郭守敬45岁开始全力投入天文事业。他创制的大批天文仪器构思巧妙、精密可靠，大大超越了前人。

当初郭守敬原制的仪器现已无存，明英宗正统二年（公元1437年）曾仿制过一批郭守敬的仪器，其中也有简仪一架。如今，这架仿制的简仪也将近600岁了，它依然陈列在南京的中国科学院紫金山天文台，其巧妙的科学构思和高超的制造工艺

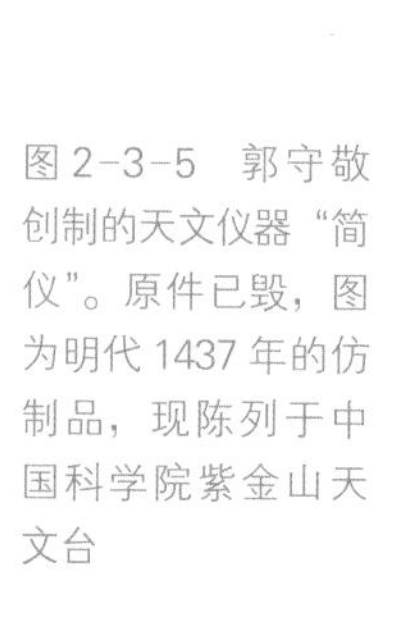

图 2-3-5　郭守敬创制的天文仪器“简仪”。原件已毁，图为明代 1437 年的仿制品，现陈列于中国科学院紫金山天文台

令无数中外参观者驻足流连、赞不绝口。郭守敬制造的水力机械时钟拥有相当先进的传动装置，这也走在了 14 世纪诞生的欧洲机械时钟的前头。

在河南中州大地上，有一个登封市，历来以少林寺之所在而闻名遐迩。其实，那里还有一个重要的世界天文古迹——郭守敬在阳城（今登封城东南告成镇）建造的观星台。它是我国现存最早的天文台建筑，建于元朝初年。郭守敬主持的“四海测验”，是中世纪世界上规模空前的一次大规模地理纬度测量。他编制的星表所含的实测星数不仅突破了历史记录，而且在往后 300 年间也无人能超越——包括第谷在内。他测定的黄赤交角数值非常准确，直到 18 世纪欧洲天文学家还用它来证明“黄赤交角随时间而变化”。

郭守敬还协同王恂等人制定了在当时的世界上遥遥领先的新历法——授时历。这种历法将回归年——地球绕太阳转完一圈的时间——的平均长度定为 365.2425 天，仅比实际年长多了 0.0003 天！欧洲人从古罗马时代起，始终把一回归年的长度当作 365.25 天。直到公元 1582 年罗马教皇格里高利十三世（Gregory XIII）改革历法，采用的年长才和授时历相同，其时已比郭守敬晚了 302 年。这种“格里历”沿用至今，成了世界通用的公历。王恂、郭守敬等人在编纂授时历的过程中，创造了“弧矢割圆术”，这大体上相当于西方的球面三角学。他们还发现了“三差内插法”，大约 400 年后欧洲才出现类似的数学方法。此外，郭守敬还撰写了大量的天文、历法著作。

1291 年，60 岁的郭守敬再度受命领导水利工作。两年后，从大都（今北京）到通州（今北京市通州区）的运河——通惠河，在他主持下竣工通航。如今从密云水库直通北京市的“京密引水渠”，自昌平经昆明湖到紫竹院的这一段，大体上还是沿着郭守敬当初规划的线路。他主持的水利工程，对农业生产、水路交通和大都市的繁荣都作出了历史性的贡献。1316 年，郭守敬与世长辞，享年八十有五。

700 年来，人们对郭守敬的赞誉可谓众口一词。在当代世界，人们又用许多新的形式表达了对他的敬意。中国历史博物馆中设有郭守敬的胸像，介绍了他的事迹。我国邮电部于 1962 年发行的“纪 92”一组 8 枚“中国古代科学家”邮票中，有一枚就是郭守敬的半身像，另有一枚的画面是简仪。1970 年，国际天文学联合会命名月球背面的一座环形山为“郭守敬”。1978 年，又将中国科学院紫金山天文台在 1964 年发现的第 2012 号小行星正式命名为“郭守敬”。1981 年，中国科学技术史学会、北京天文学会等联合在京召开大会，纪念郭守敬诞生 750 周年和授时历颁行 700 周年。1984 年，郭守敬的故乡邢台市决定为

图 2-3-6 中国元代杰出的天文学家、水利专家郭守敬（河北省邢台市郭守敬纪念馆的铜像）

他塑造铜像和建造纪念馆。1986 年，占地 50 多亩的“郭守敬纪念馆”正式对外开放。周培源教授曾为该馆题词：“观象先驱，世代敬仰。”卢嘉锡教授也题词赞扬郭守敬：“治水业绩江河长在，观天成就日月同辉。”

邢台的郭守敬铜像全高 4.1 米，重 3.5 吨。郭公昂首阔视，气度非凡，不禁令人遐想：当初汤若望或别的欧洲人要是先知道了郭公，后来才知晓第谷，他们会不会反过来把后者比作“欧洲的郭守敬”呢？这乃是更加令人陡生敬意的褒扬。

沿椭圆轨道前进

第谷是天文望远镜问世之前最优秀的观测家，开普勒则是继哥白尼之后的近世天文学第一位理论巨匠。第谷毕生追求实测数据的精密，开普勒则执着于探寻宇宙的和谐。

这是两个截然不同的人：从出生、性情、为人处世到对宇宙体系的看法，都大不相同。他们相处得并非那么和谐，但是他们的结合却对天文学产生了不可估量的重要影响。

开普勒生于 1571 年 12 月 27 日，比第谷小 25 岁又 13 天。他的父亲既狠且贪，还丢下了妻儿恣意出走。幼年的开普勒禀性聪颖，但体弱多病，5 岁时得了一场天花，差点丧命。

1591 年，20 岁的开普勒获得蒂宾根大学的硕士学位，开始修习神学。他一心想成为一名神职人员，但是一件偶然的事情改变了他的生活道路。格拉茨的一所路德教学校一名数学教师去世，当地政府要求蒂宾根大学派一名教师接替，开普勒的启蒙老师麦斯特林（M. Maestlin）教授举荐他去。一心想当神学家的开普勒虽然对此持保留态度，但还是于 1594 年来到格拉茨任职。由于听他讲数学的学生人数太少，校方便要求他讲维吉尔、伦理学、修辞学和历史。青年开普勒博学多才，获得了校方的好评。

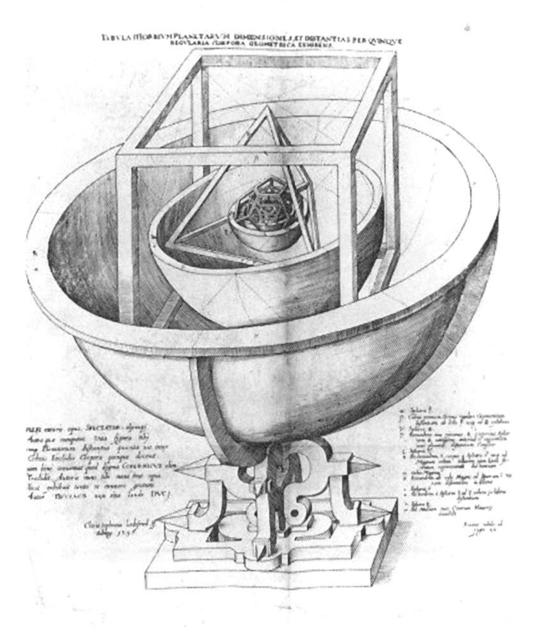

图 2-3-7　开普勒在《宇宙的神秘》一书中设想的宇宙体系模型（1596 年）

在格拉茨期间，开普勒深入思考了哥白尼的理论。他不断地问自己：行星为何就是 6 颗——水星、金星、地球、火星、木星和土星？它们轨道间的距离又为何恰好就是这样大？开普勒对于宇宙的和谐心醉神迷，这使他想到了古希腊哲人柏拉图（Plato）的“完美形体”，即三维空间中仅有的五种正多面体：正四面体、正六面体（即立方体）、正八面体、正十二面体，以及正二十面体。他把这些完美形体层层相套，认为正是它们确定了诸行星运动轨道所在的球层，并决定着这些球层的大小。1596 年，25 岁的开普勒出版了《宇宙的神秘》一书，把这些思想都写在书中。

他为自己的发现而心醉。他说：

> 现在我不会再因工作而厌烦。我在数学计算中度过日日夜夜，直到弄清我的设想是否与哥白尼的（行星运动）轨道相符。要不，我就是空喜一场。

然而，开普勒的设想偏偏与哥白尼的行星运动轨道并不相符。他觉得问题未必在自方，而更可能是早先的天文观测不够精确。因此，开普勒觉得必须用更好的观测资料来鉴别理论的良莠。而能够提供价值连城的观测财富者，在当时唯第谷一人而已。

开普勒得到第谷毕生积累的观测资料后，经过十分仔细的分析，发现火星在天空中的位置变化无论如何也不能与任何圆形的轨道相吻合。

开普勒得到第谷毕生积累的观测资料后，经过十分仔细的分析，发现火星在天空中的位置变化无论如何也不能与任何圆形的轨道相吻合。他写道：

> 我预备征服战神马尔斯，把他俘虏到我的星表中来，我已经为他准备了枷锁。但是我忽然感到胜利毫无把握……星空中这个狡黠的家伙，出乎意料地扯断我给他戴上的用方程式连成的镣铐，从星表的囚笼中冲出来，逃往自由的宇宙空间去了。

于是，开普勒怀疑，会不会另有一种曲线，它不是一个圆，却与火星的运动相符。他用好几种曲线作了尝试。当试到椭圆时，终于获得了成功。

椭圆看起来就像一个压扁了的圆。在一个椭圆中，最长的一条直径叫“长径”，最短的那条则称为“短径”。长短两径互相垂直，它们的交点就是椭圆的中心。椭圆长径上在中心两侧、离中心相等的距离处，各有一个特殊的点称为“焦点”。从椭圆边界上的任何一点到两个焦点的距离之和全都相等，且正好等于长径本身的长度。

1609年，开普勒在他出版的《新天文学》一书中宣布：火星沿着一个椭圆轨道环绕太阳运行；太阳并不在这个椭圆的中心，而是位于该椭圆的一个焦点上。他还证明，这一论断也适用于其他行星，地球也不例外。这就是开普勒的行星运动第一定律，也叫“轨道定律”。

一个椭圆越扁，它的焦点离中心就越远，离它的两端越近。焦点远离中心的程度可以用“偏心率”来衡量。圆的两个焦点互相重合，且严格地位于圆的中心，其偏心率为0。假如焦点恰好位于椭圆中心到其长径两端的中途，则偏心率为0.5。偏心率越大，椭圆就越扁。每颗行星的椭圆轨道各有一个确定的偏心率。例如，水星轨道的偏心率是0.2056，地球轨道的偏心率是0.0167，火星轨道的偏心率是0.093等。

起先，开普勒利用圆形轨道计算火星的位置，和观测数据仅仅相差8角分——这是手表上的时针在16秒钟内转过的微小角度。但是，他深信“星学之王”第谷的观测数据不会有错。为此，开普勒充满激情地宣称：

> 上帝赐予我们一位像第谷这样卓越的观测者，我们应该感谢神灵的恩典。既然我们认识到使用的假说有误，我们便理应竭尽全力去发现天体运行的真正规律，这8个角分的误差是不容忽视的，它使我走上了改革整个天文学的道路。

开普勒根据他的椭圆轨道理论和对行星运动的进一步研究，作出了当时所知的全部行星轨道的模型。也就是说，他已能说出每一颗行星的椭圆轨道半长径与其他任何一颗行星的轨道半长径之比。知道了半长径和偏心率，就可以推算出椭圆的周长——行星绕太阳转完一周的路程。

行星在轨道上运行一周所需的时间称为它的公转周期。一颗行星离太阳越远，公转周期就越长。地球的公转周期就是地球上的一年。

行星在轨道上运行一周所需的时间称为它的公转周期。一颗行星离太阳越远，公转周期就越长。地球的公转周期就是地球上的一年。与此类似，我们也把火星绕太阳转一周的时间称为一个“火星年”。

行星椭圆轨道的长度除以它的公转周期，就得到一颗行星在轨道上运行的平均速度，这称为行星的“轨道速度”。行星离太阳越远，就运动得越慢。例如，火星的轨道速度就比地球小。而且，就是对于同一颗行星本身，情况也是如此。例如，火星的轨道速度是 24.1 千米 / 秒，但当它最靠近太阳——抵达近日点时，运动速度会加快到 26.4 千米 / 秒这一最大值；而在离太阳最远——抵达远日点时，运动速度又减慢到最小值 22.0 千米 / 秒。

开普勒在《新天文学》一书中，还公布了他的“行星运动第二定律”：

> 一颗行星和太阳的连线（称为行星的向径）在相同的时间内扫过的面积必定相等。

尽管行星运动的第一和第二定律已经令世人耳目一新，开普勒却并不满足。他在想：这些定律只是分别道出了每颗行星的运动情况，可是，难道各个行星的运动彼此间就不存在任何联系吗？

行星向径每秒钟扫过的面积称为行星的“面积速度”。所以，开普勒第二定律也就是说：一颗行星的面积速度永远保持不变。

尽管行星运动的第一和第二定律已经令世人耳目一新，开普勒却并不满足。他在想：这些定律只是分别道出了每颗行星的运动情况，可是，难道各个行星的运动彼此间就不存在任何联系吗？

一颗行星在其椭圆轨道各处到太阳的平均距离，就等于该椭圆的半长径。开普勒把地球到太阳的平均距离——地球轨道的半长径取作1个单位，这叫作“天文单位”。他用天文单位计量各个行星到太阳的距离，并用年（这里是指“地球年”）为单位来计算行星的公转周期。经过无数次的尝试和失败，开普勒终于从繁杂的数据中找到一种奇妙的关系：

> 行星公转周期的平方与它们到太阳的距离的立方成正比。

这就是开普勒的“行星运动第三定律”。开普勒对自己的发现欣喜若狂。1619年，他在《宇宙谐和论》一书中发表了这条定律，并十分得意地写道：

> 这正是我16年前就强烈希望探求的东西。我为此而同第谷合作……现在我终于揭示出它的真相。领悟到这一真理，超出了我最美好的期望。大事告成，书已写就，可能当代就有人读它，也可能后世方有人读，甚至可能要等

图2-3-8　1971年联邦德国发行的开普勒纪念首日封，邮戳图案表现的是行星运动第一和第二定律

待一个世纪才有人读，就像上帝等了6000年才有人信奉一样。这些，我就管不着了。

行星运动必定遵循开普勒阐明的三条定律，所以后人尊称他为“天空立法者”。

行星运动必定遵循开普勒阐明的三条定律，所以后人尊称他为“天空立法者”。不过，开普勒还不明白行星为什么会这样运动。半个多世纪后，一个比开普勒更伟大的人物——英国大科学家牛顿，在研究上述三条定律的基础上得出了“万有引力定律”。原来，行星之所以像开普勒所描述的那样运动，乃是因为太阳和行星之间的万有引力在起作用。

开普勒之死

笃信哥白尼的日心体系，忠于第谷的实测数据，加上杰出的创造性思维和异常艰辛的数学计算，使开普勒成了有史以来正确阐明行星究竟如何运动的第一人。极具讽刺意味的是，这位竭力探究宇宙和谐的人，却要不断地为极不和谐的世事付出沉重的代价。妻子久病在身，两子童年早夭。更糟糕的是，在1618年，他发现行星运动第三定律后才8天，在布拉格爆发了极端残酷的“三十年战争”。开普勒的妻儿都在这场战争中死于入侵者带来的传染病。

战乱带来的灾难是全面的，士兵掠夺民财，谣言不胫而走。许多老年妇女被当作巫婆烧死。开普勒的母亲也在一个夜里被人装进洗衣筐弄走了。这位老妇生性强悍，得罪当地有权势的人而惹了麻烦。于是，她用草药替人治病便成了行巫的罪状。

母亲的被捕，与开普勒本人也有些干系。原来，开普勒曾经写过一部幻想作品，名叫《梦游记》。他在书中普及了当时所知的月球知识，例如月亮上的昼夜各相当于地球上的14天那么长，人飞到月亮上可以仰望我们的地球。他还想象月面上有山脉和峡谷，认为月亮上也有空气和水，甚至还可能有生命。

开普勒写这本书的意图，是想表达人们迟早能飞向月球的信念。但是，他的主人公是念着咒语离地升天，在睡梦中抵达月球的。而这些咒语正是他母亲的口头禅。于是，这又成了“巫婆”的一条罪状。开普勒前后奔走了6年，才使母亲免于一死。

1630年，开普勒因数月未拿到薪俸而度日维艰。他不得不亲自远行，去向政府索取欠金。他的目的地是林茨，但是在抵达雷根斯堡时突然得了重病，高烧不止，于11月15日在贫病交加中凄然告别人间。开普勒的女婿巴尔奇是家庭的忠实保护者。开普勒去世后，他还试图要回政府对他们家的欠款，但结果一无所获。他用开普勒本人的诗句，作为开普勒的碑文：

> 我曾测过天空，
> 而今将测底下的阴暗。
> 虽然我的灵魂来自上苍，
> 我的躯体却躺在地下。

开普勒的一生充满了困扰。然而，正是这勤勉、坎坷的一生告诫了刚从中世纪跨入新时代的人们：人类的理性思维不仅应该、而且也能够与宇宙的客观规律和谐地统一。这，便是现代科学的精神，也是真与美在科学中的体现。

人类的理性思维不仅应该、而且也能够与宇宙的客观规律和谐地统一。这，便是现代科学的精神，也是真与美在科学中的体现。

沉睡的“夜”

哥白尼以毕生心血完成的不朽巨著《天体运行论》，引起了人类宇宙观念的重大革新。德国大诗人歌德（Johann Wolfgang von Goethe）称赞哥白尼的日心说“震撼人类意识之深，自古无一创见、无一发明可与之相比”，“因为倘若地球并非宇宙之中心，那么……谁还相信伊甸乐园，赞美诗的歌颂，乃至宗教的故事”？恩格斯更是赞誉哥白尼用这本书来向自然事物方面的教会权威挑战，“从此自然科学便开始从神学中解放出来，……科学的发展从此便大踏步地前进”。

哥白尼死后 73 年——公元 1616 年，《天体运行论》遭到教会查禁。然而，真理是不可能被禁锢的。《天体运行论》遭禁后 16 年，天文望远镜的发明者、近代实验物理学的奠基人、意大利科学家伽利略在佛罗伦萨出版了他的名著《关于托勒玫

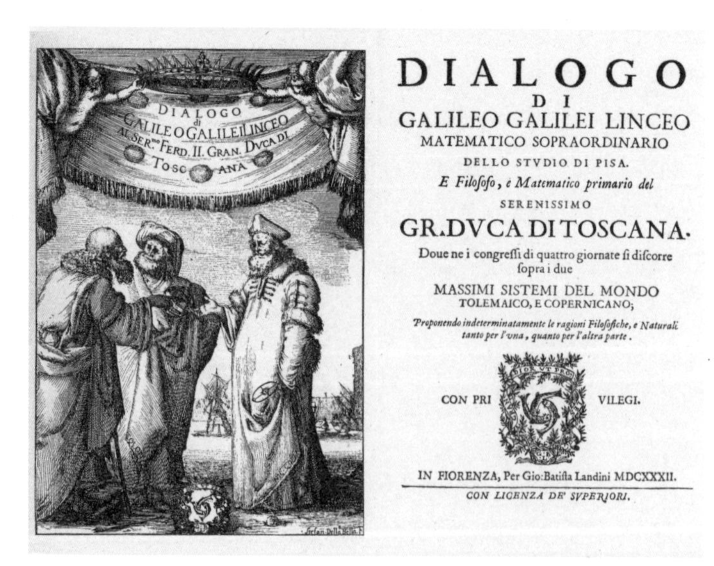

DIALOGO
DI
GALILEO GALILEI LINCEO
MATEMATICO SOPRAORDINARIO
DELLO STVDIO DI PISA.
E Filoſofo, e Matematico primario del
SERENISSIMO
GR.DVCA DI TOSCANA.
Doue ne i congreſſi di quattro giornate ſi diſcorre ſopra i due
MASSIMI SISTEMI DEL MONDO
TOLEMAICO, E COPERNICANO;
Proponendo indeterminatamente le ragioni Filoſofiche, e Naturali tanto per l'vna, quanto per l'altra parte.
CON PRI VILEGI.
IN FIORENZA, Per Gio:Batiſta Landini MDCXXXII.
CON LICENZA DE' SVPERIORI.

图 2-3-9　伽利略的名著《关于托勒玫和哥白尼两大世界体系的对话》（1632 年）的卷首插图和扉页

和哥白尼两大世界体系的对话》。书中以诙谐委婉的笔调，让分别代表托勒玫观点和哥白尼观点的两个人在一个聪明的门外汉面前辩论。他在书中让代表哥白尼派的那个人取得了辉煌胜利。于是，便有人在教皇面前进谗，说书中那个代表托勒玫派的人物实际上是在恶毒地影射教皇本人。而且，这本书是用生动的意大利文为普通公众写的，这又惹怒了许多死抱住拉丁文不放的学者。

《关于托勒玫和哥白尼两大世界体系的对话》出版后，不到半年即为教会所禁。翌年，69 岁的伽利略在罗马遭教廷审讯，并被处监禁。1642 年 1 月 8 日，这位科学巨匠在软禁式的隐居中悄然逝世于佛罗伦萨附近的阿切特里村。

从哥白尼到伽利略这一历史时期，教会势力依然强大而专横。当时，正值欧洲文艺复兴从盛期过渡到晚期，近代自然科学亦在文艺复兴的氛围中孕育诞生。仿佛是这一切的象征，从哥白尼降生到伽利略出世，中间正好贯穿了意大利雕刻、绘画、建筑巨匠米开朗琪罗（Michelangelo Buonarroti）漫长、痛苦然而伟大的一生。

意大利文艺复兴的早期代表人物但丁、彼特拉克（Francesco Petrarca）和薄伽丘常并称“文艺复兴前三杰”；米开朗琪罗与达·芬奇、拉斐尔（Raffaèllo Sanzio）则并称“文艺复兴后三杰”。1475 年 3 月 6 日，米开朗琪罗出生在佛罗伦萨附近的卡普里斯镇，当时哥白尼才 2 岁。1496 年，米开朗琪罗初访罗马。他在那里的两件圆雕《酒神》和《哀悼基督》，清晰地体现了古典艺术的深刻影响，同时又表现出他在新的时代精神感召下对古典风格的改造。《哀悼基督》美中见悲，悲中有美。它不囿

意大利文艺复兴的早期代表人物但丁、彼特拉克（Francesco Petrarca）和薄伽丘常并称“文艺复兴前三杰”；米开朗琪罗与达·芬奇、拉斐尔（Raffaèllo Sanzio）则并称“文艺复兴后三杰”。

图 2-3-10　米开朗琪罗 25 岁时的名作《哀悼基督》雕像

于圣母哭尸的陈题，而是表现出真挚、深沉、庄重与崇高。此作一举轰动罗马城，人们纷纷猜测它出自哪位大师之手。于是，25 岁的米开朗琪罗在圣母的衣带上刻上了自己的名字，使之成为其一生中唯一的题名作品。

教皇与权贵们逼迫米开朗琪罗为满足他们的私欲效力：建造陵寝，装饰教堂……生性桀骜不驯的艺术家在逆境中坚持自己的理想，这既使他的一生充满了痛苦的故事，也使他的作品获得了永久的生命。

在佛罗伦萨的美第奇家族中，曾先后有两人升任教皇，即利奥十世（Leo X）和克列门七世（Clement VII）。16 世纪 30 年代初，在克列门七世控制下，米开朗琪罗以沉郁悲壮的风格完成了美第奇家族墓椁的雕刻。他雕了两组象征性的人像：《昼》《夜》和《旦》《夕》。每组各由一男一女两座裸像组成，他们各自斜卧在墓椁的弧形石顶上，无声地诉说着作者忧国忧民、悲愤交加的思想感情。

《夜》在这群雕像中尤为突出，它的形象是一位妇女。她沉睡着，姿势很不舒服：头深深地垂向胸前，由右手支撑着；她的右肘撑在上翘的左腿上，腿的下方蜷伏着一只猫头鹰。她的坐毡下有一只表情惊愕的面具，令人想起连夜的噩梦。她健美的形象使悲哀加倍地沉痛。米开朗琪罗的挚友、诗人乔万尼·斯特洛茨依有感于雕刻家卓绝的技艺，为《夜》写了一篇赞美诗：

图2-3-11　朱利安诺·美第奇陵墓前的雕像《夜》。米开朗琪罗把生活中的愤怒与痛苦融入自己的作品，表现为雕像裸女体格壮美与精神沮丧的强烈对比

夜，你所看到的妩媚入睡的夜，

乃是受天使点化的一块活石；

她睡着，但具有生命的火焰，

只要你唤醒她

——她将与你说话。

米开朗琪罗的酬答更加脍炙人口：

睡眠是甜蜜的，成了顽石更幸福，

只要世间还有羞耻与罪恶。

不见不闻无知觉，是我最大的快乐；

别来惊醒我！啊，讲得轻些吧！

1564年2月18日——伽利略诞生后3天，89岁高龄的米开朗琪罗告别了人间。“夜”在欧洲持续了很久，然而它终

图 2-3-12　意大利罗马城布鲁诺殉难原址竖立的布鲁诺纪念像

究掩盖不住真理的曙光。1835 年，教会在禁书目录中删去了《天体运行论》和《关于托勒玫和哥白尼两大世界体系的对话》；1889 年，罗马繁花广场上竖起了布鲁诺的铜像；1965 年，教皇保罗六世（Paul VI）访问伽利略的故乡比萨时，赞扬了这位科学家；1979 年，教皇约翰·保罗二世（John Paul II）宣称伽利略因天文观点而遭教廷审判有失于公正，并决定成立 6 人委员会重审伽利略一案；1992 年 10 月，这位教皇在梵蒂冈最终宣布教廷对伽利略的谴责是错误的，并为伽利略彻底恢复名誉。

交相辉映的文化巨人

哥白尼诞生的 1473 年，我国的明朝刚建立 105 年。伽利略去世的 1642 年，是崇祯皇帝在煤山自尽之前 2 年。也就是说，这一个半世纪有余的时段，相当于明代的中期和后期。在此期间，中国当然也有杰出的人物和事迹，但是郭守敬那样的辉煌已成过去，华夏帝国再也没能出现有资格雄视世界的科学家。固然，那个时代出现了李时珍（1518—1593），他前后约花 30 年时间写成的《本草纲目》，被译成许多种文字在世上广为流传；出现了徐霞客（1587—1641），他在《徐霞客游记》中对石灰岩地貌的记载是世界上有关喀斯特地貌的最早科学文献；出现了宋应星（1587—1666），其主要代表作《天工开物》叙述的内容涉及农业和工业近 30 个部门的技术，几乎涵盖了全部主要生产领域……然而，很明显，这些乃是旧时代的余晖，而非新世纪的曙光。从那个时候开始，中国的科学就长期地落后于西方了。

中华文明源远流长，在那个时期自然还出现了一些影响久远的文人。例如，作画工笔、写意俱佳，兼善书法，又工诗文的大才子六如居士唐寅（1470—1523），民间故事“唐伯虎点秋香”使他变得尽人皆知；又如戏曲作家汤显祖（1550—1616），他于1598年写成的昆剧《牡丹亭》，在400多年后的今天犹然唱彻大江南北、海峡两岸；如此等等。不过，这些都与科学沾不上边。

在世界上，在这一时段，还有另一些影响深远的文化巨人。例如，《堂吉诃德》的作者、西班牙作家塞万提斯（Miguel de Cervantes Saavedra）生于1547年，英国剧作家莎士比亚（William Shakespeare）生于1564年，他们两人恰好在同一天去世——1616年4月23日，汤显祖也正是那一年去世的。莎士比亚活了整整52年，其忌辰与生日同为4月23日。生日与卒日相合的另一个著名实例是：拉斐尔生于1483年4月6日，卒于1520年4月6日。

当然，应该提到的还有英国哲学家弗兰西斯·培根（Francis Bacon）。1561年，培根诞生于伦敦。他于1584年进入议会，1603年被封为爵士，1607年成为副检察长，1613年成为检察总长，1618年成为大法官，同年升为贵族，封为弗鲁拉姆男爵。1621年他60岁时，又被封为奥尔本斯子爵。培根仕运亨通，是因为他极善于趋炎附势、阿谀逢迎，而且干了不少缺德的勾当。最后，他因受贿且证据确凿而断送了政治生涯。

然而，培根又是一个富有影响和成果的哲学家，他的论

图2-3-13　英国哲学家弗兰西斯·培根。他为人虽不磊落，但其学识和著作对后世影响深远

说文至今以各种文字流行于世界各地，大概所有的读书人都知道他那脍炙人口的《论读书》。1620年，他发表了《新工具论》一书，这是针对亚里士多德的《工具论》而写的。《工具论》中论述了一种推理方法——演绎法，《新工具论》则论述了又一种新的推理方法——归纳法。培根给实验科学以崇高的地位，以最精练而通顺的语言叙述实验科学的理论，这就便于其他学者接受它。由于他的影响，实验科学在英国绅士中间广为流行。其中有一个小组开始聚集在一起讨论和实践知识分子的这一新风尚，最后这个小组发展成了皇家学会。而在这时，意大利已经有了一个类似的小组"猞猁学会"——伽利略就是这个学会的成员。

1626年3月，培根忽然怀疑雪（其实应该是"冷"）是否会延缓生命组织的腐烂。当时他正坐在马车中，凝视着外面的雪堆，浮想联翩。于是他跳下马车，买了一只鸡，亲手把雪塞进鸡的身体。结果，他本人受了寒，转为支气管炎，最后送了命。这一年的4月9日，培根卒于伦敦。

在中国，明朝末年的礼部尚书兼文渊阁大学士、《农政全书》的著者徐光启（1562—1633）是培根和伽利略的同时代人。他从早期来华的耶稣会传教士、意大利人利玛窦学习西方的天文、历法、数学、测量和水利等科学技术，并由利玛窦口译、徐光启笔述了古希腊学者欧几里得（Euclid）的《几何原本》前6卷。徐光启是介绍欧洲科学技术的积极推动者，近代

徐光启是介绍欧洲科学技术的积极推动者，近代中国的"西学东渐"大致即自其始。

图 2-3-14　中国近代著名科学家徐光启深受后人崇敬。图为上海市徐汇区光启公园内表现徐光启与利玛窦切磋学问的塑像

中国的“西学东渐”大致即自其始。

在欧洲，就在教会查禁《天体运行论》之后 2 年，1618 年在布拉格爆发了极端野蛮的“三十年战争”，那是一系列宗教与政治交织在一起的近乎疯狂的战争。在它的最初几年，第谷那些伟大的天文仪器便成了牺牲品。它们被焚毁，在这个世界上永远地消失了。

然而，无论是第谷型的，还是郭守敬式的天文仪器，毕竟都已经过时了。另一种了不起的新东西——天文望远镜已然诞生。它与全新的科学思想相辅相成，使近代天文学的曙光日显月彰，从而使人类对宇宙的认识发生了无论怎样估计也不会太高的伟大飞跃。

第三篇

注视宇宙的巨眼

【题记】

自从意大利科学家伽利略于 1609 年发明天文望远镜以来，人们看见的星星——更准确地说，是人们看见的各类天体——就越来越多了，天文学也随之发生了难以言状的巨大变化。

图 3-0 “中国天眼”FAST 鸟瞰（来源：FAST 工程办公室）

第一章
望远镜的童年

偶然的发现

人类从很早的时候起，就注意到了光的折射现象。一根直棍斜着浸入水中，它仿佛就在空气和水的界面处弯折了。把它取出水面，看到的还是一根直棍。弯折的并不是棍，而是光。

光在空气中传播，如果射到一块表面弯曲的玻璃上，那么垂直于曲面入射的光线将会进入玻璃继续沿直线传播，而不发生折射。

假定玻璃表面是凸的，它向着光源鼓起。射在偏离曲面中心某处的光线，将会倾斜地进入玻璃，并朝中心方向弯折。光的入射点离曲面的中心越远，就折射得越厉害。结果，射到曲面玻璃上的光就会聚到了焦点或焦点附近。

人们肯定也早就知道放大现象。例如，树叶上的露珠可以放大树叶的叶脉图案。将透明的宝石或玻璃抛光成一个平滑曲面，它就成了一块放大镜。如果太阳光穿过一个注满水的球形玻璃容器，那么原本布及整个球面的光线就会聚集到焦点上，使位于焦点处的物体变热，甚至燃烧发出火焰。

相传，古希腊科学家阿基米德（Archimedes）就曾用这种

图 3-1-1　17 世纪意大利画家帕里吉（Giulio Parigi）的壁画《阿基米德的燃烧镜》（1600 年），现存佛罗伦萨市乌菲齐美术馆

“燃烧玻璃”烧毁了围攻其故乡西西里岛叙拉古的罗马舰队。虽然这在事实上几乎不可能，但因古罗马哲学家塞涅卡记述了此事，它便成了著名的历史传说。

一块两面皆凸的玻璃称为“双凸透镜”，它的形状很像一颗扁豆。英语中“透镜”称为 lens，“扁豆”称为 lentil，它们都来自拉丁语，有着共同的词源。

13 世纪的英国学者罗杰·培根（Roger Bacon）已经利用放大镜来帮助自己阅读。他还建议人们戴上透镜以改善视力。在意大利，公元 1300 年前后就开始用双凸透镜制作眼镜了。它能放大物体，对老年人很有用，故俗称“老花镜”。反之，两个表面都往里凹的“双凹透镜”则有助于纠正近视。公元 1450 年前后，近视眼镜开始付诸实用。

一个表面为平面、另一个表面为凸面的透镜称为“平凸透镜”；一个表面为平面、另一个表面为凹面的则是“平凹透镜”；甚至还有一面凸一面凹的“凸凹透镜”或“凹凸透镜”。总之，如果两个曲面的配合使得透镜的中央部分比边缘薄，那么它将有助于纠正近视；如果中央比边缘厚，则有助于纠正远视。

在16世纪，荷兰人很善于制造透镜。那时的荷兰眼镜店铺里，各种透镜琳琅满目。相传就在一家这样的店铺里，偶然作出了一项新发现——

地处阿姆斯特丹西南约130千米的米德尔堡市，有一位名叫汉斯·利帕席（Hans Lippershey）的眼镜制造商。1608年的某一天，学徒趁他不在，闲着通过那些透镜窥视四周自娱自乐。最后，这个徒弟拿了两块透镜，一近一远地放在眼前，结果惊讶地看到远处教堂上的风标仿佛变得又近又大了。

图3-1-2 荷兰眼镜商汉斯·利帕席。他通常被认为是望远镜的最早发明者

利帕席立刻明白了这项发现的重要性，并且认识到应该将透镜安装到一根金属管子里。他用荷兰语将这种装置称为“窥器”（looker）。后来，人们还曾称它为“光管”（optic tube）或“光镜”（optic glass）。直到1667年，业已双目失明的杰出英国诗人约翰·弥尔顿（John Milton）还在他的名著《失乐园》中，把这种仪器称为“光镜”。另外，也有人建议将其称做“透视镜”（perspective glass）。

不过，早在1612年，希腊数学家爱奥亚尼斯·狄米西亚尼（Ioannes Dimisiani）就建议使用“望远镜”这个名称了。英语中，望远镜称为telescope，它源自希腊语中的tele（意为“遥远”）和skopein（意为“注视”），也就是说，它使人们能够注视遥远的物体。1650年前后，这一名称站住了脚。

上述tele-和-scope这两个词素用途都非常广泛。例如，telephone是电话，television是电视，telegram是电报，telecast

是电视广播，telecon 是电话会议，如此等等，这些词汇中的 tele- 都具有“遥远”的意味。

英语中广泛地使用 -scope 来构造科学仪器的名称，表示它们能帮助人们看见那些本来看不见的东西。例如，词头 micro 同样源自希腊语，意思是“微小”，因此 microscope 就是可以看清微小物体的仪器，即显微镜。有趣的是，-scope 本来只和视觉有关，但后来其含义却大大引申开来了。比如，在漫长的岁月中，西方国家的医生总是直接把自己的耳朵贴在病人的胸壁上“听诊”，这很不方便。1819 年，法国内科医生拉厄内（René Laennec）发明了一种巧妙的办法：拿一根特殊的管子，一端贴在病人的胸膛上，另一端塞在医生的耳朵里，这就成了一只“听诊器”，英语中称为 stethoscope，该词的前半段 stetho 源于希腊词 stethos，意为“胸脯”，后半段还是 -scope。

利帕席将望远镜奉献给荷兰政府，用作战争装备。那时，荷兰为了赢得独立，已经与西班牙苦战了 40 年。荷兰赖以抵抗西班牙的优势兵力而得以生存，主要是靠海军。望远镜使荷兰舰队早在敌人看见他们之前，就先发现敌人的船只，从而使己方处于优势地位。

将望远镜指向天空

将望远镜用于探索宇宙的奥秘，要归功于意大利科学家伽利略。

将望远镜用于探索宇宙的奥秘，要归功于意大利科学家伽利略。其实，他的全名是伽利略·伽利列（Galileo Galilei）。不过，就像第谷·布拉赫那样，通常人们只知道他的名而不熟悉他的姓。1609 年 5 月，45 岁的伽利略访问威尼斯，在那里听说有个荷兰人把两块透镜放进一根管子，从而发明了望远镜。按照伽利略本人的说法，他思考了这件事情，在一天之内就发明了自己的望远镜。他把一块平凸透镜和一块平凹透镜装进一根直径4.2厘米的铅管两端，使用时平凹透镜在靠近眼睛的一端，也就是说，它是“目镜”。平凸透镜则靠近被观测物体的一端，所以它是“物镜”。

图3-1-3　伽利略、他的天文望远镜和若干重要发现。2009年国际天文学联合会为庆祝天文望远镜诞生400周年举办了很多活动，并出版《注视天空的眼睛——天文望远镜400年发现之旅》(Eyes on the Skies—400 Years of Telescopic Discovery)等图书，本图为此书第一章之章首图

伽利略的那些望远镜，是人类历史上的首批天文望远镜，其性能也许还比不上现代的高品质观剧镜。然而，当伽利略将它们指向天空时，人类对宇宙和自身的看法就开始发生彻底的改变了。

1609年11月30日，伽利略第一次把望远镜指向月球，但见月面上坑坑洼洼，有许多环形山。他记录道：

> 我可以非常确信，月球表面的地形并非像许多哲学家想象的那样，光滑整洁、均匀饱满、呈精确的圆球形。恰恰相反，它的表面布满凹坑和凸起，显得非常粗糙、崎岖，和地球表面并无太大差异。

地球近旁就有一个同它相似的世界，这无疑降低了地球在宇宙中的特殊地位。伽利略又看见太阳上不时出现的黑斑——太阳黑子，日复一日地从太阳东边缘移向西边缘。这就明白地告诉人们，巨大的太阳在不停地自转着，那么，远比太阳小得

图 3-1-4　伽利略用望远镜观测月球并亲手绘制了月面素描图，可以清楚地看出月球表面凹凸不平

多的地球也在自转还有什么可大惊小怪的呢？伽利略从望远镜里看到，银河原来是由密密麻麻的大片恒星聚集在一起形成的，而且他还看见了前人从未见过的大量比 6 等更暗的星星，这就雄辩地说明了古希腊天文学家的知识有局限性，他们并不通晓有关宇宙的全部知识，所以不应盲目接受古希腊人的地心宇宙体系；同时，他看见那么多前所未知的星星，也表明宇宙远比任何前人可能想到的更加浩瀚和复杂。

接着，伽利略又把他的望远镜指向行星。1610 年 1 月 7 日，他从望远镜中看到木星附近有 3 个光点，夜复一夜，它们的位置在木星两侧来回移动，但总是大致处在一条直线上，并且始终离木星不远。1 月 13 日，他又看到了第四个小亮点。伽利略断定，这些小亮点都在稳定地环绕木星转动，犹如月球绕着地球转动一般。不久，开普勒听到这一消息，就把这些新天体称为“卫星”，英语中称为 satellite，此词源于拉丁语，原指那些趋炎附势以求宠幸之徒。也许，开普勒觉得它们老是围在大神朱庇特——木星身旁，活像一些攀附权贵的小人。如今，这 4 个天体依然统称为“伽利略卫星”。

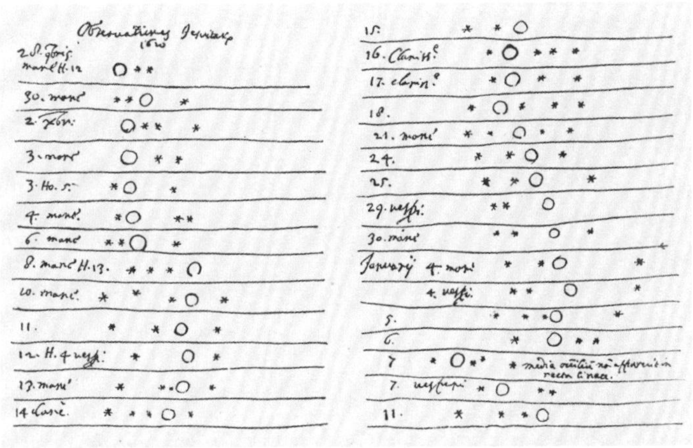

图 3-1-5　伽利略观测的木星及其卫星的位置变化图

伽利略卫星是人类在太阳系中发现的第一批新天体。

伽利略卫星是人类在太阳系中发现的第一批新天体。古希腊人关于一切天体都环绕地球转动的想法显然是错了，这 4 个前所未知的天体不是正在绕着木星打转吗？

保守分子们硬说这是透镜的瑕疵造成的假象。但是，不久就有一位名叫西蒙·马里乌斯（Simon Marius）的德国天文学家宣布，他也通过望远镜看见了这些卫星。马里乌斯沿袭用神话人物命名天体的古老传统，按离木星由近到远的顺序，依次将这 4 颗卫星命名为伊俄（Io）、欧罗巴（Europa）、加尼米德（Ganymede）和卡利斯托（Callisto）。如今在汉语中，它们依次称为木卫一、木卫二、木卫三和木卫四。

木卫的故事

伊俄、欧罗巴、加尼米德和卡利斯托都是希腊神话中的人物，深受大神宙斯宠爱。伊俄是珀拉斯戈斯王伊那科斯的女儿，宙斯的情人。为了避免天后赫拉嫉妒，宙斯将伊俄变成一头雪白的小母牛。赫拉心中明白，就要求宙斯把这可爱的小动物送

图 3-1-6　意大利盛期文艺复兴杰出画家柯勒乔（Antonio Allegri da Correggio）的名作《朱庇特与伊俄》（约 1531 年），描绘大神朱庇特（即宙斯）化为云朵拥抱伊俄的情景。现藏奥地利维也纳艺术史博物馆

给她。宙斯难以拒绝，只好答应了。于是，赫拉命令睡着时也只闭上两只眼睛的百眼巨怪阿耳戈斯看住伊俄；宙斯则叫自己的爱子赫耳墨斯诱使阿耳戈斯闭上所有的眼睛，并砍断了他的脖子。赫拉又用一只牛虻来折磨伊俄，她被刺得到处奔逃，几乎发疯，最后到了埃及。宙斯无奈，唯有向赫拉求情，天后这才让伊俄恢复了人形。不少人认为伊俄尼亚海（Ionian Sea，今定译为爱奥尼亚海）由伊俄而得名，因为她为了逃避赫拉的迫害，曾泅渡这片广阔的水域。但更可能的是，这个名字实际上起源于早就遍布此海沿岸的爱奥尼亚部落。

在希腊神话中，伊俄的父亲伊那科斯是一位英雄，因宙斯向其女儿求爱而震怒。为避开宙斯派来的复仇女神，伊那科斯纵身投河，后来成了河神，此河也就称为伊那科斯河。伊俄本身则被认为是一位月神，她的流浪被喻为月亮的圆缺变化，看守她的百眼巨怪则象征着星空。伊俄的故事向东方流传，又成了埃及的伊西斯（Isis）、叙利亚的阿斯塔特（Astarte）和印度的时母（Kali）等传说的主题。

伊西斯是古代埃及最重要的女神，司生命和健康，是丰产和母性的保护神，其标志是谷穗、莲花、蛇和丰裕之角。对伊西斯的崇拜，很早就在希腊盛行。在希腊—罗马世界，伊西斯被奉为星空的创造者、大地的统治者、航海的佑护者和帆船的发明者。每年 3 月 5 日，罗马人都要庆祝“伊西斯船航行节”。在古代埃及，伊西斯的形象是坐着的，头戴牛角冠，两角之间有一个日轮。她怀抱着婴儿何洛斯，其形象正是圣母马利亚怀抱婴儿耶稣的原型。

总之，伊俄成了离木星——大神宙斯最近的那颗卫星，即木卫一。离木星次远的是欧罗巴，即木卫二。欧罗巴本是腓尼基国王阿格诺耳的女儿，正和侍女在海边玩耍。宙斯被她的美貌深深吸引，就将自己变成一头美丽的小公牛走到她身旁。欧罗巴高兴地骑上牛背，公牛便载着她跳入大海，直到第二天晚上才来到一块遥远的陆地——克里特岛。欧罗巴滑下牛背，发现自己站在一个天神似的男子面前，便接受了他的爱意。当她从昏睡中醒来时，宙斯已经不知去向，只有爱神阿佛洛狄忒微笑着对她说：“息怒吧，是我给你送了这个梦。你注定要做宙斯在人间的妻子。你的名字是不朽的，从此，收容你的这块大地就叫欧罗巴了。”于是，地球上就有了“欧罗巴洲”这个名字。欧罗巴为宙斯生了三个儿子：迈诺斯、拉达曼托斯和萨尔珀冬。后来，她成了克里特国王阿斯忒里翁的妻子，国王死后由迈诺斯继承王位。欧罗巴在克里特岛受到崇拜，人们以丰饶女神的名分祭拜她。

在希腊神话中，加尼米德——木卫三以其命名——原是达耳达尼亚国王特洛斯的儿子，因俊美出众而被神祇拐走，在奥林匹斯山为众神斟酒。有一种说法是宙斯亲自变成一只鹰将加尼米德攫走，成为他的酒童和宠人。加尼米德的形象是一位头戴特洛伊帽的美少年，他手持酒杯，伴随着一只老鹰。在英语中，ganymede 的词义之一就是“年轻的侍酒者”。加尼米德被

图3-1-7 法国画家布歇（François Boucher）的名作《朱庇特和卡利斯托》（1744年，现藏地不详）。朱庇特（宙斯）化身为女神狄安娜（即阿尔忒弥斯）与卡利斯托亲近。狄安娜头戴月形头饰，脚下有猎物和弓箭，几个小天使具有强烈的虚饰性和幻想性，这是洛可可风格油画的重要特色

攫走的故事，在艺术作品中不断得到表现，米开朗琪罗、提香、伦勃朗等都有以此为题材的雕塑或绘画。

木卫四以卡利斯托命名。在希腊神话中，卡利斯托是月亮女神兼狩猎女神阿尔忒弥斯的侍从，她美貌无比，却发誓终身不嫁。但是大神宙斯爱上了她，设计与她生下一个可爱的男孩阿卡斯。天后赫拉妒忌得要命，就恶狠狠地把卡利斯托变成一头大母熊。15年后，阿卡斯长成了一个英俊的小伙子。有一

天他在森林里打猎，忽然看见一头大熊伸开双臂要来拥抱自己。阿卡斯怎么也想不到这就是自己的妈妈，便举起长矛向她扎去。恰好这时宙斯从天上经过。他为了让母子团聚，就把阿卡斯也变成一头小熊。小熊认出了妈妈，亲切地扑到她的怀里。宙斯非常高兴，就把他们提升到天上，变成了大熊座和小熊座。

一条中国古代记录

西蒙·马里乌斯是前面提到的那位德国天文学家的拉丁化名字，他的本名叫迈耶（Mayer）。在学术生涯中使用拉丁化名字，在当时是许多学者的喜好。在欧洲，关于究竟是谁最先发现了木卫曾经有过长期的争论。20世纪有人作了详细考证，认为迈耶发现木卫比伽利略还要早十天，因此不少书刊都将迈耶同伽利略并列为4颗主要木卫的发现者。

但是，在20世纪80年代，这些看法遇到了意外的挑战。1981年4月出版的中国《天体物理学报》第1卷第2期上，刊出了中国科学院自然科学史研究所的著名科学史家席泽宗的论文“伽利略前二千年甘德对木卫的发现”。后来此文被译成英文，为国外天文学家所知。

甘德和石申（又名石申夫）都是我国战国时期著名的天文学家，他们的著作都已失传，只在唐代天文学家瞿昙悉达编的《开元占经》中保存了部分内容。瞿昙悉达的祖上由天竺国（印度）移居中国，世居长安。悉达之父瞿昙罗、悉达本人、悉达第四子瞿昙譔、瞿昙譔之子瞿昙晏，四代人供职国家天文机构达百余年之久。瞿昙悉达约公元670年在长安出生，《开

甘德和石申（又名石申夫）都是我国战国时期著名的天文学家，他们的著作都已失传，只在唐代天文学家瞿昙悉达编的《开元占经》中保存了部分内容。

元占经》是他奉唐玄宗敕命在开元年间历时十载编纂而成，共120卷，约60万字，为保存中国上古、中古天文资料做出了重要贡献。由于皇家规定天文秘不外传，此书在宋元时代长期失传，直到明代万历四十四年（1616年）才由安徽歙县道士程明善从古佛腹中重新发现。

席泽宗从《开元占经》中注意到了甘德的一段话。这段话原文古奥，大意谈及木星“若有小赤星附于其侧，是谓同盟”。“同盟”本是春秋战国时期常用的一个词语，仅《左传》一书中就有二十来处，意思是两国或数国为共同目的而结合。此处所说的“同盟”，则指有一颗小赤星在木星旁边，同木星组成一个系统。赤色古指浅红色，例如唐代的孔颖达解释《礼记·月令》的“驾赤骝”一句所说：“色浅曰赤，色深曰朱。”这正与木卫的颜色相符：木卫一和木卫三大致呈橙黄色，木卫二和木卫四则呈红黄色。因此，甘德的这段话意味着，他发现木星有浅红色的小卫星。

伽利略和迈耶都是通过天文望远镜发现木卫的。而在甘德的时代，根本就没有望远镜。那么，用肉眼真能看到木卫吗？从地球上看去，木星的4颗伽利略卫星，最亮的时候视星等可以达到4.6～5.6等，它们与木星的最大角距离在2′18″～10′18″之间；正常情况下，人眼能看到的最暗天体视星等约为6等，能分辨的最小角距离约为1′（即60″），因此肉眼应该能够看到这些木卫。然而，相比之下，木星本身要比这些木卫亮百倍以上。欲在如此明亮的木星近旁用肉眼看到它那些黯淡的卫星，实在是不太容易的事情。

当然，“不太容易”并不等于不可能。例如，18世纪后期至19世纪中期的德国杰出科学家洪堡（Friedrich Wilhelm Heinrich Alexander von Humboldt）曾经记载，他认识一位布雷斯劳城（今波兰弗罗茨瓦夫）的裁缝，名叫邵恩（Schön），年青时在无月的晴夜能够相当精确地指出4颗木卫的位置。不过，这位裁缝到了老年就再也不能分辨木卫了。

为了确认肉眼观察木卫的可靠性，席泽宗和北京天文馆的专家一起，利用北京天文馆的天象厅作了模拟观测。他们将木星的亮度设为−2.0等，卫星的亮度设为5.5等，结果是卫星离木星5′时，目力好的人开始可以看到。据此，他们推断甘德所见者应该是木卫三或木卫四，而以木卫三的可能性最大，因为它最亮也最大。

那么，为什么现代天文学家不亲自用肉眼直接在木星近旁找找木卫呢？是的，可以试试。不过，现代天文观测有一个大敌，那就是人为光源造成的光污染，有时也叫光害。为了

图3-1-8 1987年10月10日北京天文馆馆庆30周年，中国科学院自然科学史研究所所长席泽宗（右）与北京天文馆副馆长崔振华（左）和本书作者在该馆展览厅

观测越暗弱的天体，天文工作者就越是必须到免遭光污染的地方去。如今，想在大城市尝试用肉眼寻找木卫，简直有如为天方夜谭。于是，由自然科学史研究所的刘金沂带队，一行 8 人包括北京市的 6 名中学师生，前往地处燕山深处的中国科学院北京天文台兴隆观测站，在 1981 年 3 月 10 日和 11 日两个晚上亲眼尝试，看到了木卫三，并有 3 人看到了木卫二和木卫四。

席泽宗运用多种中外资料，根据《开元占经》记载的甘德所见木星位置，推算出甘德发现木卫三是在公元前 400 年到公元前 360 年之间，而最可能年份是公元前 364 年的夏天。

席泽宗运用多种中外资料，根据《开元占经》记载的甘德所见木星位置，推算出甘德发现木卫三是在公元前 400 年到公元前 360 年之间，而最可能年份是公元前 364 年的夏天。当时木星处于宝瓶座中，从地球上看去同太阳在相反的方向上（即“冲”）。这要比伽利略和迈耶早约 2000 年。尽管甘德没有留下系统的记录，但是在距今将近 2400 年前能有这样的发现，也就足够精彩啦。

第二章
另一种望远镜

守不住的秘密

1666 年，牛顿用三棱镜分解了太阳光，这使他认识到白光乃由不同颜色的光混合而成。白光经过三棱镜，就会像彩虹那样呈现为一种“红—橙—黄—绿—蓝—靛—紫”的色序。这称为“光谱”，英语为 spectrum，它源自一个拉丁词，原意是“幻象”或“幽灵”。

伽利略的望远镜以光线的折射为基础，称为“折射望远镜”。利用光线的反射现象制成的望远镜，则称为“反射望远镜”。人们发现，通过折射望远镜观测天体时，星象周围会出现一种彩色的环，它使观测目标变得模糊了。这种现象叫作色差，伽利略不明白它的起因，当时也无法消除它。

图 3-2-1　德国邮票上的牛顿和他用三棱镜分解白光的著名实验

玻璃对不同颜色的光具有不同的折射能力，这叫作色散。红光的折射最少，所以它通过凸透镜后，聚焦在离透镜较远的地方，橙、黄、绿、蓝、靛、紫光则依次聚焦在离透镜越来越近的地方。如果望远镜做得使红光的聚焦最好，那么在红光的焦点处，其他颜色的光已经越过了各自的焦点，物像周围就出现一道稍带蓝色的环边；如果望远镜对紫光聚焦良好，那么在到达紫光的焦点时，其余颜色的光尚未到达各自的焦点，于是物像四周形成一个稍带橙色的环。无论你怎样调焦，都不能完全甩掉这种色环。

然而，色差并非不可战胜。设想用两种不同类型的玻璃来制造透镜：先用一块凸透镜使光线会聚，再用一块凹透镜使光线微微发散。光通过这两块透镜后聚集到焦点。当然，由于凹透镜的作用，这时的光线将不如仅仅通过头一块凸透镜时会聚得那么厉害。

现在假定，用以制造凹透镜的这种玻璃的色散本领比制造凸透镜的那种玻璃大，也就是它能使红光与紫光分得更开。于是，这块凹透镜发散光线的能力虽然不足以抵消光线穿过凸透镜后的会聚，但是由于其色散大，却可以抵消凸透镜造成的各种颜色的分离。换言之，用两种不同玻璃制成的复合透镜有可能消除色差。

用两种不同玻璃制成的复合透镜有可能消除色差。

首先想到这点的是英国律师兼数学家切斯特·穆尔·霍尔（Chester Moor Hall）。他发现火石玻璃的色散本领显著地超过冕牌玻璃，便用冕牌玻璃做凸透镜，用火石玻璃做凹透镜，并且将两块透镜设计得正好能够拼在一起。这种复合透镜就像一个凸透镜那样，能够使光线聚焦，同时它又在很大程度上消除了色差。

霍尔担心别人捷足先登。为了保守秘密，1733 年他做了这样的精心安排：让一家光学厂商磨制他的凸透镜，同时让另外一家厂商磨制他的凹透镜。他以为这样一来别人就不会知道他的意图了。

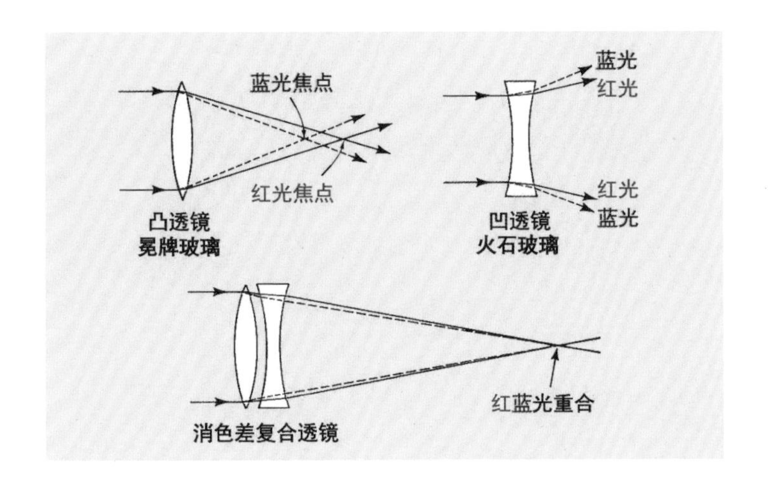

图 3-2-2　消色差透镜原理示意图

不料，这两家厂商都很忙。他们不谋而合地将霍尔的任务转包给了第三方——乔治·巴斯（George Bass）。巴斯注意到这两块透镜的主人都是霍尔，而且它们恰能紧紧地密合在一起。很自然地，两块透镜磨好后，巴斯就将它们拼合起来仔细观看一番。他惊奇地发现：彩环消失了！

霍尔的秘密传开了。光学仪器商约翰·多朗德（John Dollond）闻讯后，对此作了透彻的研究，并且奠定了消色差透镜的理论基础。1757 年，他用冕牌玻璃和火石玻璃造出了自己的消色差透镜。他干得很出色，并且获得了制造消色差透镜的专利。不过，在他的报告里全未提及 20 年前霍尔已经作过几乎相同的工作。1758 年，多朗德向皇家学会宣布了他的成果，3 年后被选为皇家学会会员，并被任命为英王乔治三世（George III）的眼镜制造师。

1761 年，约翰·多朗德在伦敦去世。4 年以后，他的儿子彼得·多朗德（Peter Dollond）又发明一种性能更好的消色差透镜。它由 3 块透镜组合而成：一块凹透镜夹在两块凸透镜之间。首先用消色差透镜制造折射望远镜的也是这父子俩，另外还有老多朗德的女婿杰西·拉姆斯登（Jesse Ramsden）。

人们通常将消色差的功劳归于约翰·多朗德。也有人认为这似乎委屈了切斯特·穆尔·霍尔。不过，平心而论，多朗德的实际贡献要比霍尔大得多。毕竟，使一项新发明尽早尽善地付诸实用，难道不比无谓的“保密”强得多吗？

不朽的牛顿

多朗德还指出，牛顿关于透镜的色差永远不可避免的观点肯定是错了。这说明，即使像牛顿那样伟大的人物也有可能出错，能够认识到这一点实在是件大好事。

关于牛顿，有一种有趣的说法。那就是，假如有人问：“谁是古往今来世界上第二伟大的科学家？”那么10个人也许会给出10种不同的回答；但是如果问：“谁是古往今来世界上最伟大的科学家？”那么，答案大概只能有一个，那就是：“艾萨克·牛顿！”

牛顿出生在一个小地方——英格兰林肯郡的伍尔索普，生于伽利略逝世一周年的前夕，儒略历的1642年12月25日圣诞节。但是，按改革后的格里历——即现行的公历计算，则是1643年的1月4日。顺便提一下，俄国的“十月革命”按照旧历（儒略历）确实发生在10月，但按公历（格里历）却是1917年11月7日。

牛顿是个遗腹子，又是早产儿，并且差点夭亡。他年幼时，对周围的一切充满好奇，但并不显得特别聪明。十来岁时，他在学习上似乎还相当迟钝。1661年，牛顿在舅父的促成

图 3-2-3　牛顿使用过的简易天文观测室

下进了剑桥大学，1665 年毕业，成绩并不突出。接着，为了躲避伦敦大火引发的瘟疫，牛顿回到了母亲的农场。

就在 1665 年到 1666 年这段时间，牛顿在数学方面奠定了微积分的基础，在力学方面奠定了如今我们称为“牛顿力学”的基础，在光学方面奠定了光的颜色的理论基础，并且形成了万有引力定律的基本构想……

就在 1665 年到 1666 年这段时间，牛顿在数学方面奠定了微积分的基础，在力学方面奠定了如今我们称为“牛顿力学”的基础，在光学方面奠定了光的颜色的理论基础，并且形成了万有引力定律的基本构想……

在一年之中，这个 24 岁的青年人却作出了如此众多、如此重大的惊人发现，实在是人类文明史上的一大奇迹。后来，人们就把 1666 年称为牛顿的“奇迹年”。再后来，“奇迹年”成了科学史上的一个专有名词，英语中称为 Miraculous Year，它源自拉丁语的 Annus mirabilis，本意就是“奇迹之年”。

没有人会想到，经过 239 年之后，竟然又出现了一个奇迹年，那就是 1905 年——“爱因斯坦奇迹年”。在这一年中，26 岁的爱因斯坦（Albert Einstein）发表了五篇对于现代物理学至为重要的论文，它们奠定了光电效应、布朗运动、狭义相对论（包括质量与能量互换的著名公式 $E = mc^2$）的理论基础。后来，

图 3-2-4 爱因斯坦也像牛顿一样，在一年之中创造了影响后世的诸多奇迹。《爱因斯坦奇迹年》一书收齐了爱因斯坦在他的奇迹年（1905 年）中发表的五篇经典论文

由于“对理论物理方面的贡献，特别是发现光电效应规律”，爱因斯坦成了 1921 年度诺贝尔物理学奖得主。但是，比这更重要的相对论却始终未成为诺贝尔奖获奖项目，这真是一种历史的遗憾。

1696 年，政府委任 54 岁的牛顿为造币厂总监，1699 年又升任总裁。这两个职位薪俸优厚，地位显赫，只有牛顿才当之无愧。但是，这却断送了牛顿的科学工作。他辞去教授职务，专心从事新职；他改善了造币厂的工艺，令伪造者丧胆。他还任命多年的好友哈雷做自己的下属。

1727 年 3 月 20 日，牛顿在伦敦逝世，安葬在威斯敏斯特大教堂。当时，法国大文豪伏尔泰正在英国访问，他曾感慨万千地评论：英国纪念一位数学家就如其他国家纪念国王那么隆重。牛顿有两句众所周知的不朽名言，一句是“如果我比别人看得更远些，那是因为我站在巨人们的肩上”，出自他于 1676 年写给胡克（Robert Hooke）的一封信；另外，据说他还说过：“我不知道世人对我怎样看，但在我自己看来，就像一个在海滨嬉戏的孩子，不时为找到一只比别人更光滑的卵石或更美丽的贝壳而高兴，而我面前浩瀚的真理之海，却完全是个谜。”

牛顿有两句众所周知的不朽名言，一句是“如果我比别人看得更远些，那是因为我站在巨人们的肩上”，出自他于 1676 年写给胡克（Robert Hooke）的一封信；另外，据说他还说过：“我

反射望远镜的诞生

现在让我们回过头来看看，牛顿本人为了避免色差，是如

何另辟蹊径的。他决定用反射代替折射，走反射望远镜之路。那时的反射镜，镜面都是金属的。

不知道世人对我怎样看，但在我自己看来，就像一个在海滨嬉戏的孩子，不时为找到一只比别人更光滑的卵石或更美丽的贝壳而高兴，而我面前浩瀚的真理之海，却完全是个谜。”

从古代起，人们就知道曲面反光镜也可以聚光。平行光线从一个凹面镜上反射，也会发生会聚。反射镜以完全相同的方式反射所有不同颜色的光，因此不会产生色差。

然而，反射望远镜也有问题：光从镜筒的一端进来，投射到反射镜上，又返回到同一端。俯身在那儿察看物像的观测者本身就会挡住光线的入射。

为此，牛顿用了两面镜子：主镜是一块球面镜，副镜是一块平面镜。光从一端进入望远镜筒，射到另一端的球面主镜上，经它反射的光在到达焦点之前，又射到小小的平面副镜上。副镜的方向与主镜交成 45° 角。射到副镜上的会聚光线转过 90° 反射出来，并进一步会聚而通过目镜，目镜就装在望远镜镜筒边上光线入射处附近。诚然，副镜会挡掉一小部分入射光，但是损失并不大。

1668 年，26 岁的牛顿亲手制成第一架真正投入使用的反射望远镜。它长约 15 厘米，主镜直径约 2.5 厘米，看起来像个小玩具。但是，它产生的物像却可以放大 40 倍。1672 年 1 月 11 日，他将第二架反射望远镜送达皇家学会，其主镜口径为 5 厘米。

1668 年，26 岁的牛顿亲手制成第一架真正投入使用的反射望远镜。

反射望远镜面临的困难之一是，不容易获得高反射率的金属反射镜。例如，牛顿本人的镜子只能反射 16% 的入射光。这就使反射望远镜产生的物像要比同样大小的折射望远镜产生的物像暗淡。其次，金属反射镜会逐渐失去光泽，从而大大削弱反射能力。因此，反射镜面经常需要抛光。折射望远镜则除

图3-2-5 牛顿的第二架反射望远镜（1672年）复制品，安德鲁·邓恩（Andrew Dunn）摄于2004年11月5日

了偶尔需要清除积尘外，可以一直工作下去。

在折射望远镜方面，初期的消色差透镜直径很难指望超过10厘米。反射望远镜却能做得更大，因为铸造大块的金属要比制造大块优质的玻璃更容易。况且，玻璃透镜必须整个都完好无瑕，而金属反射镜只要镜面形状确当并具有足够高的反射率即可。

反射望远镜和消色差折射望远镜各有所长，亦各有所短。它们仿佛在展开一场真正的竞赛：双方都在努力克服自身的缺陷，哪一方取得突破性的进展，这一方就会受到更多天文学家的青睐。到了18世纪末叶，竞争的优势渐渐倒向了大型反射望远镜。

这时，由于威廉·赫歇尔（William Herschel）的工作，望远镜和天文学进入了一个新时代。

第三章
赫歇尔世家

赫歇尔兄妹

1738 年 11 月 15 日，威廉·赫歇尔生于德国的汉诺威城。父亲是军乐队的双簧管手，6 个孩子中，威廉排行第三。他 15 岁就在军队中当小提琴手和吹奏双簧管，志向是当一名作曲家。但是，他又将大量业余时间用于研究语言和数学，后来还加上了光学，并产生了用望远镜亲眼观看各种天体的强烈愿望。

图 3-3-1　威廉·赫歇尔的肖像（1785 年）。英国著名肖像画家兰缪尔·艾博特（Lemuel Abbott）作于天王星发现之后 4 年，赫歇尔当时 47 岁，画家本人才 25 岁。英国国家肖像馆藏

1756 年，七年战争来临了。战争的起因是英国与法国争夺殖民地以及普鲁士与奥地利争夺中欧霸权；结局是普鲁士战胜奥地利，成为欧洲大陆的新兴强国；英国战胜法国，获得法属北美殖民地，并确立了在印度的优势。威廉厌恶战争，遂设法于 1757 年脱离军队，偷渡到英国，先是在利兹，后来又到了胜地巴斯。

关于巴斯城，有一则神奇的传说——

很久很久以前，李尔王的父亲布拉杜德还是王子的时候，染上了麻风病，被赶到这片土地上。他为生计所迫，便开始养猪。一天，猪群看见池塘中浮满了橡子，便争先恐后冲了进

去。王子只好下去把它们赶上来。池塘的热水使他连喘气都感到困难，但麻风病却不治而愈了。王子大喜，遂将池塘整修为温泉浴池，并以自己的名字命名。可是不知怎的，布拉杜德这个名字后来又变成了巴斯。于是，城市名巴斯（Bath）就成了英语词 bath（洗浴）的源头。巴斯在公元 1 世纪成为罗马人向往的度假地，18 世纪后又成为英国国内为数不多的游览胜地之一。它是一个自古至今始终让人轻松休闲的城市。

音乐天赋帮助威廉·赫歇尔在巴斯站住了脚。到 1766 年，他已经成为当地著名的风琴手兼音乐教师，每周指导的学生多达 35 名。

当时的英国正处于汉诺威王朝前期。先前，1714 年 8 月，英国斯图亚特王朝的安妮（Anne）女王驾崩，因无后嗣，便由 54 岁的乔治一世（George I）继位。乔治能够入继大统的原因，在于其母索菲亚（Sophia）乃是斯图亚特王朝首位君主詹姆斯

图 3-3-2　威廉·赫歇尔本是一名音乐家，这是他创作的《降 E 大调第十五交响曲》(1762 年) 乐谱之一页 (大英图书馆数字化藏品)

一世（James I）的外孙女。乔治原是汉诺威选帝侯，初到英格兰时很不习惯潮湿的气候，故曾对人说："我在汉诺威过得很好，若非英国的王冠诱人，我就不到这里来了。"他是一位不会讲英语的英国国王，只好用法语与臣下交谈。1727 年，乔治一世回到汉诺威，因脑卒中于 6 月 11 日亡故，刚好死在他出生的那间房间里。就在 83 天前，牛顿在伦敦与世长辞。

乔治一世之子继任英王，是为乔治二世（George II）。他于 1727—1760 年在位，正值我国清朝的雍正年间加上乾隆前期，法国则是路易十五的时代。乔治二世热爱军事，1743 年 60 岁时仍骑着马指挥与法国作战。他是最后一位出现在战场上的英国国王。七年战争时，他年事已高，全靠国务大臣老皮特（William Pitt, the Elder）领导英国取得了胜利。乔治二世热爱音乐，是德国音乐家亨德尔（Georg Friedrich Hndel）的赞助人。

1760 年，乔治二世心脏病发作去世，其孙子继位为乔治三世。后者与威廉・赫歇尔同庚，生于 1738 年。他在位长达 60 年之久，经历了北美独立战争，目睹了法国大革命。1805 年，乔治三世的英国海军在西班牙的特拉法尔加附近击败拿破仑率领的法西联军，从此法国就再也不能威胁英国的海域了。

再说威廉・赫歇尔对天文学的兴趣与日俱增。1773 年，他用买来的透镜造出了自己的第一架折射望远镜，焦距 1.2 米、可放大 40 倍。接着，他又造了一架 9 米多长的折射望远镜，并且租了一架反射望远镜来进行对比，结果对后者极为满意。从此，他就潜心于制造反射望远镜了。

威廉的妹妹卡罗琳・赫歇尔（Caroline Lucretia Herschel）

比他小12岁，1750年3月16日生于汉诺威，排行第五。1772年，威廉回汉诺威待了一段时间，然后卡罗琳便随他到了巴斯。她天生一副好歌喉，到巴斯后就接受歌唱训练，每天至少上课两次，同时向威廉学习英语和数学。她不仅悉心料理家务，而且用极详细的日记，留下了威廉整整50年的工作史。当威廉整天不停地磨镜，因而无暇腾出手来吃饭时，卡罗琳就亲自一点一点地喂他吃东西。

1781年3月13日，威廉在人类历史上破天荒地发现了一颗比土星更遥远的新行星——天王星。

到1776年，威廉已经制造出焦距3米和6米的反射望远镜。有了精良的武器，他便从1779年开始“巡天”观测。他特别关注近距双星，即天空中看起来靠得特别近的两颗星。两年后他编出第一份双星表，共列有269对双星，1781年由英国皇家学会出版。

图3-3-3 赫歇尔发现天王星所用的口径15厘米反射望远镜。图为英国巴斯城威廉·赫歇尔博物馆藏复制品

1781年3月13日，威廉在人类历史上破天荒地发现了一颗比土星更遥远的新行星——天王星。乔治三世为自己的汉诺威同乡取得如此辉煌的成就满心欢喜，便宽恕了赫歇尔早年擅离军队的过错，并任命其为御用天文学家，从此威廉就不再靠音乐谋生而专注于天文研究了。

1782年下半年，威廉应国王邀请，移居位于伦敦西面、温莎东侧的白金汉郡达切特。4年后，他编制出第二份双星表，其中包含434对新的双星。他努力研究恒星的空间分布，成了研究银河系结构的先驱。他于1784年向皇家学会宣读了论文《从一些观测来研究天体的结构》，首次提出银河系形状似盘，银河就是盘平面的标志。在广阔无垠的恒星世界中，太阳系只是微不足道的沧海一粟。早先，哥白尼将地球逐出了“宇宙的中心”，如今，赫歇尔又将太阳逐出了这一特殊地位。

1786年，他发表了《一千个新星云和星团表》，除了梅西叶和其他人已列出的以外，还收录了他本人的全部新发现。在所有这些繁重的工作中，威廉都得到了卡罗琳的全力帮助。移居达切特后，卡罗琳便完全从事天文工作了。威廉亲自教她观测，并给她一架小望远镜去搜索彗星。

1786年4月，威廉移居温莎以北不远的白金汉郡斯劳。在这里，他实现了多年来的梦想，造出一架口径达1.22米、焦距达12.2米的大型反射望远镜，它是18世纪天文望远镜的顶峰。一时间成了备受推崇的珍奇，随时都有人来瞻仰，乔治三世和

1786年4月，威廉移居温莎以北不远的白金汉郡斯劳。在这里，他实现了多年来的梦想，造出一架口径达1.22米、焦距达12.2米的大型反射望远镜，它是18世纪天文望远镜的顶峰。

图3-3-4　威廉·赫歇尔制造的口径1.22米、长12.2米的大型反射望远镜（画家佚名）

外国的天文学家便是常客。威廉将国王给他的津贴，全部用于维护保养望远镜以及支付工人的工资。他的经济状况依然拮据，有一段时间不得不继续制作和出售望远镜。直到1788年，他50岁时娶了一位有钱的寡妇，情况方始彻底改观。

卓越的成就

前面我们谈到了色差：由于不同颜色的光不能准确地会聚到同一点，从而降低了星像的明锐度。对一架望远镜而言，凡是由于光线不能完全会聚于一个焦点而造成的各种缺陷，包括色差在内，都统称为“像差”。无论是折射镜还是反射镜，它们的表面最容易磨制成球面，而即使是同一种颜色的光线，经球面折射或反射后，也不可能全都聚集到一个严格的焦点上。这种像差称为“球差”。此外，还有彗差、像散等等。

早期使用折射望远镜的人意识到，为了尽量减小像差，就应该采用表面弯曲程度非常小的透镜。它们仅使光线产生非常小的弯折。但是，要使这些稍微弯曲的光线会聚到焦点，就必须经过很长很长的距离。

例如，在赫歇尔之前一个多世纪，第一代卡西尼在巴黎天文台建造了一些长镜身的折射望远镜，最后一架的长度超过了40米！世界戏剧史上的重量级人物、年长卡西尼3岁的法国喜剧作家莫里哀（Moliere）把这些仪器称为“大得骇人的望远镜”。1673年2月17日，莫里哀在自己的作品《没病找病》中亲饰主角，临近结束时突然痉挛，当晚便咳血死去，再也无缘见到那些“骇人的”望远镜了。

又如，在荷兰，惠更斯也制造了一系列镜身越来越长的望远镜，最后一架长达37米。他的成就鼓舞了但泽的赫维留斯，后者于1673年造出一架长达46米的折射望远镜。

如此之长的金属镜筒必将重得根本无法操纵，所以赫维留斯改用木头来固定透镜的位置。惠更斯则干脆省去了镜筒，他把物镜装入一根短金属管，然后接到一根高高的杆子上，并可以从地面上操纵。目镜装在另一根小管子里，置于一个木支架上。目镜和物镜之间有一段绳，拉紧时可使两者对准。诚然，这种长镜身望远镜使用起来很不方便。但是，在更好的替代品问世之前，天文学家们还得依靠它们继续奋战。

幸好，在折射望远镜中，借助于不同玻璃制成的两块透镜的巧妙配合，既可以消除色差，还能同时消除球差。在反射望远镜中，恰当地改变副镜镜面的形状，同样也可以消除球差。因此，自从多朗德公开消色差透镜的秘密后，长镜身的折射望远镜便寿终正寝了。从此，人们要不就是使用消色差的折射望远镜，要不就是使用越来越大的反射望远镜了。

在折射望远镜中，借助于不同玻璃制成的两块透镜的巧妙配合，既可以消除色差，还能同时消除球差。在反射望远镜中，恰当地改变副镜镜面的形状，同样也可以消除球差。

赫歇尔利用他那些反射望远镜对太阳系进行广泛的研究。1787年，他发现了天王星的2颗卫星，后来分别称为天卫三和天卫四。1789年，他将那架口径1.22米的望远镜瞄准土星，当晚就发现了土星的2颗新卫星——土卫一和土卫二。这样，连同早先由惠更斯发现的1颗和卡西尼发现的4颗，已知的土卫就增加到了7颗。同年，他发表了《又一千个新星云和星团表》。

移居斯劳后，卡罗琳在1786年发现了1颗新的彗星。1788年末又发现1颗，1790年又是2颗。1790年末，威廉又造了一架口径23厘米的反射望远镜供她继续搜寻。卡罗琳在1791

图3-3-5 卡罗琳·赫歇尔的石刻肖像（1847年在汉诺威，时年97岁）

1794年到1797年间，威廉花了大量时间研究恒星的相对亮度，作出6份星表，以视亮度为序列出将近3000颗星。

年、1793年、1795年和1797年用它找到了4颗新彗星。其中1795年那颗就是著名的恩克彗星，德国天文学家恩克（Johann Franz Encke）于1819年计算出它的轨道，证明其运行周期仅为3.4年。它是人们发现的第一颗周期如此之短的彗星，也是继哈雷彗星之后第二颗被预言回归的彗星。

1794年到1797年间，威廉花了大量时间研究恒星的相对亮度，作出6份星表，以视亮度为序列出将近3000颗星。当时人们并不完全清楚这些表的精度和价值，一个世纪以后，美国天文学家爱德华·查尔斯·皮克林（Edward Charles Pickering）对它们重新进行考察，并与先进的“哈佛照相测光”相比较，这才惊奇地发现赫歇尔的星表竟然精确到0.1个星等以内！

1801年，威廉·赫歇尔在拿破仑战争的一个短暂间歇期访问了巴黎，会见了拿破仑本人。他发觉拿破仑有时会不懂装懂，故对其印象不佳。1802年，威廉发表了他的又一份星云星团表。

威廉老矣！1819年，81岁的他进行了最后一次天文观测。1821年，他被选为英国天文学会（后来变成皇家天文学会）的第一任主席。1822年8月25日，84岁的威廉在斯劳与世长辞。他是历史上最伟大而全能的天文学家之一。

威廉死后，卡罗琳在1822年回到阔别半个世纪的故乡汉诺威，以72岁高龄继续编纂一份包括她哥哥观测过的全部星云和星团的表。1825年完工后，她将手稿寄给侄儿约翰，这对后者乃是一份无价之宝。1835年，85岁的卡罗琳被选为英国皇家天文学会名誉会员。这是一种破格的荣誉，因为当时依然限定会员只能由男子当选。1846年，96岁的卡罗琳接受了普鲁士国王授予她的金质奖章。1848年1月，终身未嫁的卡罗琳在汉诺威逝世，享年98岁。

21岁的皇家学会会员

威廉的独生子约翰·赫歇尔（John Frederick William Herschel）1792年3月7日生于斯劳，1807年入剑桥大学圣约翰学院，学业极佳，1813年毕业。他早期的数学工作已颇有水平，21岁便当选为皇家学会会员。可即使如此，他却转而去学习法律了。1816年，24岁的约翰回到斯劳，接替78岁高龄的父亲承担大量的观测工作，在父亲指导下制造望远镜，同时还继续研究纯数学。约翰是英国天文学会理事会创始人之一，而且是它的第一任国外书记。

图3-3-6 英国天文学家约翰·赫歇尔。他21岁时就成了英国皇家学会会员

为了将父亲的巡天和恒星计数工作扩展到南天，约翰于1834年初携妻子和3个孩子前往非洲好望角，在那里工作了4年。他历时9年编纂的《好望角天文观测结果》是一部杰作，于1847年发表。1848年，约翰·赫歇尔当选皇家天文学会主席。他于1849年写成的《天文学纲要》在几十年内一直是普通天文学的标准教本。此书由李善兰和伟烈亚力（Alexander Wylie）合译成中文，书名易为《谈天》，1859年由上海墨海书馆出版。书中关于哥白尼学说、开普勒行星运动定律和牛顿万

有引力定律的介绍，令当时的中国人耳目一新。1871年5月11日，79岁的约翰在肯特郡逝世，安葬在威斯敏斯特大教堂中离牛顿墓很近的地方。

赫歇尔一家在英国天文学史上的权威地位几乎长达一个世纪。英国皇家天文学会的会徽图案就是威廉那架巨炮似的大望远镜。1839年，这架劳苦功高的仪器终于变得摇摇晃晃、危在旦夕了。于是，人们把它拆卸、放倒，约翰率领家人进入镜筒唱起了安魂曲。在一次暴风雨中，一棵大树倒在上面，损伤了镜筒。那面巨大的金属反射镜，最终也被砸坏了。那一年，汉诺威王朝的最后一位君主维多利亚女王刚好20岁，两年前才登基。下一年，她的大英帝国对中国发动了鸦片战争，用坚船利炮轰开了清帝国闭关的大门。

图3-3-7　英国皇家天文学会的会徽图案就是威廉·赫歇尔那架口径1.22米的反射望远镜

赫歇尔的辉煌时代虽已成为过去，更大更好的望远镜却还将不断涌现。

第四章
折射望远镜的巅峰

惠更斯的字谜

折射望远镜曾经为天文学带来了众多新发现。对此，我们可以再次从伽利略说起。1610 年，伽利略从望远镜中看到，土星两侧仿佛各有一个附属物。他想，也许它们是土星的卫星吧？然而，日复一日，这两个附属物却越缩越小，两年后，竟然完全消失不见了。伽利略大惑不解，茫然地向自己发问："难道萨都恩神还在吞食他的孩子吗？"

这是什么意思呢？土星是以古罗马神话中的农神萨都恩命名的，他在古希腊神话中就是大神宙斯的父亲克洛诺斯。克洛诺斯本人是天神优拉纳斯（Uranus）和地神该亚（Gaea）的幼子。他推翻自己的父亲取得统治地位，却又怕自己的后代取代了他。因此，他便企图在自己的子女刚生下时就把他们吞吃掉，结果却未成功。最后，他的儿子宙斯终于取而代之，成了众神之王。

1616 年，那些奇怪的附属物又在伽利略的望远镜中出现了。这位科学老人终其一生也没弄明白那究竟是什么东西。

1629 年在海牙出生的惠更斯热衷于研磨透镜，并得到犹太裔的荷兰著名哲学家、技艺高超的磨镜行家斯宾诺莎（Benedict Spinoza）的帮助。惠更斯的望远镜远胜于伽利略的那些，这使他在1656年终于看清，那些奇怪的附属物原来是环绕土星的一圈光环。为了郑重起见，惠更斯先用以下的字谜宣告自己已有所发现：

aaaaaaa ccccc d eeeee g h iiiiiii llll mm nnnnnnnnn oooo pp q rr s ttttt uuuuu

三年后，当他终于确信自己正确无误时，才揭开了谜底。原来，上面这62个字母应该重新排列成这样一句拉丁文：

Annulo cingitur tenui, plano, nusquam cohaerente, ad eclipticam inclinato.

译成汉语就是“有环围绕，又薄又平，不和土星接触，而与黄道斜交”。惠更斯正确地解释了土星光环形状不断变化的原因：它以不同的角度朝向我们，当我们朝它的侧边看去时，薄薄的光环便仿佛消失不见了。

图3-4-1　1955年荷兰发行的25盾纸币，画面人物是大科学家惠更斯，他在数学、物理、天文等诸多领域都有杰出贡献

1675年，卡西尼发现土星光环中有一道又细又暗的缝隙，后来称为卡西尼环缝。环缝外侧的那部分光环叫作A环，环缝里侧的部分则叫B环。1837年，恩克又发现A环内部还有一道缝隙，

图 3-4-2 哈勃空间望远镜拍摄的土星照片，可以明显地区分 A 环和 B 环

后来称为恩克环。

众多的土卫

1655 年 3 月 25 日，惠更斯发现了土星的一颗卫星，它被命名为泰坦（Titan）。泰坦不是一个神，而是一个巨人神族。他们都是天神和地神的孩子，每个成员又各有自己的名字。他们曾经统治过世界，却又受到克洛诺斯的统治，并被囚禁于塔尔塔洛斯地狱中。后来，新发现的土卫越来越多了，泰坦被编号为土卫六。它是一颗巨大的卫星，每 16 天就绕土星转一圈。今天我们知道，其大气组成成分与地球大气相仿。

读者想必记得，本书第一篇第三章"'太阳王'的时代"一节中，已经提到"卡西尼号"土星探测器和它携带的子探测器"惠更斯号"。"卡西尼号"探测土星长达 13 年之后，于 2017 年 9 月 15 日结束自己的使命，坠毁在土星大气层中。"卡西尼号"不仅发现了土卫二上的咸水喷泉，研究了土星强大的风暴和不断变化的光环等，而且还发现土卫六上有海洋。但是，土卫六的海洋与地球上的海洋完全不同：它不是由水、而

图3-4-3　一幅太空美术画："卡西尼号"宇宙飞船（右上方）和"惠更斯号"探测器（画面中央），地面是土卫六，巨大的土星在天空中（来源：NASA）

是由甲烷和乙烷构成。由于土卫六表面−185℃的低温，甲烷和乙烷都能保持液状。

1671 年 10 月，卡西尼发现了伊阿珀托斯（Iapetus），后来编号为土卫八。伊阿珀托斯也是泰坦神族的一员，将天上的火种盗送人间的大英雄普罗米修斯以及托天的大力神阿特拉斯都是他的儿子。

1672 年 12 月，卡西尼又发现了第三个土卫，即土卫五，它被命名为瑞亚（Rhea），那是克洛诺斯的妻子、宙斯的生母的名字。另有一种说法，认为她也是泰坦神族的成员。

1684 年 3 月，卡西尼又发现了土卫三和土卫四。土卫三名叫泰西斯（Tethys），她是大洋之神的妻子。土卫四名叫狄俄涅（Dione），是大神宙斯与爱神阿佛洛狄忒的女儿。可是，也有相反的说法，即宙斯和狄俄涅生下了阿佛洛狄忒。还有一种传说认为，泰西斯和狄俄涅也是泰坦神族的成员，因此她们都在土星的控制之下。更有一种离奇的说法：克洛诺斯将自己的父亲优拉纳斯的肢体投入大海，这时从海水泡沫中诞生了爱情之神阿佛洛狄忒。

威廉·赫歇尔发现的土卫一名叫弥玛斯（Mimas），土卫二名叫恩刻拉多斯（Enceladus）。他们都是巨人，弥玛斯是被宙斯之子战神阿瑞斯杀死的，恩刻拉多斯则被智慧女神兼女战神雅典娜压在西西里岛下面。

1898年，美国天文学家威廉·亨利·皮克林（William Henry Pickering）——他是上一章提到的爱德华·查尔斯·皮克林的弟弟——发现了土卫九。它以月亮女神、女猎手菲比（Phoebe）命名。菲比是宙斯的女儿，她的兄弟阿波罗乃是鼎鼎大名的太阳神。土卫九到土星的距离远达1300万千米，为月球到地球距离的33倍有余。它是19世纪发现的最后一颗卫星，也是人们使用照相方法发现的第一颗卫星。

土卫十是1966年12月15日由法国人多尔费（A. Dollfus）发现的。与土卫九正好相反，它离土星很近，两者仅相距186 000千米，尚不及月地距离的一半。他仿佛一直在守卫着土星的大门，因此，人们恰当地将罗马神话中的两面守门神雅努斯（Janus）的名字赐予它。据国际天文学联合会公布的资料，截至2021年2月26日，已发现的土卫总数达到了82颗，其中53颗已正式命名。

据国际天文学联合会公布的资料，截至2021年2月26日，已发现的土卫总数达到了82颗，其中53颗已正式命名。

制造透镜的决赛

19世纪初，年轻的德国光学家夫琅禾费（Joseph von Fraunhofer）制成一块直径24厘米的优质透镜，用它造出了当时世界上最大最好的折射望远镜。望远镜装在一根轴上，使之可以俯仰；轴又装在一个轮子上，使之可沿水平方向转动。夫琅和费为它设计的平衡装置非常精妙，以至用一个手指就可以推动这架镜身长4.3米的折射镜。

也是在19世纪上半期，一个只有几十年历史的新兴国家——美国加入了天文望远镜的竞赛。一位钟表匠威廉·克兰奇·邦德（William Cranch Bond）自学成才，于1847年被任命为哈佛学院天文台台长。他是天体照相技术的先驱，致力于将天体的像聚焦到照相底片上，而不是聚焦在眼睛的视网膜上。

1849年12月18日，邦德用公众捐款建造的一架38厘米折射望远镜拍摄了月球照片。在20分钟曝光期间，望远镜靠钟表机构带动，始终对准月球。这张照片太逼真了！他的儿子乔治·菲利普斯·邦德（George Phillips Bond）把它带到在伦敦“水晶宫”举办的第一届万国博览会上，引起了巨大的轰动。

图3-4-4　在1851年伦敦万国博览会上，美国哈佛学院天文台送展的这幅月球照片因其逼真而引起轰动

以肖像画为业的美国人阿尔万·克拉克（Alvan Clark）渴望磨制透镜。他仔细考察了邦德那架38厘米的折射镜，并检测了它与理想状况的微小偏离。然后，他关闭画室，潜心研究怎样才能磨制出比它更好的透镜。他

取得了成功，天文学家开始购买他的透镜。于是，他在儿子阿尔万·格雷厄姆·克拉克（Alvan Graham Clark）的帮助下，在马萨诸塞州的坎布里奇开了一家工厂。1870 年，克拉克父子接下美国海军天文台建造 66 厘米折射望远镜的订单。它的透镜重达 45 千克，镜身长 13 米，质量极佳。

美国金融家利克（James Lick）在 1849 年加利福尼亚黄金热期间，在不动产方面赚了不少钱。他渴望为自己树碑立传，便于 1874 年宣称，将留下 70 万美元——这在当时远比现在值钱得多，用来建造一架比当时所有的折射望远镜都更大更好的望远镜。工作主要由小克拉克承担，14 年后，一块口径 91 厘米的透镜终于制成，并装入长 18.3 米的镜筒。这架折射望远镜被命名为利克望远镜，于 1888 年 1 月 3 日正式启用。老克拉克在几个月前刚刚逝世。

利克几年前就去世了，根据他临终时的要求，他的遗体被埋在安装望远镜的基墩里。它所在的那个天文台坐落于加利福尼亚州北部圣何塞以东 21 千米的汉密尔顿山上，被命名为利克天文台。

1892 年，天文学家爱德华·埃默森·巴纳德（Edward Emerson Barnard）使用利克望远镜做到了自伽利略时代以来无人做成的事情：发现了木星的第五颗卫星，即木卫五。它的直径只有 110 千米，还不及北京到天津的距离。木卫五离木星比 4 颗伽利略卫星更近，位于木星表面上空 108 000 千米。发现这样又小又暗的天体——况且它又如此接近木星本身占压倒优势的光辉，必须拥有极好的透镜和极敏锐的眼睛，巴纳德很幸运地两者兼备了。木卫五是最后一个用眼睛发现的太阳系天据国际天文学联合会公布的资料，截至 2021 年 4 月 25 日，已发现的木卫总数达到了 79 颗，其中 57 颗已正式命名。

体。此后，这类发现就要归功于望远镜上的照相设备以及空间时代更新颖的技术了。据国际天文学联合会公布的资料，截至 2021 年 4 月 25 日，已发现的木卫总数达到了 79 颗，其中 57 颗已正式命名。

利克望远镜还显示出把大型望远镜安装在山上的好处。那里海拔 1400 米，把地球大气层中最密最脏的那一小部分抛在下面了。后来，世界上陆续建起许多高山天文台，我国天文学家也正在青藏高原选择台址，海拔 1400 米早已不在话下了。

南加利福尼亚大学想要拥有一架比利克望远镜更好的折射望远镜，遂向克拉克订购一块 102 厘米的透镜。但是，在克拉克为此投入 2 万美元之后，这所大学却无法筹齐所需的资金。幸好，天文学家乔治·埃勒里·海尔（George Ellery Hale）这时前来解围了。

图 3-4-5　美国天文学家爱德华·埃默森·巴纳德在利克望远镜旁

当时，海尔才 20 多岁，是芝加哥大学天体物理学助理教授。他获悉金融家叶凯士（Charles Tyson Yerkes）控制了整个芝加哥的交通，用不甚正当的手段赚得了巨额钱财。为什么不设法把这种不义之财用来发展科学呢？于是，从 1892 年起，海尔就盯上了叶凯士这个猎物。

海尔生于 1868 年 6 月 29 日，从小爱读文学名著和诗。他意志坚强又娴于辞令，在他的不断游说下，叶凯士不由得把钱一点一点地掏出了腰包。

最后这位金融家为新望远镜和安装它的新天文台提供的款项总额达到了349 000美元。当然，这个数字的实际价值要比今天高得多!

海尔在芝加哥西北约130千米处选了一个地点，叶凯士天文台就建在那里。1895年10月，年逾花甲的小克拉克为海尔磨好了102厘米的透镜，它重达230千克，装在一架长逾18米的望远镜里。整个望远镜重达18吨，但是平衡极佳，用很

图3-4-6 美国天文学家乔治·埃勒里·海尔

图3-4-7 叶凯士天文台口径102厘米的折射望远镜是世界上的折射望远镜之王。摄于1897年，摄者佚名（来源：Wikipedia）

小的推力就可以让它转动并瞄准天空的任何部分。

1897年5月21日，这架折射望远镜首次启用。小克拉克在目睹折射望远镜的这一辉煌胜利之后三个星期去世了。今天，叶凯士望远镜和利克望远镜依然在世界上保持着折射望远镜的冠军和亚军称号。事实上，也没有人试图打破这项记录了。

折射望远镜已经达到它的巅峰，它的路也走到了尽头。首先，极难得到可供制造巨型透镜的尺寸很大而又完美无瑕的光学玻璃。整个19世纪和20世纪的技术进展，并未使造出一块足以超越叶凯士折射望远镜的透镜玻璃变得更容易些。其次，因为光线必须透过整块玻璃，所以透镜只能在边缘上支承。巨型透镜分量很重，得不到支撑的透镜中央部分就会往下凹陷，整块透镜就会变形。透镜的尺寸越大，问题也就越严重。

那么，另一方面，反射望远镜的情形又如何呢？

第五章
奇思妙想层出不穷

罗斯伯爵和“列维亚森”

威廉·赫歇尔的金属镜面大型反射望远镜尚“健在”时，就有人决心要在这方面超过他，那就是爱尔兰人威廉·帕森斯（William Parsons）。

在历史上，爱尔兰与英国有着错综复杂的关系。1171年，英国金雀花王朝的第一位国王亨利二世（Henry II）成为爱尔兰君主。1541年，都铎王朝的英王亨利八世（Henry Ⅷ）成为爱尔兰国王。1649年，克伦威尔（Oliver Cromwell）镇压了爱尔兰的反英民族起义，将整个爱尔兰置于英国统治之下。18世纪末期，受北美独立战争和法国大革命的影响，爱尔兰再次发动起义，又被英国镇压。1801年，英国正式吞并爱尔兰，在帝国国会中给爱尔兰100个席位。直到20世纪中叶，爱尔兰才重新成为独立国家。

上述历史渊源，使不少著名人物很难简单地说成是英国的，还是爱尔兰的。例如剧作家萧伯纳（George Bernard Shaw，1856—1950）和王尔德（Oscar Wilde，1854—1900）、诗人叶芝（William Butler Yeats，1865—1939）、《尤利西斯》的作者乔伊斯（James Joyce，1882—1941）均出生在都柏林，但只有寿星萧伯纳一直活到爱尔兰重新独立。《牛虻》一书的作者伏尼契（Ethel Lilian Voynich，1864—1960）也出生在爱尔兰，她甚至比萧伯纳更长寿。她在19世纪80年代认识了许多革命者——包括普列汉诺夫，还曾到恩格斯家中做客。

1800年6月17日，威廉·帕森斯生于英国的约克，1841年，他子袭父位，成为第三代罗斯伯爵（The 3rd Earl of Rosse），后世天文学家普遍称他为罗斯。1845年，爱尔兰将他选进上议院。他是一位真正的贵族，在著名天文学家中，出自如此“高贵门第”的人为数极少。

图3-5-1　爱尔兰的第三代罗斯伯爵威廉·帕森斯（来源：NMSI）

罗斯的最大嗜好，就是建造世界上最大的望远镜。他有足够的金钱，有充裕的时间，有必要的技术知识，还可以训练佃户来干活。他将望远镜安置在自家的领地上，那里的地名叫比尔，几乎位于爱尔兰岛的正中央。遗憾的是，当地气候不佳，对天文观测很不相宜。

罗斯花了5年时间，才研究出一种适合制造反射镜的铜锡合金。他从1827年开始，先造了一面直径38厘米的反射镜，接着又造了直径61厘米的反射镜，1840年又造出一面91厘米的反射镜。

1842年，罗斯开始铸造一块直径1.84米的反射镜，其大小足以供一个身材高大的壮汉伸开四肢躺在上面。它的面积是赫歇尔那架最大的望远镜的2.25倍。那年4月13日，反射镜铸成，然后缓慢地冷却了16个星期。镜面磨好后，刚要装到望远镜上就开裂了。罗斯只好重新铸造，直到第五次才大功告成。

图 3-5-2 罗斯那架口径 1.84 米的金属反射面望远镜“列维亚森”

这架望远镜的镜筒用厚木板制成，并用铁箍加固。镜筒长 17 米，直径 2.4 米。为了挡风，镜筒安置在两道高墙之间。每道墙高 17 米，长 22 米，沿南北走向，因此望远镜基本上只能沿南北方向观测，在东西方向最多只能偏转 15°。

这块反射镜重达 3.6 吨，把它装进镜筒很不容易，直到 1845 年 2 月才能测试和使用。为了与赫歇尔一比高下，罗斯观测了赫歇尔曾经研究过的各种星云。他发现梅西叶表中的 M51 看上去像是旋涡状的，遂使人们在 1845 年知道了第一个“旋涡星云”。1848 年，罗斯发现梅西叶表中的头号天体 M1 内部贯穿着许多不规则的明亮细线。罗斯觉得它很像一只螃蟹，故称其为“蟹状星云”，这个名字一直沿用至今。日后的事实证明，这两项发现都具有头等重要的意义。

罗斯这架巨大的望远镜，通常以“列维亚森”（Leviathan）著称。“列维亚森”原是《圣经·旧约》中描述的一种海怪，

见《约伯记》第 41 章，中文版《圣经》将它译为“鳄鱼”。它鳞甲坚固，牙齿可畏，颈项有力，心结实如石头，肚腹下如尖瓦；它力大无穷，鼻孔冒烟，打喷嚏发光，身体刀枪不入，口中发出烧着的火把和飞迸的火星；它视铁为干草、铜为烂木、棍棒为禾，实为水族之王。圣经的《以赛亚书》第 27 章第 1 节也提到了它。

后来，英语中就用“列维亚森”来称呼那些庞然大物，例如巨型轮船、强大的国家或极有权势的人，甚至大型工业也被形容为 a leviathan industry。有时，在某一领域中的泰斗式人物，也被喻为这方面的“列维亚森”。例如，著名英国作家、词典编纂家萨缪尔·约翰逊（Samuel Johnson，1709—1784）曾单枪匹马历时 9 年编纂成第一部《英语词典》（A Dictionary of the English Language），于 1755 年以对开本分成 2 卷出版。他被人们称为“文学的列维亚森”。

英国酿酒师拉塞尔（William Lassell）也想建造大的反射望远镜，就在 1844 年参观了罗斯的领地，考察“列维亚森”是如何制造的。拉塞尔造了一架口径 61 厘米的，继而又造了一架 1.22 米的反射望远镜。他的镜子不如罗斯的那么大，但在另外两方面却超过了罗斯。

首先，拉塞尔率先把夫琅和费装在折射望远镜上的那种装置用到了反射望远镜上，从而使操作变得非常方便。此外，他强烈地意识到，天文台必须建造在大气条件适宜观测的地方，于是把自己的仪器运到当时的英国属地马耳他岛。

图 3-5-3　蟹状星云 M1，可以看到其中有许多不规则的明亮细线（来源：NASA/ESA）

金属镜面很重，价格昂贵，易于腐蚀，而且随环境温度变化还会显著变形。于是人们又想到了玻璃，它的重量比较轻，价格低廉，耐腐蚀，比金属更容易研磨成形，经过抛光可以变得非常光洁。但问题在于玻璃很透明，怎样用它来制造反射镜呢？

人们发明了在玻璃上镀银的方法。沉积在玻璃上的银膜很牢固，可以轻轻地抛光，从而可以高效地反射光线。正当大洋彼岸的克拉克们欢呼他们的大型折射望远镜取得胜利时，许多天文学家已经明白，镀银玻璃反射镜实际上已经向世人昭示：未来将属于反射望远镜。20 世纪初叶，镀铝技术取代了镀银。铝膜可以将落到它上面的光反射 82%，新镀的银膜却只能反射 65%。

海尔的杰作

罗斯的“列维亚森”存在了 60 年，它老了，变得摇摇晃晃。1908 年，罗斯的一个孙子把它卸了下来。它没有作出太多的天文发现，但为它的制造者增添了生活乐趣。罗斯本人还算不上“望远镜制造者中的列维亚森”，只有乔治·埃勒里·海尔才当之无愧地配得上这一称号。1908 年，海尔建成一架口径 153 厘米的反射望远镜。当然，其镜面是玻璃的。它安装在加利福尼亚州帕萨迪纳附近的威尔逊山天文台上。该台于 1905 年落成，海尔亲任台长。

在此之前，海尔已经说服一位洛杉矶商人胡克（J. D. Hooker），投资建造一架口径 212 厘米的大型反射望远镜。胡克急于将自己的名字与世界上最大的望远镜联系在一起，并且不希望很快就被别人超过，所以甚至主动增加了赠款，希望将望远镜的口径增大到 254 厘米，即恰好 100 英寸。

第一次世界大战延误了计划，但后来总算顺利。这架望远镜全重达 90 吨，于 1917 年 11 月启用。它操作方便，能以很高的精度跟踪恒星。长达 30 年之久，这架“胡克望远镜”乃是世上的反射望远镜之王，为天文学作出了卓越贡献。

1923 年，海尔因身体欠佳退休了。随着帕萨迪纳、尤其是洛杉矶的迅速发展，夜晚的城市灯光严重地威胁着威尔逊山的天文观测。“退休”的海尔又到威尔逊山东南约 145 千米处另觅了一处台址，它在帕洛马山上，当时人类尚未开发这块处女地。他决定，要在那儿建一架口径 508 厘米（200 英寸）的反射望远镜。1929 年，他从洛克菲勒基金会获得一笔款子，便着手干了起来。

图 3-5-4 威尔逊山天文台口径 2.54 米的胡克望远镜

人们为这项浩大的工程付出了史诗般的巨大努力。508厘米的反射镜比先前任何望远镜使用的镜子更大、更厚、也更重。

人们为这项浩大的工程付出了史诗般的巨大努力。508 厘米的反射镜比先前任何望远镜使用的镜子更大、更厚、也更重。在这么一大块玻璃中，即使很小的温度变化也会因膨胀或收缩而影响反射镜面的精度。为此，整块玻璃的背面浇铸成了蜂窝状，这使镜子的重量比一个矮胖的实心圆柱减小了一半以上；这种结构使整块反射镜内的任何一点离玻璃表面都不超过 5 厘米，温度变化将较为迅速地在整块玻璃中达到均衡。浇铸好的玻璃毛坯，在严格的温度控制下花了 10 个月时间慢慢地冷却；在冷却过程中，附近河流泛滥，镜坯死里逃生，而且它还经受了一次轻微地震的考验。镜坯是在纽约州的康宁玻璃厂生产的，它必须横越整个美国，运到加利福尼亚的帕洛马山。为了稳妥起见，火车昼行夜宿，时速从不超过 40 千米，它走的是一条专线，以减少遇上桥梁和隧道的麻烦。这块玻璃连同它的装箱，宽度显著地超出 5 米，经过不少地方时，允许通行的空间往往只剩下区区几厘米。接下来是长时间的研磨和抛光，总共用掉了 31 吨磨料。最后成型时，反射镜本身重达 14.5 吨，镜筒重 140 吨，整个望远镜的可动部分竟重达 530 吨！

图 3-5-5　帕洛马山天文台口径 5.08 米的海尔望远镜

海尔于1938年2月21日在帕萨迪纳与世长辞，未能目睹这架望远镜竣工。1948年6月3日，人们终于为这具硕大无朋的仪器举行了落成典礼。后来，人们在帕洛马山天文台的门厅中塑了一座海尔半身像，铜牌上写着：

这架200英寸望远镜以乔治·埃勒里·海尔命名，他的远见卓识和亲自领导使之变成了现实。

1969年12月，威尔逊山和帕洛马山两座天文台重新命名，统称为海尔天文台。

全新的思路

天文望远镜的口径越大，收集到的光就越多，就能探测到越远越暗的天体。

与此同时，一架望远镜的口径越大，分辨细节的本领也就越高。这对天文观测来说，同样至关重要。

不过，大也有大的难处。大型反射望远镜仅仅对它直接指向的那一小块天空，才能形成优质的星像，才能拍下极其清晰的照片。在这一小块天空以外，拍摄的照片都将因失真过大而无法使用。通常，望远镜的口径越大，每次能够高精度地进行观测的天空范围也就越小。

例如，用威尔逊山上那架口径254厘米的胡克望远镜，每次只能观测像满月那么大小的一块天空。海尔望远镜的视场甚至比这更小。如果用大型反射望远镜拍摄星空，每次一小块一小块地拼起来，直到覆盖整个天空，那就需要拍摄几十万甚至几百万次。大型望远镜的这一弱点，使它们难以胜任“巡天”观测。

那么，“巡天”究竟是什么意思呢？

天文学上最普遍的“巡天”，相当于对天体进行“户口普查”，它为大量天文研究工作提供最基本的素材。

天文学上最普遍的“巡天”，相当于对天体进行“户口普查”，它为大量天文研究工作提供最基本的素材。正如普查人口之后，就可以根据不同的特征——不同性别、不同民族、不同年龄等，对“人”进行分门别类的统计研究那样，对天体进行“户口普查”后也可以根据不同的特征——不同亮度、不同距离、不同光谱类型等，对它们进行分门别类的统计研究。

要想在不太长的时间内完成一次天体的“户口普查”，望远镜的视场就不能太小，因而其口径就不能太大。另一方面，为了看清很暗的天体，望远镜又必须足够大。这两者是有矛盾的。那么，有没有可能“鱼与熊掌得兼”，造出一种口径既大，视场也大的新型天文望远镜呢？

早在20世纪20年代，德籍俄国光学家施密特（Bernhard Voldomar Schmidt）就开始朝这个方向迈出了第一步。施密特生于1879年3月30日，比爱因斯坦晚出生16天。他接受的正规教育十分有限，但自学光学很有成绩。施密特早年就喜欢作实验，并为此付出了高昂的代价。他把火药塞进一根钢管，然后点燃它，爆炸效果令人满意，但是却炸掉了他的右手和右前臂。后来，他不得不用一条胳膊来研磨他的透镜和反射镜。

施密特想出一种同时使用反射镜和透镜的方案。1930年，他研制成功第一架“折反射望远镜”：用球面反射镜作为主镜，在它的球心处安放一块“改正透镜”。改正透镜的形状特殊，中间最厚，边缘较薄，最薄的地方则介于中间与边缘之间。改正透镜设计得使透过它的光线经过折射以后恰好能弥补反射镜引起的球差，同时又不会产生明显的色差和其他像差。这就是所谓的“施密特望远镜”，它使望远镜的有效视场增大了许多。世界上最大的施密特望远镜坐落在德国陶腾堡市的卡尔·史瓦西天文台，其主镜和改正透镜的口径分别为2.03米和1.34米。

图3-5-6　德国卡尔·史瓦西天文台的世上最大的施密特望远镜。主镜口径2.03米，改正透镜口径1.34米（ArtMechanic摄于1981年）

施密特望远镜的视场宽阔，使它在“巡天”工作中起到了无可替代的巨大作用。例如，美国的帕洛马山天文台，以及位于澳大利亚的赛丁泉天文台各用一架改正透镜口径1.22米的施密特望远镜巡天，记录了全天约10亿个天体的位置、形状等信息。

施密特望远镜使用了透镜，这使它也像折射望远镜那样不可能做得太大。那么，能不能用一块“改正反射镜”来代替“改正透镜”呢？

如何研制“反射式施密特望远镜”，正是20世纪90年代以来国际天文界共同关心的问题。只有作到这一点，才能将整个望远镜的口径和视场同时作得很大。中国天文学家在这方面的研究，在国际上处于比较先进的地位。中国在21世纪前期研制成功的“大天区面积多目标光纤光谱天文望远镜”（英文缩写为LAMOST，后重新命名为“郭守敬望远镜”）就是一个良好的开端。

在一架施密特望远镜拍摄的单张底片上，所包含的星像可多达上百万个。如果在某张底片上发现了什么特别有趣或者可

图 3-5-7 中国科学院国家天文台兴隆观测基地一景：郭守敬望远镜（即 LAMOST）建筑物群，最大高度达 57 米

疑的东西，这时就该进而利用巨型反射望远镜来更加精细地考察它们了。

因此，即使有了施密特望远镜，我们也还需要越来越大的反射望远镜。但是，不少科学家认为，材料、设计、工艺、结构等多方面的重重困难，似乎已经使制造更大的反射望远镜成了镜花水月。例如，制造大块光学玻璃本身就是一大难题，而且它只要有极微小——例如温度变化所致——的形变，就会使星像变得模糊，从而使望远镜的威力大减。因此，海尔望远镜在落成后的 30 年内，始终仿佛鹤立鸡群，没有任何新的望远镜可以与之媲美。

苏联人曾经建造了一架口径 6 米的反射望远镜，其镜体重 77 吨，长 25 米，整个可动部分重达 800 吨。1976 年，这架 6 米望远镜终于竣工，可惜其性能并不尽如人意。

望远镜家族中的“恐龙”

然而，人类的认识能力和创造能力是无穷的，天文望远镜的前景依然光明。关键在于设计思想的革命。20世纪70年代以来人们开始设想，既然做大镜子如此困难，那么能不能做成许多小的，再把它们结合成一个大的呢？

美国天文学家首先作了尝试。他们在20世纪70年代用6块口径1.8米的反射镜互相配合，使它们的光束聚集到同一个焦点上。这时，其聚光能力便相当于一架口径4.5米的反射望远镜，分辨细节的本领则与口径6米的望远镜相当。这种设备叫作“多镜面望远镜”。

其实，多镜面望远镜的每一块镜面本身还是彼此分开的。人们想到，最好是先造许多较小的镜子，然后把它们一块一块实实在在地拼接起来，使之成为一面完整的大反射镜。这是一项异常精细的工作，计算机技术的迅速发展，终于使它成了现实。这就是今天很前卫的“拼接镜面”技术。

大型望远镜对准不同的方向时，其自身的姿态就在不断变化，镜子各部分承受的重力也随之而变，反射镜的形状也随其受力状态的改变而发生相应的微小变化，其最终结果则是降低了成像质量。为了尽量减小反射镜的变形，人们起初把玻璃镜坯做得厚厚的，也就是说，依靠玻璃自身的刚度，来抵御可能造成的形变。

大型望远镜对准不同的方向时，其自身的姿态就在不断变化，镜子各部分承受的重力也随之而变，反射镜的形状也随其受力状态的改变而发生相应的微小变化，其最终结果则是降低了成像质量。

其实，科学家们很清楚，永远也不可能使巨大的镜面绝对不变形。于是，人们在拼接镜面的背面装上一排排的传感器，宛如布下一张天罗地网，凭借电子计算机的帮助，随时随刻测出镜面形状与理想状态的偏差；同时，计算机马上据此发出指令，让镜面背后不同部位的传感器分别施加相应的压力或拉力，把畸变的镜面形状立即纠正过来。这种新技术叫作“主动光学”。从此，反射镜再也不必造得那么厚、那么笨重了。

20 世纪 80 年代后期以来，人们开始尝试利用这些新技术来建造更大的光学望远镜。例如，美国于 1993 年建成第一架口径 10 米的“凯克望远镜”，其反射镜的面积接近 80 平方米，5 块这样的镜面几乎就可以盖满一个篮球场，而镜子的厚度却只有区区 10 厘米。1996 年，又建成了一模一样的第二架。它们分别称为“凯克 I”和“凯克 II”，其主镜各由 36 块直径 1.8 米的正六角形反射镜拼接而成。它们居当今世界已投入工作的口径最大的光学望远镜前列（仅次于口径 10.4 米的加那利大型望远镜），因其经费主要来自企业家凯克（W. M. Keck）创建的公司而得名。如今，这两架望远镜有如一对双胞胎，屹立在夏威夷海拔 4200 米的莫纳克亚山顶上。

图 3-5-8　屹立在夏威夷莫纳克亚山顶的天文望远镜“凯克 I”和“凯克 II”，海拔 4200 米（来源：NASA）

一些西欧国家联建的欧洲南方天文台，走的又是另一条路。它的“甚大望远镜”由4架相同的反射望远镜组成，每一架的口径都是8米，镜筒各重100吨。每一架望远镜可以分头独立使用，但是4架望远镜也可以联合起来，这时其聚光能力就与一架口径16米的反射望远镜相当了。

这些巨型望远镜乃是真正的庞然大物，因此人们将其比喻为望远镜家族中的“恐龙”。这些“恐龙”在计算机操纵下稳健地运转，行动既灵巧又准确，而且没有令人不悦的噪声。当天文学家把观测对象的位置——即坐标——通过计算机告诉这些“恐龙”时，它们便会自动指向观测目标，其精度竟能高达1角秒！

目前世界上口径8～10米级的望远镜为数已经不少，它们为进一步研制口径30～50米的望远镜积累了经验。例如，以美国和加拿大为主、包括中国在内的多国合作研制的“三十米望远镜”（简称TMT），主镜口径为30米，由492块1.4米的子镜拼接而成。此镜拟建在天文学家心目中的宝地——夏威夷的莫纳克亚山上，孰料在2015年4月，夏威夷原住民却展开了激烈反对该项目的活动。反对者认为莫纳克亚山是他们的圣山，是通往天堂之路，建设望远镜乃是对圣山的亵渎，而且还会污染山顶。同年12月，美国夏威夷州最高法院宣布撤销原先于2011年颁发的望远镜建造许可，其判决依据是：这项许可颁发过早，未能给抗议者们足够的机会表达诉求。直到2017年9月28日，夏威夷州土地和自然资源理事会才授予三十米望远镜新的施工许可。这样，美国计划投资14亿美元的这项计划暂时复活，预期21世纪20年代中后期可以竣工。

图3-5-9 欧洲超大望远镜（画面左侧）、欧洲甚大望远镜（画面中间，由4架相同的口径8米反射望远镜组成）以及古罗马斗兽场（画面右侧）的尺度大小比较（来源：http://www.eso.org/public/images/）

欧洲南方天文台正在研制的“欧洲超大望远镜”（简称ELT），起初计划口径42米，后来决定缩减为39.3米，镜面由798块直径1.4米的六边形子镜拼接而成，总的集光面积为978平方米。此镜的建设工程已于2017年正式启动，最乐观的期望是2024年“开光”，届时它将成为世界上最大的光学红外望远镜。它将坐落在智利的阿马索内斯山（Cerro Armazones），海拔3046米，望远镜的圆形穹顶直径达100米，相当于整个古罗马斗兽场的大小。

第六章
新的利器

眼睛看不见的光

在极其漫长的岁月里，人们仰望苍穹所看到的一切，就是天体发来的光。

人眼能够看见的光，称为可见光。古人从未想到，除了可见光以外，竟然还有眼睛看不见的光！

存在这类东西的最初迹象，是威廉·赫歇尔发现的。1800年，他利用温度计研究太阳光谱中不同颜色的热效应。很自然地，他认为如果把温度计放到光谱以外的地方，温度就不会升高了，因为那里没有可见的太阳光。然而，令他吃惊的是，当他把温度计刚好置于太阳光谱的红端外侧时，那里的热效应居然比光谱中的其他地方更加显著。原来，这里存在着某种比红光折射得更少的光线。它们被称为“红外辐射”，俗称“红外线”，人眼是看不见它们的。

再说，光不仅能对眼睛起作用，而且还能造成别的影响。例如，它能使氯化银分解出金属银，从而使白色的氯化银变黑。后来，这成了照相技术的基础。德国物理学家里特尔（Johann Wilhelm Ritter）发现，光谱紫端的光致使氯化银分解远比红端的光更有效。然而，他在1801年却惊奇地发现，把氯化银置于光谱紫端的外侧时，它竟然会分解得更快！就这样，里特尔发现了位于光谱紫端外侧的光线。它们比紫光折射得更厉害，称为“紫外辐射”，俗称“紫外线”。但是，我们的眼睛却对它很不敏感。

人类真正大幅度地扩展对于“光”的认识，肇始于苏格兰数学家詹姆斯·克拉克·麦克斯韦（James Clerk Maxwell）建立的电磁场理论。

人类真正大幅度地扩展对于“光”的认识，肇始于苏格兰数学家詹姆斯·克拉克·麦克斯韦（James Clerk Maxwell）建立的电磁场理论。他于1870年证明，电和磁这两种现象乃是“电磁场”这同一种东西的不同表现。他于1870年证明，电和磁这两种现象乃是“电磁场”这同一种东西的不同表现。他还证明，电磁场发生周期性的变化就会产生“电磁辐射”，即“电磁波”。而且，电磁波可以具有从比紫外线更短直到比红外线更长的各种波长。在这个极其宽阔的“电磁波谱”中，可见光只占了极小的一部分。

麦克斯韦是一位很重要的科学家。1831年，他出生于苏格兰首府爱丁堡的一户望族，是家中的独子，9岁时母亲因患癌症去世。他小时候在同学中的外号叫“傻瓜”，那是因为他很早就显示出了超群的数学才能。15岁时，他把一篇有关卵形线画法的出色论文提交爱丁堡皇家学会，许多人根本不敢相信它的作者竟然是个还未成年的孩子。

图3-6-1　一枚墨西哥邮票上的麦克斯韦像（右）和赫兹像（左）

1857年，麦克斯韦在天文学上作出了一项重要发现。当时，人们看到的土星光环是一个扁平圆盘，它似乎是一个整块，只是中间有一条卡西尼环缝。麦克斯韦却从理论上证明，假如光环真是一个固态或液态的整体，那么当它转动时，作用在它上面的引力和机械力就会使它碎裂。反之，倘若它由无数很小的固体碎块构成，那么从地球上看去它依然会像一整块固体，但这时它在力学上却很稳定。今天，飞临土星的宇宙飞船已经一再证明，麦克斯韦的理论完全正确。

麦克斯韦不足50岁就死于癌症。他没有孩子，但是有许多亲属。本书作者曾于1989年在爱丁堡皇家天文台做访问学者，暇时偕妻同往一位克拉克爵士家作客，而这位克拉克正是詹姆士·克拉克·麦克斯韦的近缘旁裔后代。克拉克爵士曾向我们展示一幅很大的织毯，上面画着其家谱树，其中包括不少名人，每人的名字旁边还各有一个头像，麦克斯韦当然也在其中。我随即打趣道："看来克拉克家总是诞生大人物。"主人的回答也极爽朗："不肖子孙都没有画上去。"

麦克斯韦去世不到10年，他的电磁理论就得到了有力的实验支持。1888年，德国物理学家赫兹（Heinrich Rudolf Hertz）已经能够产生和探测波长远远大于红外线的电磁辐射了。后来，人们称它们为"无线电波"。

1895年，德国物理学家伦琴（Wilhelm Conrad Roentgen）发现了一种前所未知的射线，故称其为"X射线"。为了确保自己没有弄错，伦琴在实验室里昼夜奋战6个星期，直到12月22日才将详情告诉夫人，并拉着夫人到实验室为她拍了第一张人手的X射线照片。1896年1月23日，伦琴作了首场关于新射线的公开报告。他讲完后，便征求志愿试验者。年近八旬的解剖学家与生理学家克利克（Rudolf Albert von Kölliker）欣然上前，伦琴当即给他的手拍摄了一张X射线照片。照片上显示出这位老人形状优美的手骨，狂热的欢呼和对X射线的兴趣随

1895年，德国物理学家伦琴（Wilhelm Conrad Roentgen）发现了一种前所未知的射线，故称其为"X射线"。

图 3-6-2 X 射线的发现者德国物理学家伦琴（1900 年）

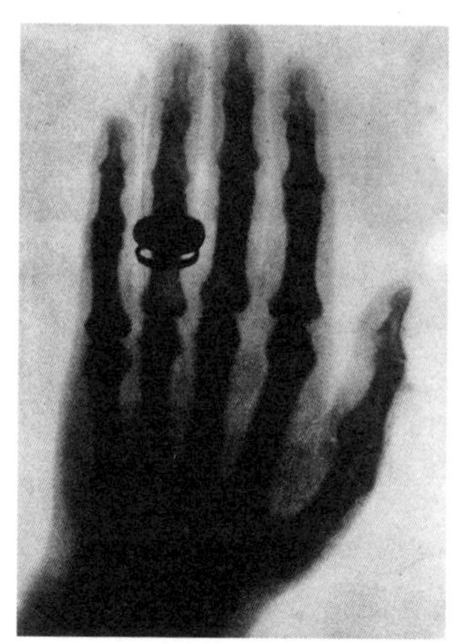

图 3-6-3 伦琴拍摄的第一幅 X 光照片，显示出他夫人的手骨

即席卷了欧洲和美洲。为此，伦琴于 1901 年成为诺贝尔物理学奖的首位得主。后来人们证实，X 射线乃是波长远小于紫外线的电磁辐射。

巴伐利亚国王意欲册封伦琴为贵族，但他不需要这种称号。他也不想靠 X 射线赢得金钱，甚至不想取得这项对科学技术和工业生产无比重要的专利。后来，美国大发明家爱迪生（Thomas Alva Edison）发明了 X 射线荧光屏，为了不致愧对伦琴，他也拒绝了申请荧光屏的专利。1923 年 2 月，在第一次世界大战造成的战后通货膨胀顶峰时期，78 岁的伦琴卒于慕尼黑，去世时极为潦倒。

伦琴发现 X 射线后，法国物理学家贝克勒尔（Antoine Henri Becquerel）紧接着于 1896 年发现了金属铀原子的放射性现象。

伦琴发现 X 射线后，法国物理学家贝克勒尔（Antoine Henri Becquerel）紧接着于 1896 年发现了金属铀原子的放射性现象。后来，人们查明有一部分放射性辐射乃是某种形式的电磁波，它们的波长甚至比 X 射线更短。这就是所谓的“γ 射线”。

大气的“窗口”

光是一种波，一种电磁波。它的波长非常小，度量时要以纳米为单位。一纳米就是十亿分之一米，过去曾称为毫微米。光谱极紫端的波长略小于400纳米，极红端的波长则稍大于700纳米，最短波长差不多正好是最长波长的一半。如果与声乐中的音高相类比，那么可以说它们几乎相差一个八度。

20世纪前期，人们已经知道：从波长最短的γ射线开始，经过X射线、紫外线、可见光、红外线，直到无线电波，整个电磁波谱的宽度跨了好几十个八度，而全部可见光只占其中的一个八度而已。

地球大气会吸收、反射和散射来自天体的电磁辐射，致使大部分波段的天体辐射无法到达地面。能够穿透大气层的波段范围，常被形象化地称为“大气窗口”。这种“窗口”主要有三个。第一个是“光学窗口”，即可见光和一小部分近紫外辐射。第二个是“红外窗口”，它实际上又由互相隔开的许多“小窗口”构成。第三个是“射电窗口”。在天文学中，来自天体的无线电波通常称为“射电波”。地球大气在射电波段有少量吸收带，但对波长40毫米到30米的宽阔波段则几乎完全透明。通常，射电波段即指从1毫米到30米的波长范围，其中波长最短的那部分称为“微波”，波长范围约从1毫米到50厘米。

光学天文望远镜可以使我们看见比仅用肉眼观测更远、更暗的天体。

光学天文望远镜可以使我们看见比仅用肉眼观测更远、更暗的天体。但光学望远镜只能接收可见光，仅靠它来推断天体的状况，势必会有片面性。20 世纪 30 年代射电天文学的诞生，使人类第一次摆脱了这一窘境。

1931 年至 1932 年，美国贝尔实验室的无线电工程师央斯基（Karl Guthe Jansky）在研究短波无线电长途通信所受的干扰时，偶然发现了来自银河系中心方向的无线电波。人们通常将此作为射电天文学诞生的标志。央斯基本人并没有继续研究这门学科，他最感兴趣的不是宇宙，而是工程。1950 年，央斯基因心脏病不治身亡，年仅 45 岁。

图 3-6-4 贝尔实验室的无线电工程师卡尔·央斯基，他被认为是射电天文学的鼻祖（来源：NRAO）

在第二次世界大战中，飞机是一种关键性的武器。1940 年 9 月，强大的德国空军疯狂地扑向伦敦。在数量上远不如敌人的英国皇家空军奋起抗击，并在不久前刚研制成功的秘密武器——雷达的帮助下大败德军。希特勒（Adolf Hitler）只知道狂轰滥炸，却不明白应该去摧毁雷达站。结果就有了丘吉尔（Winston Leonard Spencer Churchill）留下的那句名言："在人类战争史上，如此以强凌弱而强者又如此惨败的先例那是从来也没有过的。"

微波技术因与雷达密切相关而迅速发展，这为研制探测天体射电波的设备——性能不断改善的射电望远镜——铺平了道路。射电望远镜往往能观测到在可见光波段见不到的现象，而且可以不受昼夜阴晴的限制进行全天候的观测（只有波长最短的微波除外），这导致了 20 世纪 50 年代以来射电天文学的突飞猛进。

射电望远镜中直接用于接收天体射电辐射的是它的天线，其功能有如光学望远镜中的主镜。大型射电望远镜的天线主要有两种形式：固定的和全可动的。20 世纪 60 年代初，美国建成了口径 305 米的阿雷西博射电望远镜，长达半个世纪之久，它一直是世上口径最大的固定式射电望远镜。然而，这项世界纪录在 2016 年被打破了。固定式射电望远镜的下一位世界冠军属于中国，它就是坐落在贵州省平塘县“大窝凼”洼地的“500 米口径球面射电望远镜”（简称 FAST），其接收天线的面积有 30 个足球场那么大，国人亲切地称呼它为“中国天眼”。FAST 的综合性能要比阿雷西博射电望远镜提高约 10 倍。至少在未来二三十年中，它将一直保持世界一流设备的地位。

射电望远镜中直接用于接收天体射电辐射的是它的天线，其功能有如光学望远镜中的主镜。

坐落在贵州省平塘县“大窝凼”洼地的“500 米口径球面射电望远镜”（简称 FAST），其接收天线的面积有 30 个足球场那么大，国人亲切地称呼它为“中国天眼”。

贵州省群山之间的许许多多喀斯特洼地，就像一只只敞口的巨大圆锅，为建造特大型固定式射电望远镜提供了天然的方便。在那样的圆形“大锅”中建造 FAST，可以大大减少土方

图 3-6-5 坐落在中国贵州省平塘县大窝凼喀斯特洼地的“中国天眼”——500 米口径球面射电望远镜（即 FAST）航空摄影照片（FAST 工程办公室提供）

工程，节省经费开支，降低技术难度。最后定址在大窝凼洼地，一个重要因素是那里的无线电环境十分宁静，几乎没有任何干扰。FAST 工程于 2008 年 12 月举行奠基典礼，2011 年 3 月 25 日正式开工建设。2016 年 9 月 25 日落成启用时，习近平总书记专门发来了贺信。

图 3-6-6 中国科学院国家天文台的南仁东研究员是 FAST 项目的发起者及奠基人，也是此项目的首席科学家兼总工程师（FAST 工程办公室提供）

FAST 工程由中国科学院国家天文台主持，全国 20 余所大学和研究所的科技骨干协力合作。这项工程的发起者及奠基人，是中国科学院国家天文台的南仁东研究员。作为项目的首席科学家、总工程师，他自 1994 年起，用生命最后 22 年的全部智慧、精力与热情，让中国睁开了领先世界的“天眼”。而他自己却因患肺癌，于北京时间 2017 年 9 月 15 日 23 点 23 分永远闭上了双眼，享年 72 岁。同年 11 月 17 日，中共中央宣传部追授他“时代楷模”荣誉称号——中国共产党第十九次全国代表大会召开以来的第一位“时代楷模”。12 月 8 日，在人民大会堂举行了由中宣部、科技部、中国科学院、中国科协、贵州省委联合主办的南仁东先进事迹报告会。不忘初心，淡泊名利，用坚定的毅力追逐梦想，把一个朴素的想法变成了国之重器，南仁东的精神令无数人为之动容。

目前世界上最大的全可动单天线射电望远镜，是美国格林班克射电天文台的口径 100 米 ×110 米射电望远镜，它的天线截面不是一个正圆，而是在一个方向长 110 米、另一个方向长 100 米。

目前世界上最大的全可动单天线射电望远镜，是美国格林班克射电天文台的口径 100 米 ×110 米射电望远镜，它的天线截面不是一个正圆，而是在一个方向长 110 米、另一个方向长 100 米。但人们为了方便，也常称它为格林班克口径 100 米射电望远镜。

在红外窗口，美国加州理工学院的几位天文学家于 1965 年用一架简易的红外望远镜，发现了美籍华人天文学家黄授书在 4 年前预言存在的红外星，这是红外天文学的重要里程碑。黄授书生于 1915 年，1947 年赴美，是一位颇有国际声望的学者。1977 年，他来华讲学，其演讲风格严谨而诙谐，在谈及日常生活时甚至会满脸认真地自称“老光棍”。不料几天之后，他就因心脏病突发卒于北京。

为了观测大气窗口以外的天体辐射，必须将观测仪器送到地球大气层外，或者至少送到大气很稀薄的高空。20 世纪中叶空间时代的到来，为天文望远镜或天文台进入太空提供了前所未有的机遇。

把望远镜送上天

几千年来，天文观测经历了三次革命性的飞跃。第一次飞跃是从肉眼观星到利用光学天文望远镜观测天体，它以 17 世纪初伽利略发明天文望远镜为标志。第二次飞跃是从只能观测可见光进入到接收天体的射电波，它以 20 世纪 30 年代射电望远镜的诞生为标志。第三次飞跃是从地面观测上升到空间观测，它始于 20 世纪中叶空间时代的到来，以各种空间望远镜和空间天文台为主要标志，全波段天文学随之应运而生。

例如，1978 年发射上天的“国际紫外探测器”（简称 IUE），是第一个国际性的空间天文台，由美国、英国和欧洲空间局三方运营。其口径虽然只有 45 厘米，却标志着紫外天文学已趋成熟，并日渐取得可观的成果。

又如，1962 年 6 月，人们用装在火箭上的仪器检测到了来自银河系中心方向的 X 射线，X 射线天文学由此发端。1970 年 12 月 12 日，美国在肯尼亚成功发射了第一颗 X 射线天文卫星，那天正好是肯尼亚独立7周年纪念日，因而这颗卫星被命名为“乌呼鲁”——斯瓦希里语“自由”之意。

在20世纪后期，人类已经进入在整个电磁波的所有波段开展天文学研究的新时期，即“全波段天文学”时代。它使人们对许多天文现象的认识摆脱了瞎子摸象式的片面性。如今，各波段天文观测仪器的性能都在迅速提高，全波段天文学真是一派兴旺，前程似锦啊！

其实，即使对于可见光，将望远镜送入太空也具有重大的意义。由于大气折射、散射和抖动的影响，望远镜所成的星像会变得模糊不清。因此，一架地面光学望远镜的角分辨率若能达到1角秒，那就非常理想了。在地球大气层外，分辨率则有可能达到0.1角秒。

那么，0.1角秒的一个角究竟有多大呢？我们试想把一只圆蛋糕一角一角地越分越小，平分给整个北京市的人，那么每人分到的那一小块蛋糕的尖角大小差不多就是0.1角秒。对于许多悬而未决的宇宙之谜，高分辨率观测乃是寻求答案之关键。

1990年4月24日，美国用“发现号”航天飞机将总重量为11.6吨的哈勃空间望远镜（简称HST）送入高度约600千米的太空轨道。它是一架口径2.4米的光学望远镜，以杰出的美国天文学家哈勃（Edwin Powell Hubble）的名字命名。

1990年4月24日，美国用“发现号”航天飞机将总重量为11.6吨的哈勃空间望远镜（简称HST）送入高度约600千米的太空轨道。它是一架口径2.4米的光学望远镜，以杰出的美国天文学家哈勃（Edwin Powell Hubble）的名字命名。

1889年11月20日，哈勃出生于一个律师家庭，1910年肄业于芝加哥大学天文系。1914年前往叶凯士天文台，任该台台长弗罗斯特（Edwin Brant Frost）的助手和研究生，1917年获博士学位。威尔逊山天文台台长海尔很赏识哈勃的观测才能，遂建议他前往该台工作。然而，第一次世界大战爆发了，他应征入伍，随美军前往欧洲。1919 年 10 月，哈勃终于到达威尔逊山与海尔共事时，已经是而立之年了。

图 3-6-7　一生极具传奇色彩的美国天文学家埃德温·鲍威尔·哈勃

哈勃非常幸运，那时世界上最大的口径 254 厘米的反射望远镜刚在威尔逊山启用不久。借助于这架望远镜，他对天文学作出了三项非常重要的贡献，那就是：阐明旋涡星云的本质、确立星系分类体系，以及建立了表明整个宇宙正在膨胀的“哈勃定律”。他因此而被人们尊崇为“星系天文学之父”和“观测宇宙学奠基者”。1949 年末，帕洛马山的 5 米反射望远镜正式投入观测，哈勃又是它的第一位使用者。1953 年 9 月 28 日，哈勃因脑血栓去世。夫人尊重他的愿望：没有丧礼，没有追悼会，没有坟墓，铜骨灰匣埋葬在一个秘密的地方。

哈勃是一位十足的传奇式人物。他具有广泛的兴趣爱好，早在中学时代体育运动就很突出。他身高 1.88 米，英俊潇洒，篮球、网球、棒球、橄榄球、跳高、撑竿跳、铅球、链球、铁饼、射击等项目均成绩不俗。在芝加哥大学，他是一名闻名全校的重量级拳击运动员。在牛津大学王后学院修法律时，他是校径赛队员，还在一场表演赛中与法国拳王卡庞捷（Carpentier）交手，后者乃是世界重量级拳击冠军和 4 个级别的欧洲冠军，法国人视其为民族英雄。此外，哈勃还是一名假饵钓鱼能手。

哈勃是好莱坞明星们心目中的偶像。1937 年 3 月 4 日晚，美国电影艺术学会在洛杉矶举行年度颁奖仪式，该学会主席、奥斯卡奖得主、电影导演卡普拉（F. Capra）邀请哈勃夫妇做客，并向与会者介绍这位活着的世界上最伟大的天文学家。哈勃起立致意，全场掌声雷动。那时，驱车上威尔逊山天文台，一睹当时世界上最大的天文望远镜和哈勃本人的风采，成了明星们的时尚。当然，这种参观必须预约获准。

美国为了研制哈勃空间望远镜，耗资 20 亿美元。在研制过程中，曾出人意料地犯了一个低级错误，导致望远镜上天后进行天文观测时才发现光学系统聚焦不良。1993 年 12 月，美国国家航空航天局按既定计划，用“奋进”号航天飞机将 7 名宇航员送入太空，为哈勃空间望远镜进行首次太空检修。他们给这架望远镜装了一个矫正透镜——其作用犹如给人配上一副眼镜。望远镜修复后，角分辨率达到了 0.1 角秒，拍摄的天体照片质量极佳。国家航空航天局的一位主管人士说：它“修得比我们最大胆的梦想还要好”。

图 3-6-8 美国宇航员正在检修哈勃空间望远镜（来源：HST）

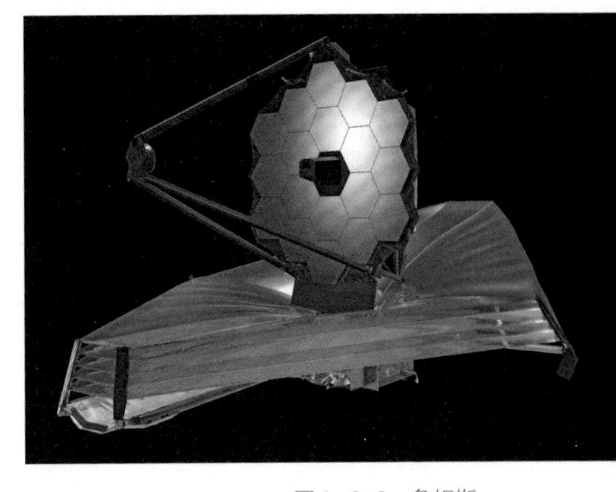

图 3-6-9　詹姆斯·韦布空间望远镜艺术形象图（来源：http://www.jwst.nasa.gov/images2/）

这样的太空检修，以及为望远镜更新辅助设备，此后又按计划几度实施。哈勃空间望远镜取得的全部观测资料，对整个国际天文学界产生了巨大的影响。而今它的“接班人”已经确定：美国、加拿大与欧洲空间局共同计划发射一架新一代的空间望远镜。此项目在 2002 年已被冠以美国国家航空航天局第二任局长詹姆斯·韦布（James Webb）的姓名，称为“詹姆斯·韦布空间望远镜”，简称 JWST。韦布在 1961 年至 1968 年的局长任期内，领导实施了阿波罗计划等一系列非常重要的空间探测项目。

韦布空间望远镜比哈勃空间望远镜更先进而廉价。一旦进入太空，它将如花瓣似地展开 6.5 米口径的拼接镜面。韦布空间望远镜的灵敏度将为哈勃空间望远镜的 7 倍，主要将在红外波段工作，因而通常被认为是一架空间红外望远镜。它带有一个巨型遮阳篷，可保证光学仪器和低温设备永远处于阴暗之中。韦布空间望远镜预期于 2021 年发射上天，至于它究竟会给人类带来怎样的新惊喜，且让我们拭目以待吧。

月球上的新“家”

空间望远镜造价高昂，而且还有许多技术问题尚待进一步解决。这就促使人们思索：怎样才能为天文望远镜找到一个比地面和空间都更好的基地？

20 世纪 80 年代以来，经过详尽的研究和论证，人们已经越来越清楚地认识到：这个令人向往的天文望远镜之“家”，

20 世纪 80 年代以来，经过详尽的研究和论证，人们已经越来越清楚地认识到：这个令人向往的天文望远镜之“家”，就是我们的月球！

就是我们的月球!

早在20世纪六七十年代之交，已经先后有6批共12名宇航员登上月球，在那里安置仪器，进行实验，并将采集到的月球岩石和土壤样品安全带回地球。把望远镜送上月球，在技术上并没有不可逾越的障碍。

以月球为基地的望远镜，称为“月基望远镜”，它有许许多多好处——

月球表面处于超真空状态，那里没有大气的干扰；

月球也像地球那样，是一个巨大、稳定、极其坚固的“观测平台”，因而可以使用在地球上采用的方式，解决月基望远镜的安装、指向和跟踪等问题。这要比太空中处于失重状态下的空间望远镜简单得多，造价也便宜得多；

月球表面的重力仅为地球表面重力的1/6，而且月球上绝对无风，因此任何巨大、笨重的仪器和建筑——包括巨型望远镜及其观测室，在月球上建造起来都要比在地球上更方便；

月球上的“月震”活动，强度仅为地球上地震活动的亿分之一，所以那里十分平静而安全；

地球每24小时自转一周，造成了天体的东升西落，所以很难长时间地跟踪观测同一个天体。月球大约每27天才自转一周，所以月球上每个白昼或黑夜差不多都有地球上的2个星期那么长，因而可以持续跟踪被观测目标达300多个小时之久；

前文刚刚谈到，地球上最大的固定式射电望远镜，是位于中国贵州省平塘县一个喀斯特山谷中的500米口径球面射电望远镜（即FAST），天然的地势正好成为支撑它那巨大身躯的依托。月球上有为数极多、大小各异的环形山，它们都很接近圆形，兼之那里全无风化作用，因而十分适宜安装口径大到几千米的巨型射电望远镜……

其实，到月球上去安置天文望远镜比发射空间望远镜难不了多少，而月球上的天文观测所能取得的丰硕成果却远非空间望远镜所能比拟。

月基望远镜的优越性远不止于此。问题是，人类怎样才能实现这项宏伟的计划呢？

科学家们有两种不同的意见。第一种是被动的“搭载”：在未来的岁月中，人类必然会大规模地开发月球，那时天文仪器可以作为繁忙的月球飞行的“乘客”，逐渐送往月球基地。必要时，天文学家可以亲自前往。

第二种意见是主动的“促进”。天文学为人类文明作出的巨大贡献有目共睹，而许多重大的天文学问题又有待月球上的天文仪器来探索和回答。天文学家是大规模开发月球的生力军，所以在开发月球的总体计划中，建造月基天文台应该占有重要的一席。

不管怎么说吧，21 世纪将是月基天文台从畅想变成现实的时代。到那时，安装在月球上的第一批望远镜也许就会向您的子孙后代发出盛情邀请：“欢迎光临，祝您观测成功！”

第四篇

远离太阳的地方

【题记】

天文望远镜问世以后，人类所知的太阳王国——太阳系的疆界，一而再、再而三地向外扩展。这是近代科学的伟大胜利，而且处处充满着诗意。

图 4-0　太阳系八大行星，自上往下依次为：水星、金星、地球（其右上侧为月球）、火星、木星、土星、天王星和海王星

第一章
新行星燃起的激情

天王星的发现

威廉·赫歇尔凭借他那些出色的望远镜，接二连三地作出了许多新发现。对公众最具吸引力的，是他发现了天王星。

1781 年 3 月 13 日夜间，威廉在巡天观测时，发现金牛座中有一颗 6 等星不是呈现为明锐的光点，而是有一个很小的圆面。他由此推测，这是一颗尚未长出尾巴的彗星。他随即在巴斯城文学和哲学学会的定期集会上报告了发现新天体的情况，并将文章送呈英国皇家学会。随后，威廉又一连跟踪观测了 4 夜，断定此星的位置相对于周围恒星已稍有变化。

不久，皇家天文学家马斯基林（Nevil Maskelyne）根据 4 月 1 日和 3 日的观测资料指出，该天体的行踪不像一般的彗星，它很有可能是一颗行星。4 月 26 日，威廉应邀在英国皇家学会宣读关于发现新天体的论文。8 月，包括旅俄瑞典天文学家莱克塞尔（Andres Johan Lexell）和法国的拉普拉斯（Pierre Simon Laplace）在内的几位大师不约而同地计算出该天体的轨道，并确认它是位于土星以外的一颗新行星。12 月，

图4-1-1　1981年是天王星发现200周年，许多国家都发行了纪念邮票。马里共和国这张邮票上不仅有天王星的发现者赫歇尔的肖像，还画出天王星自转轴的极度倾斜以及其直径与地球直径之比

皇家学会以全票通过选举威廉为皇家学会会员。

事实上，这颗星的亮度足可让肉眼勉强看见。在威廉·赫歇尔之前，它至少已被天文学家观测到17次，并一一记录在案，但每次都被误认为恒星而放过了。最早的一次是首任英国皇家天文学家弗拉姆斯蒂德在1690年记录的，他把这颗星标记为金牛座34。

在赫歇尔以前，天文学家并没有理由要特别注意这颗不起眼的暗星。正是赫歇尔，用他那架虽然不大——口径15厘米、长2.1米——但是非常出色的反射望远镜，看清了它有一个小圆面，而且夜复一夜地跟踪它，直至最终弄清其行星本质。所以，赫歇尔应该享有新行星发现者的殊荣。

按照发现者可以为新天体命名的惯例，赫歇尔致函皇家天文学会，建议将新行星命名为“乔治星”，以表达对英王乔治三世的尊敬。英国天文学家提议称它为“赫歇尔”，以示对发现者的敬意。但是其他国家的天文学家宁愿遵循用神话人物命名天体的传统。德国天文学家波得（Johann Elert Bode）建议用天神优拉纳斯（Uranus）来命名它。由于战神马尔斯（火星）的父亲是大神朱庇特（木星），朱庇特的父亲是农神萨都恩（土星），萨都恩的父亲又是天神优拉纳斯，所以从地球往太阳系远方的行星走去，就成了顺着众神的家谱一代代地往上追。这非常有趣，波得的提议遂被采纳。在汉语中，这颗新行星按意译定名为天王星。

《初读查普曼译荷马》

人类有史以来破天荒发现了一颗比土星还要远一倍的新行星，在社会公众中激起了巨大的热情。值得注意的是，那时的世界是如此多彩而动荡：1763 年七年战争结束，1764 年瓦特（James Watt）的蒸汽机问世，同年或翌年（清朝乾隆二十九年或三十年）曹雪芹留下未完成的《石头记》撒手人寰，1774 年法国国王路易十六即位，1776 年北美十三州发表独立宣言，1778 年英国航海家库克船长（James Cook）发现夏威夷群岛，1781 年赫歇尔发现天王星，1782 年中国修成《四库全书》，1783 年英国承认美国独立，1789 年法国大革命，1790 年美国建都华盛顿……

人类有史以来破天荒发现了一颗比土星还要远一倍的新行星，在社会公众中激起了巨大的热情。

这时，英国接连出现了三位英年早逝的浪漫主义大诗人：拜伦（George Gordon Byron）生于 1788 年，36 岁病逝；与他齐名的雪莱（Percy Bysshe Shelley）生于 1792 年，30 岁时驾舟遇难身亡；济慈（John Keats）生于 1795 年 10 月 31 日，卒于 1821 年 2 月 23 日，终年尚不足 26 岁，他因照料患肺结核的弟弟而染上肺病，曾几次咯血，终至不治谢世。他死后，雪莱写了挽诗，诗中称赞济慈：

> 他本是“美”的一部分，而这美啊
>
> 曾经被他体现得更可爱。

济慈擅长描绘自然景色，作品诗中有画。

图 4-1-2 英国著名浪漫主义诗人约翰·济慈去世后的肖像画（约 1822 年），画家威廉·希尔顿（William Hilton，1786—1839）作，英国国家肖像馆藏

1817年，他在雪莱帮助下出版了第一本诗集《诗歌》，其中包括诗人第一首成熟的诗作——被视为英国诗歌精品的十四行诗《初读查普曼译荷马》：

我游历过很多金色的地方，
看过许多美好的国家和王国；
到过诗人们向阿波罗
效忠的许多西方的岛屿。
有人时常告诉我眉额深邃的荷马
以广阔的太空作为他统治的领地，
可是直到我听查普曼大声地说出，
我从未体味到它的纯洁与明净；
于是我感到宛如一个瞭望天空的人，
正看见一颗新的行星映入他的眼帘；
或者像魁伟的科尔特斯用如鹰的眼睛
瞪视着太平洋——所有他的伙计
都怀着狂野的猜测，大家面面相觑——
在德利英的一座高峰上寂然无声。

诗中接连用了两个极富科学色彩的比喻——赫歇尔发现天王星和科尔特斯（Hernán Cortés）看见太平洋，来表达初读查普曼译作时极端惊喜的心情。用科学史的眼光审察，则可以饶有兴味地看到：前一个比喻用得绝妙，后一个却有点问题。

赫歇尔发现遥远的新行星，使人们所知的太阳系尺度一举加了倍。人们的激情历久不衰，正是35年之后济慈还用看见一颗新行星来形容惊喜不已的原因。

《初读》诗中的后一个比喻，是说欧洲人首次在美洲见到太平洋时无以复加的激动心情。但是，科尔特斯却非第一个见到东太平洋的欧洲人。他生于1485年，卒于1547年，是西班牙向美洲扩张时代的墨西哥征服者。1519年科尔特斯率兵从古巴出发，侵入特诺奇蒂特兰城（今墨西哥城），1521年灭阿兹特克帝国，把征服地区称为“新西班牙”。次年，他被西班牙国王任命为新西班牙统领。

在此之前的1513年，西班牙探险家巴尔沃亚（Vasco Núñez de Balboa）为寻找黄金组织了一支远征队，从巴拿马的大西洋沿岸向内陆进发，于同年9月7日到达狭窄的巴拿马地峡的另一边，从而成为首先发现太平洋东端的欧洲人。不过，他发现的并不是黄金。他被从殖民地首领的位置上撤下来，并因敌人的诬告和伪证被判有罪，最后上了断头台。

不管怎么说，巴尔沃亚当时的心情理当比其后的科尔特斯更加激动和惊喜，不过济慈想到的不是他。

碰巧，赫歇尔正好在济慈写《初读》的那年——1816年被授予爵位。他比济慈年长57岁，却比济慈晚1年去世。赫歇尔活了84年，这恰好等于天王星的公转周期。

天卫引起的风波

1787年，威廉·赫歇尔发现了天王星的两颗卫星。很长时间之后，他的儿子约翰·赫歇尔才为它们取了名字：奥白龙（Oberon）和泰坦尼亚（Titania）——他们不是古典神话人物，而是莎士比亚名剧《仲夏夜之梦》中的仙王和仙后。此后，它们被重新排行为天卫四和天卫三。

赫歇尔后来又先后宣布，他还发现了另外6颗天卫。其中的两颗，现在认为大概就是埃里厄尔（Ariel）和翁布里厄尔（Umbriel）——以杰出的英国讽刺诗人蒲柏（Alexander Pope，1688—1744）诗中的仙女命名，后来分别称为天卫一和天卫二。赫歇尔说那6颗天卫中的另外4颗，1颗在天卫三内侧，1颗在天卫三和天卫四之间，2颗在天卫四外侧。

人们信奉赫歇尔的权威，天卫的总数一时间成了8颗。很少有人重新搜寻它们，约翰用他父亲的望远镜搜索也未找到它们的踪影。

1851年10月24日，拉塞尔正式开始用一架60厘米的反射望远镜搜索天王星的卫星，当晚就抓到两名“嫌疑犯”。11月3日，他确定它们真是新的天卫，并成功地定出了它们的公转周期。

威廉·赫歇尔当初宣称用一架口径47厘米的反射望远镜发现了天卫一和天卫二。约翰·赫歇尔在《天文学纲要》中坚持说“天卫一和天卫二是威廉·赫歇尔发现的”。拉塞尔于1865年反驳道：“天卫一离天王星的最大角距仅13″，天卫二仅18″，因此威廉·赫歇尔的望远镜是观测不到的。”

1874年，美国天文学家霍尔登（Edward Singleton Holden）详细研究了过去的记录和资料，认为天卫一和天卫二确实是老赫歇尔首先发现的。对此，拉塞尔发出了抗议信：“您的结论错了。若是赫歇尔发现并确定了它们的正确位置，那么，在我发现之前的半个世纪间，谁也没能观测到又该作何解释呢？这两颗卫星是我发现的。我没有助手帮我确认它们，这样就说我自吹自擂，那真是冤枉。此外，我没有别的抗议办法。”

弗拉马利翁立即支持拉塞尔。但是，直到 1949 年人们尚未最终认可拉塞尔的发现权。针对这种局面，对天卫运动轨道深有研究的天文学家哈里斯（Harris）指出：“决定性地最早明确了天卫一和天卫二存在的是拉塞尔；从而在拉塞尔之前无论有多少观测，在确定发现者时均无关注的价值。”

这使我们回忆起，最早观测到天王星本身的是弗拉姆斯蒂德，最早确定其运动轨道的是莱克塞尔，但大家都认为这颗行星的发现者是威廉·赫歇尔。可见，确定新天体的发现权往往并不是简单的事情。

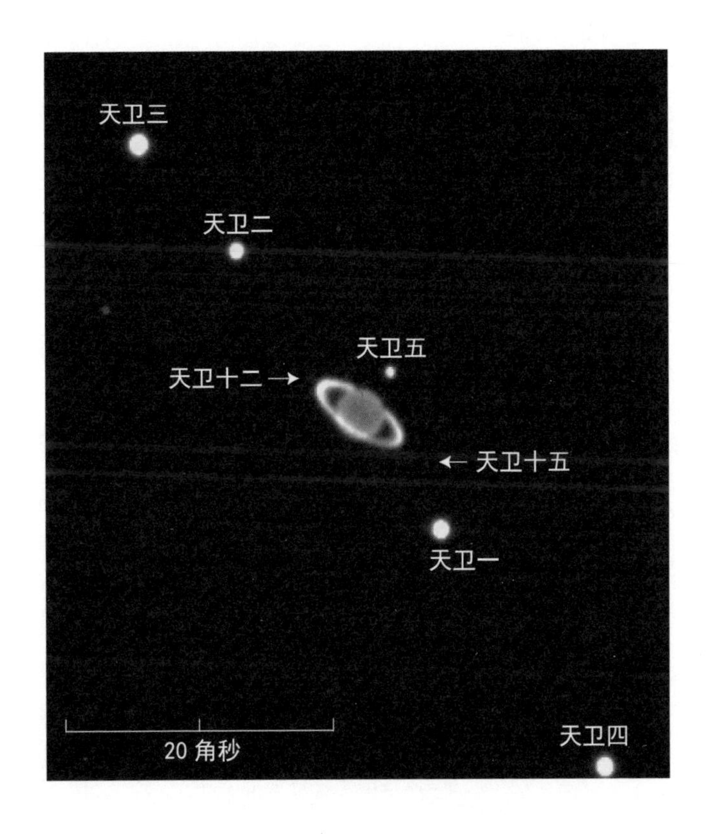

图 4-1-3　天王星及其环带和几颗卫星

今天，人们公认前 5 颗天卫的大小、它们与天王星的距离、它们的发现日期和发现者是：

卫星	直径（千米）	与天王星距离（千米）	发现时间	发现者
天卫一	1160	191 000	1851 年 10 月 24 日	拉塞尔
天卫二	1170	266 000	1851 年 10 月 24 日	拉塞尔
天卫三	1520	436 000	1787 年 1 月 11 日	赫歇尔
天卫四	1580	583 000	1787 年 1 月 11 日	赫歇尔
天卫五	480	130 000	1949 年 2 月 16 日	柯伊伯

天卫五以米兰达（Miranda）命名，后者原系莎士比亚喜剧《暴风雨》中的人物——她是米兰的合法公爵普洛斯帕罗之女。发现者柯伊伯在前文中已屡次提及，后面介绍“柯伊伯带天体”时还将再次谈到他。

又一颗带环的行星

天王星周围的趣闻层出不穷。1977 年 3 月 10 日，天文学家们观测了天王星掩食一颗名叫 SAO158687 的恒星，这是间接地研究天王星大气的良好时机。要是天王星没有大气的话，那么当它从被掩恒星前方经过时，被掩恒星的星光就会陡然被天王星遮挡住。但是，实际上天王星是有大气的，所以在天王星本体切实遮掩这颗恒星以前，它的大气已经在渐渐遮掩此星，因而星光应该逐渐减弱。另一方面，在天王星本体从这颗恒星前方经过之后，被掩恒星重新开始露头之际，天王星的大气还会遮挡掉该星的部分星光，所以还要再过一段时间，被掩恒星的光辉才会复原如初。根据被掩恒星星光变化的规律，可以反过来推测天王星大气的具体情况。所有这些，均在天文学家的意料之中。

出乎意料的是：在天王星本体掩星之前几十分钟，人们就观测到了一些始料未及的“次掩”；在天王星本体掩星之后几十分钟，再次发生了另一些与此雷同的“次掩”。它们显然不是天王星大气造成的。精细的分析表明，造成这些“次掩”的乃是环绕着天王星的一组环。原来，天王星也像土星那样，“有环围绕”！

更令人吃惊的是，威廉·赫歇尔竟在180年前就觉得自己似乎看见了这颗行星的环，并画下一些图。后来，他又认为自

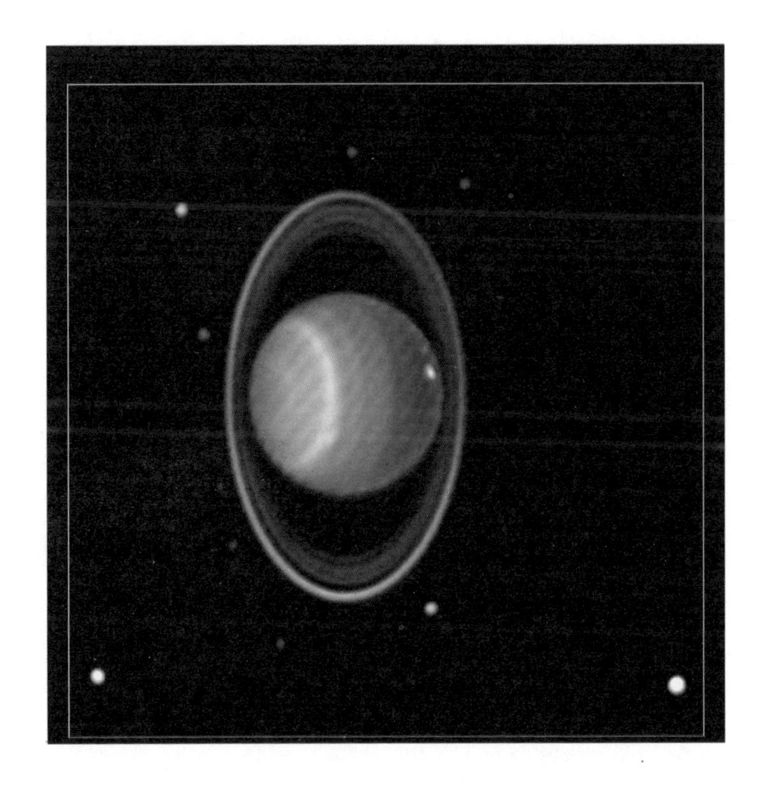

图4-1-4　在天王星周围，环绕着一组细细的环带（来源：NASA/HST）

己的视觉印象不一定真实，就未继续追究这一问题。为此，有人很替赫歇尔惋惜。但事实上，天王星环远不如土星环那么宽阔、明亮——所以天文学家宁愿把它们叫作“环带”，而不是称为“光环”。赫歇尔的望远镜根本不可能看见它。第一批天王星环带照片是用帕洛马山上的海尔望远镜在两个红外波段拍摄的。

1986年，“旅行者2号”宇宙飞船飞临天王星，不仅拍摄了它的环带照片，并且发现了10颗小小的新天卫，其中最大的是天卫十五——它以《仲夏夜之梦》中的“好人罗宾”蒲克（Puck）命名，直径才150千米。1997年，再度出乎人们意料，美国天文学家竟然又用年已半百的海尔望远镜发现了2颗小天卫，它们乃是地面望远镜所曾发现的最暗弱的卫星。据国际天文学联合会公布的资料，截至2021年4月21日，已发现的天卫总数为27颗，均已正式命名。

第二章
“迷你”行星

瞧这一串数字

宇宙中的天体离我们都非常遥远。最近的是月球，它与地球的平均距离是 384 400 千米。太阳是离地球最近的一颗恒星，与我们的平均距离是 149 597 870 千米。土星到太阳的距离大约是 1 426 980 000 千米，这是一个 10 位数，记忆不方便，写起来也挺麻烦。

宇宙中的天体离我们都非常遥远。最近的是月球，它与地球的平均距离是 384 400 千米。太阳是离地球最近的一颗恒星，与我们的平均距离是 149 597 870 千米。土星到太阳的距离大约是 1 426 980 000 千米，这是一个 10 位数，记忆不方便，写起来也挺麻烦。

于是，天文学家们想了一个好办法：换一把很大的“尺”来量度行星之间的距离，那就是“天文单位”，等于地球到太阳的平均距离那么长。孙悟空一个斤斗能翻出去十万八千里，可就是这位“齐天大圣”也得翻上 2770 个斤斗，才能翻出一个天文单位那么远！用天文单位来丈量那些古已知之的行星到太阳的距离，结果如下表：

用天文单位来丈量那些古已知之的行星到太阳的距离。

古老行星到太阳的距离（天文单位）			
水星	0.387	（？）	（？）
金星	0.732	木星	5.20
地球	1.000	土星	9.54
火星	1.520		

表中的这个问号，正是本章谈论的主题。

1766年，德国科学家约翰·丹尼尔·提丢斯（Johann Daniel Titius）发现，如果写下这样一串数字：3，6，12，24，48，96，其中每个数字都是前一个数字的两倍；在这串数字的最前面添上一个0，再将每个数字都加上4，然后各除以10，最后就得到：

0.4，0.7，1.0，1.6，2.8，5.2，10.0

图4-2-1　首先提出“提丢斯—波得定则”的德国学者约翰·丹尼尔·提丢斯（来源：Wikipedia）

把它们与上述行星到太阳的距离比较一下，马上可以发现，两组数字非常接近。提丢斯本人没有宣扬自己的发现，1772年25岁的德国天文学家波得重新介绍了这一规律，方始引起人们的重视。后来，大家就称它为“提丢斯—波得定则”。

提丢斯1729年生于普鲁士的科尼茨（今波兰的霍伊尼斯），他较威廉·赫歇尔年长9岁，1756年起任维滕贝格大学教授，直到1796年去世。他不露声色地将自己发现的行星距离规律夹杂在他的一部译作中，外人遂误以为那是原著者的论述。直到1772年，他才在译本第2版中以译者注的形式予以说明。

波得1747年生于汉堡，较威廉·赫歇尔年轻9岁。1766年，提丢斯发现行星距离定则时，波得还不到20岁，但已经在写天文学教科书了。1801年，他刊布了一部《天象图说》，

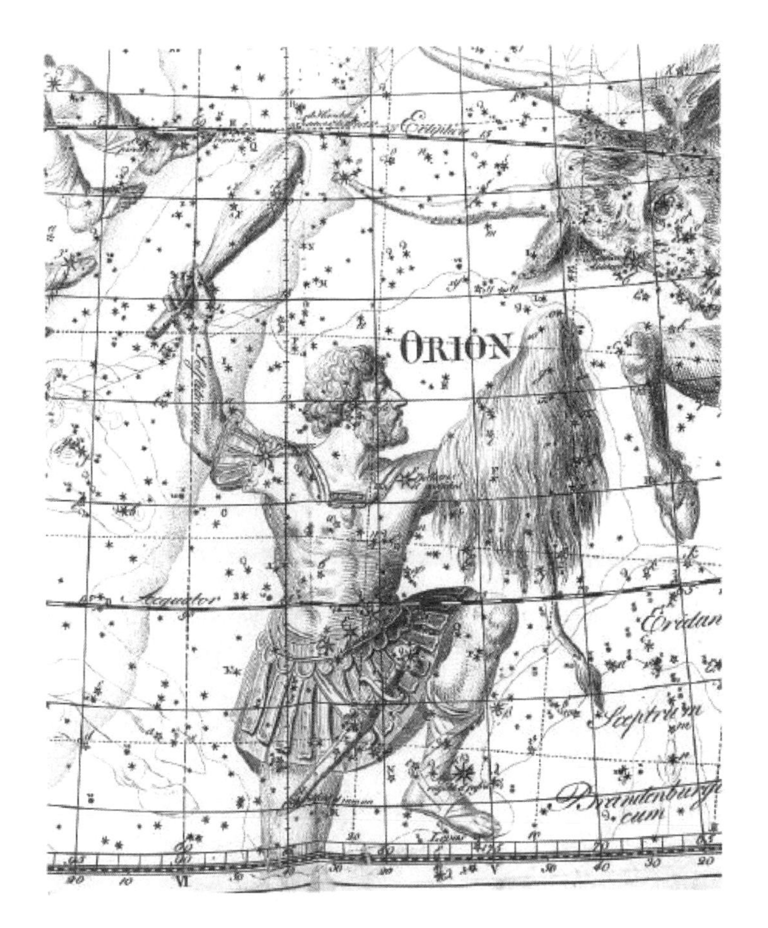

图 4-2-2　德国天文学家波得是著名的星图制作者，这是他绘制的猎户座星图

其中首次系统地划定了星座边界。他从 1786 年到 1825 年担任柏林天文台台长，并先后当选多个国家的科学院院士或皇家天文学会会员。

提丢斯—波得定则问世不久，赫歇尔发现了天王星。利用这条定则，可以估算天王星与太阳的距离：在开始那串数字的最后再添上一个 192，它等于 96 的两倍；然后也将它加上 4，再除以 10，最后得到 19.6，这与天王星到太阳的真实距离 19.2 天文单位几乎完全一致！

缉拿小行星

提丢斯—波得定则的“灵验”使许多天文学家相信，上面那张表中打上问号的地方必定还有一颗尚未发现的行星，它到太阳的距离应该是 2.8 天文单位。有趣的是，开普勒早在将近 200 年前就感觉火星与木星之间的空缺太大，那里也许还有一颗行星，只是它太小了，所以未被人们看见。

于是，波得促成一群德国天文学家——人称“天空警察”——联合执勤，以便彻底巡查，“缉拿”这颗尚未“归案”的行星。正当他们积极准备的时候，意外的消息传来了：意大利天文学家皮亚齐（Giuseppe Piazzi）已经有所发现。

皮亚齐生于 1746 年，早年受过哲学训练，后半生从事数学和天文学工作。他为在西西里岛上的巴勒莫市筹建一座天文台而到法国和英国考察。在拜访威廉·赫歇尔时，不慎从那架大型反射望远镜的梯子上摔下来，跌断了一条胳膊。

1801 年元旦之夜，皮亚齐在巴勒莫天文台系统地观测恒星。金牛座中一颗从未见过的星引起了他的注意。第二天，这颗星已经逆行了 4 角分，经过 1 月 12 日的“留”，然后变为顺行。它的运动比火星慢得多，又比木星快得多，因此它很可能位于火星和木星之间。

皮亚齐写信把这事告诉了波得。到 2 月 11 日，这颗星在天空中已经很接近太阳，再也无法观测了。在这 42 天间，它只绕着太阳转过了 9°，要确定其轨道真是不容易。

幸好，这时 24 岁的高斯（Johann Carl Friedrich Gauss）创立了一种方法，根据很有限的观测资料推算出了此星的轨道：

它的公转周期是 4.6 年，到太阳的距离是 2.77 天文单位，与提丢斯—波得定则的计算结果 2.8 天文单位恰好相符。这是一颗新的行星，但它的个头太小，直径还不足 1000 千米——不及北京与上海两地的直线距离，故称为“小行星”。根据皮亚齐的提议，这颗小行星被命名为“谷神星”。在古罗马神话中，这位女性谷神名叫“塞雷斯”（Ceres），相传是西西里岛的保护神。

图 4-2-3　矗立在德国不伦瑞克市的高斯纪念雕像

对于这颗小行星的发现，高斯功不可没。他是历史上最伟大的数学天才之一，1777 年出生于德国的不伦瑞克，3 岁时已能纠正父亲的计算错误，毕生科研硕果累累。据说在他 30 岁那年，有一次正在全神贯注地工作，有人告诉他，他妻子快死了，他却抬起头来喃喃地说：“请告诉她等一会儿，让我干完了。”高斯卒于 1855 年，死后不伦瑞克市竖起了他的雕像，其底座是一个正 17 边形，以纪念他发明用圆规和直尺作出正 17 边形的方法。

谷神星给天文学家带来了喜悦，但是下一年，又一颗小行星的发现却造成了人们的困惑。

德国天文学家奥伯斯（Heinrich Wilhelm Matthus Olbers）本是一名内科医生，但他却把寓所顶层变成了一座天文台，在天文观测中度过一个又一个夜晚。高斯计算出谷神星的轨道后，奥伯斯重新在天空中找回了这个小天体。1802 年 3 月 28 日，他又发现了第 2 号小行星“智神星”（Pallas），其公转轨道与谷神星非常相似。1804 年 9 月 1 日，另一位德国天文学家哈丁（Karl Ludwig Harding）发现了第 3 号小行星“婚神星”（Juno），它距离太阳比谷神星和智神星稍近一些：不是 2.77 天文单位，而是2.67天文单位。1807年3月29日，奥伯斯又发现了第4号小行星“灶神星”（Vesta）。

此后有38年之久，小行星家族中未能再添新的成员，许多人的热情减退了。但是，柏林有一位名叫亨克（K. L. Hencke）的邮政局长，在漫长的15年中，把全部业余时间都花在搜寻新的小行星上。虽然每个晚上带来的总是失望，但他从不灰心。终于，在1845年12月，他发现了第5号小行星。后来亨克称它为“义神星”（Astraea）。两年后，他又发现了第6号小行星“韶神星”（Hebe）。

小行星的世界

以后的发现就越来越多了，1868年确定的小行星已经达到100颗，1879年达到200颗，1890年达到300颗。

1891年12月22日，德国海德堡天文台的马克西米利安·沃尔夫用照相方法发现了一颗新的小行星——第323号“布鲁西亚”（Brucia）。照相观测要比直接用眼睛观测更方便，而且效率也高得多：让大视场望远镜准确地跟踪恒星，以足够长的曝光时间拍摄一大片天空，这时恒星的像呈现为一个个明锐的光点，小行星却因自身相对于恒星背景的移动而呈现为一段短线。因此，从1892年以来，就不再有天文学家用肉眼寻找小行星了。沃尔夫创造了奇迹，他一人就发现了231颗新的小行星。1910年，他用照相方法寻觅哈雷彗星回归，并成了首先找到它的人。后来，有两颗小行星以他命名：第827号“沃尔夫安娜”和第1217号“马克西莲娜”。

也许您会觉得奇怪：这些小行星的名字何以如此女性化？

其实，最初命名小行星时确实都是用女神的名字。如果用到其他名字，也要首先将其女性化。后来，逐渐有人用男性名字来称呼那些特殊的小行星。再后来，大家对于小行星的“性别”就不很在意了。为了纪念前面提到的那些人物，第998号小行星被命名为“波得”，1000号小行星被命名为“皮亚齐”，1001号为“高斯”，1002号为“奥伯斯”。后来，第1998号小行星被命名为“提丢斯”，与“波得”恰好相差整整1000号。当然，这乃是故意安排的。

绝大多数小行星的轨道半长径都在2.1到3.5天文单位之间。若以太阳为圆心，以2.1和3.5天文单位为半径各画一个

绝大多数小行星的轨道半长径都在2.1到3.5天文单位之间。若以太阳为圆心，以2.1和3.5天文单位为半径各画一个圆，如此就构成一个圆环。这个环称为小行星的“主带”。

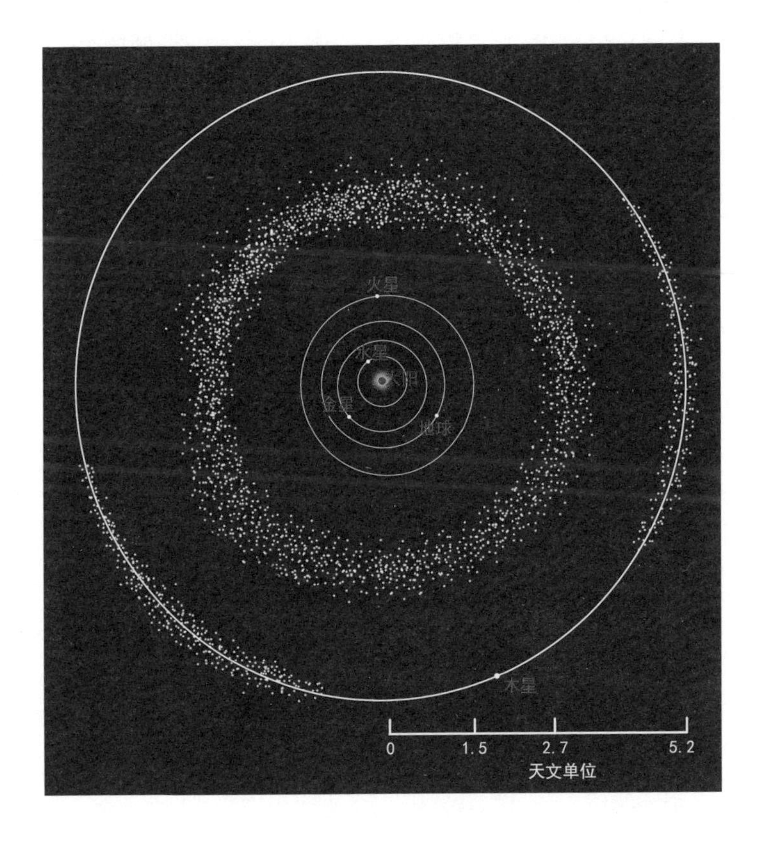

图4-2-4　多数小行星位于距离太阳2.1—3.5天文单位的一个环状区域内，这一区域称为小行星的“主带”

圆，如此就构成一个圆环。这个环称为小行星的“主带”。

在所有的小行星中，智神星的大小仅次于谷神星，直径500余千米。但是，这么大的小行星为数极少。例如，1949年发现的1566号小行星“伊卡鲁斯”（Icarus），直径仅1500米左右，只相当于一座不很大的山。伊卡鲁斯原是希腊神话中的一个孩子，与父亲代达勒斯（Daedalus）一起被囚禁于克里特岛的迷宫中。代达勒斯是一位旷世鲜有的巧匠，他用鹰羽、蜜蜡和麻线制成两对强有力的翅膀，大的那对给自己用，小的装在伊卡鲁斯肩上。他们就这样远走高飞，逃出了迷宫。代达勒斯叮嘱他的孩子切不可飞得太高，以免靠近太阳。可是，伊卡鲁斯获得自由后太高兴了，他忽而低掠海面，忽而高翔空中。最后，他飞得太高了，灼热的太阳光熔化了他双翼上的蜜蜡。失去翅膀的伊卡鲁斯坠入大海，后来人们就把这块水域称做伊卡鲁斯海。1566号小行星命名为伊卡鲁斯的原因，正是由于在当时所知的全部小行星中，它能够跑到离太阳最近的地方。后来，第1864号小行星被命名为“代达勒斯”。

有趣的编号和命名

这种“迷你”行星实在太多了，必须加强管理。任何人发现有可能是新小行星的天体，都应该先通报国际天文学联合会的小行星中心，这时新天体将获得一个临时编号：由观测年份加上两个大写英文字母组成，第一个字母（从A依次到Y，除去I不用）表示它是在哪半个月发现的，第二个字母（从A到Z，除去I不用）表示它是这半个月中的第几宗发现。例如，

1965YN 表示 1965 年 12 月下半月中发现的第 13 颗小行星。某半个月中的第 25 宗发现用 Z 标记，接着还可以再循环使用字母 A、B、C……即第 26 宗发现记为 A1，第 27 宗记为 B1，直到第 50 宗记为 Z1；再往下，第 51 宗发现记为 A2，第 52 宗记为 B2……第 75 宗为 Z2；第 76 宗为 A3，第 77 宗为 B3，等等。于是，1995SA10 就代表 1995 年 9 月下半月中的第 251 个发现。

然后，必须计算出这颗小行星的轨道，并切实观测到它的另外两次回归——两次冲日，这时才能正式编号，发现者才可以正式为它取名。例如，经过 20 年的努力，终于确认上述 1965YN 就是 1955DA 和 1975SD，于是国际天文学联合会小行星中心就给它一个正式编号 2197，紫金山天文台作为发现者则将其命名为“上海”。

中国天文学家发现了许多小行星，其中第一颗是张钰哲早年留学美国期间，于 1928 年在叶凯士天文台实习时发现的。为了表达对祖国的眷念，他把这颗小行星命名为“中华”，编号是 1125 号。为了表彰张钰哲在研究小行星方面的贡献，美国天文学家发现的第 2051 号小行星已遵照发现者的意愿被命名为“张”。

中华人民共和国成立后，紫金山天文台发现了许多新的小行星。它们有的以中国古代科学家命名，例如 1802 号“张衡”、1888 号“祖冲之”、2012 号“郭守敬”、2027 号“沈括”；有的用我国的地名命名，例如 2045 号“北京”、2078 号“南京”、2169 号“台湾”等；也有不少以现代人物或事物命名，例如 3405 号小行星以我国老一辈著名天文学家“戴

中国天文学家发现了许多小行星，其中第一颗是张钰哲早年留学美国期间，于 1928 年在叶凯士天文台实习时发现的。为了表达对祖国的眷念，他把这颗小行星命名为“中华”，编号是 1125 号。

图 4-2-5　82 岁时的张钰哲先生（来源：紫金山天文台《张钰哲先生百年诞辰纪念文集》）

文赛”命名，他从 20 世纪 50 年代初就任南京大学天文学系主任，直至 70 年代末病逝，始终深受全系师生的尊敬与爱戴。3704 号小行星被命名为“高士其”，意在纪念这位身残志坚、对我国科普事业有突出贡献的科学家。紫金山天文台发现的 8256 号小行星于 2005 年 3 月 17 日被命名为“神舟”；与此同时，由欧洲南方天文台发现的 21064 号小行星被命名为“杨利伟”。

20 世纪末，中国科学院北京天文台（今中国科学院国家天文台）利用施密特望远镜配上 CCD 开展巡天工作，大幅度地提高了发现新小行星的效率。

20 世纪末，中国科学院北京天文台（今中国科学院国家天文台）利用施密特望远镜配上 CCD 开展巡天工作，大幅度地提高了发现新小行星的效率。CCD 是 Charge-Coupled-Device（电荷耦合器件）的缩写，是 20 世纪 60 年代崭露头角的新型电子器件。其功能与照相底片有点相似，但比照相底片优越得多。它可以检测到非常微弱的光线，而且分辨率也很高。它可以把投射来的光学图像信号转变为电信号，直接输入电子计算机分析处理，经加工的信号又可重新转换为人们需要的光学图像。通常的摄像机或数码相机，都以 CCD 作为接收器件。把大型 CCD 接到天文望远镜的后端，便可取代天文照相底片，为天体录像。

通过这样的巡天，北京天文台和后来的国家天文台发现的小行星数量迅速上升，其中有不少已获正式编号，乃至正式命名。例如，1999 年 7 月，8315 号小行星以“巴金”命名；1999 年 10 月，7800 号小行星被命名为“中国科学院”，为院庆 50 周年志贺。2001 年 3 月 9 日，10930 号小行星命名为“金庸”。国际小行星中心发布通告介绍说：金庸是 15 部著名武侠小说的作者，这些作品以各种文字出版至今超过了 3 亿册，他获得了一系列国际性的荣誉称号，是英国牛津大学、北京大学等五所著名大学的名誉教授。

值得一提的是，1998年春国际天文学联合会将第6741号小行星正式命名为“李元”、第6742号小行星命名为“卞德培”，以表彰这两位古稀老人半个多世纪来对中国天文普及事业作出的贡献。这两颗小行星是1994年由两位日本天文学家发现，并由另外两位日本天文学家推荐提名的。李元生于1925年，卞德培生于1926年，他们在中学时代就努力阅读和抄写天文书、绘制星图、用小型望远镜观察天体。李元高中时期绘制的星图就非常精美，卞德培1946年20岁时就发表了介绍日月食的科普作品，第二年还出版了约5万字的科幻小说《地球的殖民地》。当卞德培将自己的科幻小说寄给紫金山天文台时，李元正好在那里当学术秘书，并由他给卞德培回信。1948年，他俩在上海正式见面，并联络一批青年天文爱好者组织起大众天文社，专事普及天文知识。同时以他俩为主，编辑出版

图4-2-6　2000年10月9日，李元（右）和本书作者（中）一同探望病中的卞德培（张苏摄）

《大众天文》月刊，编著《天球仪》《天文学图集》《简明星图》等工具书。在后来的岁月中，他们皆为中国的天文普及鞠躬尽瘁。李元更因对建设北京天文馆的贡献，在1987年建馆30周年时成为我国“天文馆事业先驱者”荣誉奖的唯一获得者。2001年1月15日，卞德培因患癌症不幸逝世，享年七十有五。2016年7月6日，李元驾鹤西去，享年九十有二。

迄2021年2月底，国际上获得正式编号的小行星总数达547 966颗，其中已正式命名的有22 178颗，这些数字还在不断地增长。

迄2021年2月底，国际上获得正式编号的小行星总数达547 966颗，其中已正式命名的有22 178颗，这些数字还在不断地增长。

第三章
海王星旧案新议

奇怪的“越轨”行为

19 世纪初那场搜索小行星的大赛，是意大利人拔了头筹，德国人唱了主角。接下来，在 19 世纪中叶一场搜索新的大行星的更精彩的角逐中，英、法两个老牌天文强国又占据了舞台的中心。

那时，法国科学界有一位要人阿拉戈（Dominique François Jean Arago）。他在物理学的许多领域都有突出贡献，1809 年 23 岁时被选为法兰西科学院院士，1830 年任巴黎天文台台长。当时法国的政局相当动荡。拿破仑一世倒台被流放后，波旁王朝复辟。由于当权的王党极右派不得人心，遂导致 1830 年的“七月革命”。随后的“七月王朝”由奥尔良公爵路易-菲利浦（Louis-Philippe）即王位，其政策遭到多方面的反对，直至引发 1848 年 2 月的革命，成立法兰西第二共和国。

阿拉戈是个激进的共和派，1830 年和 1848 年两次革命他都参加了。1848 年 12 月，拿破仑一世的侄儿路易·拿破仑·波拿巴（Charles Louis Napoléon Bonaparte）被选为总统。1851 年 12 月波拿巴发动军事政变，翌年称帝，是为拿破仑三世

（Napoléon III）。当拿破仑三世称帝要求人们宣誓效忠时，阿拉戈便要求辞去巴黎天文台台长一职。新皇帝没有接受他的辞呈，也未勉强这位 66 岁的老人宣誓。1870 年，法国在普法战争中溃败，导致巴黎人民推翻帝制，成立法兰西第三共和国。马克思在《1848 年至 1850 年的法兰西阶级斗争》一书中分析和总结了这几年的历史，并提出了"革命是历史的火车头"这一著名论点。

阿拉戈一直很关心一宗天文学"要案"，以下便是此事的原委——

自从哥白尼提出"日心地动"学说、17 世纪初开普勒总结出行星运动定律之后，人们对于行星如何环绕太阳运行，已经知道得相当清楚了。

又过了差不多半个世纪，牛顿进一步探讨了行星为什么始终绕着太阳打转，而不会自由地跑向远方的原因。他猜测这必定是由于它们受到了太阳的吸引。再者，月球绕地球运动的方式，显然与地球绕太阳运动的方式十分相似。那么，地球是不是也在吸引着月球？沿着这条线索，牛顿在 1666 年初步作出、并于 1687 年公开发表了自己的伟大发现——在科学领域中至关重要的万有引力定律。

万有引力定律第一次使天文学与力学攀上了亲。然后，人们又反过来广泛地运用万有引力定律和牛顿运动定律来研究天体的运动，天文学中的一个崭新分支——天体力学遂告诞生。

万有引力定律第一次使天文学与力学攀上了亲。然后，人们又反过来广泛地运用万有引力定律和牛顿运动定律来研究天体的运动，天文学中的一个崭新分支——天体力学遂告诞生。利用天体力学，人们不仅可以根据天文观测来追溯行星以往的运动，而且还可以预告它们日后的动向。

在太阳系中，假如一颗行星只受到太阳引力的作用，那么它就会严格地沿着椭圆轨道环绕太阳运行。但是，所有的行星彼此之间也在互相吸引着，而且它们也都反过来吸引着太阳，因此情况非常错综复杂。不过，太阳的质量远大于所有的行星，因此它的引力始终处于主宰地位。行星彼此之间的引力则产生了所谓的“摄动”，它使诸行星的轨道或多或少地偏离了理想的椭圆。也许可以说，天体力学主要就是和各种各样的摄动打交道。19世纪初，天文学家对摄动已经研究得相当深入，因此能够准确地预告行星在未来时刻的位置。

天文学家常把一颗星或一批星将于每天的什么时刻处于天穹上什么位置列成表，表中通常都列出一系列相继时刻的有关数据。这种表叫作“星历表”。法国天文学家布瓦尔（Alexis Bouvard）计算了木星、土星和天王星的“星历表”。对于木星和土星，计算结果与实际观测十分符合。唯独对于当时所知的最远行星天王星，结果总是不能令人满意：布瓦尔的表是1821年刊布的，仅仅过了9年，表中的数据已经和观测结果差了20″，而到了1845年，这个差值已经超过2′。

天文学家常把一颗星或一批星将于每天的什么时刻处于天穹上什么位置列成表，表中通常都列出一系列相继时刻的有关数据。这种表叫作“星历表”。

情况确实使人费解。究竟是万有引力定律和天体力学方法失灵了，还是在天王星轨道以外还有一颗尚未露面的行星，正在用自己的引力拖天王星的后腿？如果属于后一种情况，那么它为什么不影响木星和土星的运动呢？后面这个问题不难回答：两个物体的万有引力与它们之间距离的平方成反比，由于未知行星离木星和土星太远，所以对木星和土星的摄动微乎其微。

天王星运动的“越轨”行为，对万有引力定律提出了严峻的挑战。怀疑牛顿理论的人是少数，认为存在一颗未知行星的人较多，布瓦尔早先就有这样的想法。然而，重要的是怎样把这颗不肯露面的行星找出来！

问题难就难在现在必须把牛顿的理论和方法颠倒过来运用：人们并不是先看见一颗行星然后来计算它的轨道，并算出它对其他行星的摄动效果，而是要根据天王星的古怪行径——也就是未知行星产生的摄动效果，反过来找到这颗未知的行星。很多天文学家都不敢贸然把时间和精力投向这个也许无法解决的问题。

“那颗行星确实存在”

然而，时代提出的迫切任务是不会长久无人问津的。两位年轻人不约而同地奋起应战了。他们都精通天体力学，具有高超的数学本领。

约翰·库奇·亚当斯（John Couch Adams）当时是剑桥大学的学生。1841 年他 22 岁，于 7 月 3 日写下一段日后变得非常著名的日记：“拟于毕业后尽早探索天王星运动不规则之原因。查明在它之外是否可能有一颗行星在对它起作用；若是，则争取确定其大致的轨道参数，以便发现这颗新行星。”1843 年末他 24 岁的时候，已经找到解决这一问题的途径。1845 年 9 月，他根据对天王星“运动失常”的研究推算出该假设行星的轨道、质量和当时的位置。他想和当时的皇家天文学家艾里（George Biddell Airy）讨论这些结果，但是他虽然三访格林尼治皇家天文台，却仍未见到这位皇家天文学家。他留下一份有关计算结果的简短说明便回剑桥了。几天后，艾里复信表示感谢，但又问他是否真能解释天王星的运动。亚当斯未再回信，他先前的计算结果便长期搁置在艾里办公室的抽屉里。

图 4-3-1　年轻时代的英国天文学家约翰·库奇·亚当斯

法国天文学家勒威耶（Urbain Jean Joseph Le Verrier）接受阿拉戈的提议，也在巴黎天文台钻研这个难题，但他对亚当斯的工作毫不知情。他将自己的研究结果写成几篇论文，艾里也收到了他于1846年6月发表的论文副本。他发现勒威耶的计算结果与亚当斯的几乎完全一致，于是顿觉形势逼人。他请剑桥天文台台长查利斯（James Challis）用望远镜进行详细的搜索。可惜，查利斯缺乏好的星图。为了做好寻找未知行星的准备工作，他决定亲自观测、编制一份包括这部分天空中3000余颗恒星准确位置的新星图。

1846年8月31日，勒威耶发表了题为《论使天王星运动失常的行星，它的质量、轨道和当前位置的确定》的最终报告。他写信给欧洲一些重要的天文台，请他们在望远镜中按他指出的位置——宝瓶座中黄道经度326°的地方——寻找这颗行星，它当时的亮度估计比肉眼所见的最暗恒星还要暗10倍。

1846年9月23日，柏林天文台年轻的天文学家加勒（Johann Gottfried Galle）收到了勒威耶的信。他的助手达雷斯特（Heinrich Louis d'Arrest）告诉他，正好有一份前几天刚出版的新的星图，包含了需要进行搜索的那一部分天空。

他们当天晚上便把当时柏林天文台最好的望远镜——一架

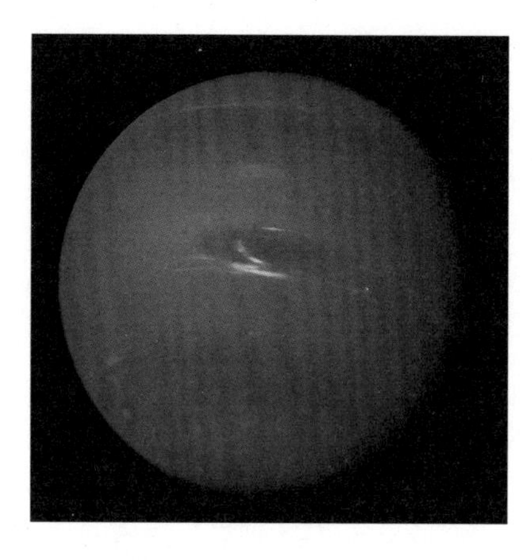

图 4-3-2 “旅行者 2 号”宇宙飞船于 1989 年 8 月拍摄的海王星照片（来源：NASA）

口径 23 厘米的折射望远镜，指向了宝瓶座方向。加勒从望远镜中读出一颗颗星星的位置，达雷斯特则拿着星图在旁一一核对。他们发现有一颗 8 等星是星图上没有的，它与勒威耶预言的位置偏离还不到 1°。第二天晚上他们再核实一次，这颗星已经在天空中退行了 70″，这又与勒威耶的预言恰好吻合。加勒和达雷斯特真是喜出望外。

几天后，勒威耶收到一封信，其中写道：“先生，您给我们指出位置的那颗行星确实存在。”发信时间是 9 月 25 日，发信人就是加勒。

阿拉戈想将新行星命名为“勒威耶”，以表彰这位预告者的功勋。但是，勒威耶不赞成用自己的名字称呼新行星，他建议恪守天文界的老传统，用神话人物来命名。于是，这颗新行星就以罗马神话中的大海之神纳普丘（Neptune）的名字命名了。在希腊神话中，这位海神的名字叫波塞冬。在汉语中，则根据意译定名为“海王星”。

海王星被发现后，拉塞尔在一个月之内就发现了它的一颗大卫星——其直径接近 3000 千米，它就以波塞冬的儿子特里同（Triton）的名字命名，汉语中称为“海卫一”。直到 1949 年，柯伊伯才发现了海卫二（Nereid），其直径仅 300 多千米。1989 年，“旅行者 2 号”宇宙飞船越过海王星时发现了另外 6

个小海卫。据国际天文学联合会公布的资料，截至 2021 年 4 月 27 日，已发现的海卫总数为 14 颗，均已正式命名。

据国际天文学联合会公布的资料，截至 2021 年 4 月 27 日，已发现的海卫总数为 14 颗，均已正式命名。

优先权之争

英法两国科学家曾为发现新行星的优先权激烈争论。阿拉戈盛赞勒威耶“为祖国争得了光辉，为子孙赢来了荣誉”。英国的约翰·赫歇尔则于 1846 年 10 月 3 日在伦敦发表公开信，声称勒威耶只是重复了亚当斯早已完成的计算。加勒等人及时而准确的观测工作应该受到表扬，只有艾里由于耽误了新行星的搜索而广受谴责，查利斯也因工作松懈成了反面教员。

亚当斯很谦虚，他在大学时代的日记中就写道：“对他人的荣誉不应嫉妒，对自己的成功不应骄傲。”他从不参与两国科学家围绕着自己的争论，也从未责怪艾里和查利斯。1847 年夏天，维多利亚女王在视察剑桥大学时派人转告副校长：“为表彰亚当斯研究新行星的贡献，女王陛下决定授予其爵位。”

图 4-3-3　法国人将勒威耶看做民族英雄，他的形象被描画在 50 法郎的纸币上，画面背景是巴黎天文台

亚当斯婉言谢绝了。他说："这是科学巨人牛顿曾经获得的荣誉，我与牛顿是无法相比的。"他和勒威耶在共同的事业中各自作出了贡献，后来成了好朋友。

海王星的发现是科学史上的一件大事，是牛顿力学理论和万有引力定律的光辉胜利。

海王星的发现是科学史上的一件大事，是牛顿力学理论和万有引力定律的光辉胜利。为此，人们总是乐意知道几位主要当事人更多的情况。

勒威耶1811年出生于一名小公务员之家。他父亲变卖了房屋让儿子上学，此举显然完全正确。勒威耶起初从事化学实验工作，但事实一再证明，他是一名真正优秀的天文学家。他热烈地参加了1848年革命，站在共和派一边。但是，路易·拿破仑当政后，他却改变了立场，这与年老的阿拉戈大不一样。甚至当拿破仑三世称帝后，勒威耶还是支持他。阿拉戈死后，勒威耶于1854年被任命为巴黎天文台台长，1877年卒于任上。

图4-3-4 第一个用望远镜找到海王星的德国天文学家加勒

亚当斯1819年出生在一个贫苦农民的家庭。在剑桥时期，他曾用不少业余时间去做家庭教师，以挣些钱寄给双亲。他于1858年成为剑桥大学天文学教授，1860年继查利斯任剑桥天文台台长。1881年，八旬高龄的艾里退休了，亚当斯被提名担任皇家天文学家，但他以自己年已62岁为由，谢绝了这一提议。1892年1月21日，亚当斯在剑桥逝世，享年73岁。仅仅20天之前，92岁的艾里在格林尼治寿终正寝。

加勒甚至比艾里还要长寿。他比勒威耶晚出生一年——生于1812年，一直工作到83岁才退休。1910年7月10日，98岁高龄的加勒与世长辞。他在去世前几个月，再次看见了哈雷彗星。而在1835年这颗彗星上一次回归时，他曾经专门研究过它。

关于海王星的发现权，时常会有人旧案重提，主要是质疑亚当斯是否有权分享发现者的殊荣。最新的一次，就发生在不久之前，其由头是发现了某些新的物证。

失窃物证重见天日

1846年11月13日，艾里在皇家天文学会宣读了一份文件，并且记录在案。他证实1845年秋天确实收到了亚当斯有关海王星的预言，并在次年夏天发起一场寻找该行星的秘密行动。如果能够直接查到艾里引用的那份文件，那么有些疑问也许早就烟消云散了。但令人吃惊的是，自从20世纪60年代中期以来，无论何时要求查阅这份文件，皇家天文台的图书管理员都会回答：此件“不在馆内”。

如此重要的文件居然丢失了！这简直令人不可思议。图书管理员怀疑天文学家艾根（Olin J. Eggen）窃取了它，因为艾根是已知曾经查阅该文件的最后一人。20世纪60年代早期他曾担任皇家天文学家首席助理，后来移居澳大利亚和智利。他矢口否认拥有这份文件。图书管理员因为怕他会狗急跳墙销毁罪证，所以未敢相逼太急。

30多年之后，1998年10月2日，艾根死了。同事们在智利天文研究所的公寓里清点他的遗物，偶尔发现了这些遗失的文件，还有许多来自皇家格林尼治天文台图书馆的极其珍贵的书籍。他们将这些足有100多千克重的材料寄还剑桥大学图书馆——格林尼治天文台的档案现存此处，图书馆工作人员立即对这些文件作了备份。

1845年10月亚当斯留在艾里信箱中的便条终于重见天日。它给出了假想行星的轨道要素，但没有提供理论和计算的背景信息。艾里很快就给亚当斯写了一封信，但是亚当斯并未回复艾里所提的问题。2004年，人们在亚当斯的家庭文档里发现了一封致艾里的信函草稿。这封注明1845年11月13日的信从未寄出过，亚当斯在其中声称打算描述自己的方法，并对早期工作提供一份简短的历史记述，但是写了两页便戛然而止。

行星疑案文件

长期失踪的海王星文件于1998年重见天日。天文学家欧林·艾根（Olin Eggen）在30年前从皇家格林威治天文台图书馆私自窃取了这些文件，其原因仍不清楚，艾根去世后，人们从他的遗物中再次找到这批宝贵资料。这些文件向人们揭示，维多利亚时代的英国天文学家如何编造出一个关于海王星发现的官方故事。

文件包括这张便条，长期以来，它被视为亚当斯第一个预言了海王星的存在并预测出其位置的主要证据。1845年10月，亚当斯将这个便条留在皇家天文学家艾里的邮箱中，但该便条未曾引起人们的注意：它只给出了计算结果，而未提供任何细节。

这是从康沃尔郡档案馆新发现的一封信件，亚当斯准备写给艾里，但并未写完。这封信解决了一个难题：亚当斯为什么没有对艾里要求提供更多信息给予回复。如果他给予答复，那么英国人有可能在法国人和德国人之前独立发现海王星。这封信说明，亚当斯的确认为艾里的质询非常重要，这就与他后来的声明相矛盾。显然，是其他的重要问题引开了他对海王星问题的注意力。

Campbell的学生回忆道，“我满怀期望升入剑桥大学，结果第一个遇上的就是一位在许多方面都远远超过我的人”。亚当斯连年获得剑桥大学颁发的所有数学方面的奖学金。然而在其他方面他似乎很健忘，几乎是一个精神与肉体脱离、而且身体不健全的人物。另一个学生回忆道，亚当斯是个“相当矮小的人，他走路很快，总是穿着一件褪了色的暗绿色外套。”他的房东老板娘说，“有时发现他躺在沙发上，身边既没有书也没有纸，但这不常见…如果她要对亚当斯说话，引起他注意的唯一方法是直接走到他身边，拍他的肩膀；招唤他是没有用的。”

68 科学 2005年2期 www.cnsciam.com

图4-3-5《科学美国人》中文版2005年2月号关于海王星档案之谜的文章中，给出了最新发现的物证

1846年上半年，亚当斯专注于研究一颗刚分裂为两半的彗星碎片的运动轨道。没有文件表明1846年6月底之前他仍在考虑天王星所受的摄动。然后，勒威耶的论文传到了英国。接下来，艾里建议查利斯进行搜索，亚当斯亦参与其事。8月4日和12日，查利斯两次记录下这个想要寻找的天体，却未能立即进行位置比较，从而错失了发现海王星的机会。最后，9月29日，查利斯才注意到该天体"似乎有一个圆面"。然而，一切都晚了，加勒已经走在前头。

上述内容的有关细节，尚可参阅《科学美国人》中文版2005年2月号《谁发现了海王星？》一文，此文的3位作者都不是法国人。他们的结论是：亚当斯完成过值得注意的计算，但同时代的英国人给他的荣誉超过了他之应得。不管出于什么原因，亚当斯毕竟未能有效地将自己的研究结果告知同行们，更未能让世界周知。科学发现既有公共性的一面，也有私人性的一面，而亚当斯只完成了这两项任务中的一半。"对于海王星的发现，亚当斯不能与勒威耶享有同等荣誉。该荣誉仅属于这样的人，他不但成功地预言该行星的位置，而且说服天文学家心悦诚服地去寻找它。这一伟大成就只能属于勒威耶一人"。

海王星与太阳的距离不遵守提丢斯—波得定则。按该定则推算，海王星到太阳的距离应该是38.8天文单位，但实际上却是30.1天文单位。从水星到天王星，这么多行星都"遵守"提丢斯—波得定则，这究竟是偶然的巧合，还是必然的规律？不少天文学家相信，这与太阳系起源和演化的情况有关，但持相反意见的人也不在少数。不过，所有的人都赞同：利用这个定则来帮助记忆行星到太阳的距离，确实是一个简便的好办法。

海王星与太阳的距离不遵守提丢斯—波得定则。按该定则推算，海王星到太阳的距离应该是38.8天文单位，但实际上却是30.1天文单位。

第四章
身世朦胧的冥王星

更遥远的行星

追星追到发现海王星这等地步，似乎该算登峰造极了。但是，还有精彩的在后头。

1846年发现海王星之后不久，勒威耶就说过：

> 对这颗新行星（海王星）观测三四十年后，我们又将能利用它来发现就离太阳远近而言紧随其后的那颗行星。

19世纪后期，就有天文学家开始寻找“海外行星”了。

19世纪后期，就有天文学家开始寻找“海外行星”了。例如1877年，美国海军天文台的天文学家戴维·佩克·托德（David Peck Todd）分析海王星轨道运动的偏差后预言，离太阳52天文单位处，应该还有一颗直径80 000千米的行星。他用该台的口径66厘米折射望远镜目视搜索这颗行星，结果无功而返。

将近20年后，又有两位美国天文学家作出了新的努力。他们是珀西瓦尔·劳伦斯·洛厄尔（Percival Lawrence Lowell）和威廉·亨利·皮克林。洛厄尔出身名门，家庭富有，他于1894年在亚利桑那州的弗拉格斯塔夫附近建造了一座私家天文台，那里空气洁净、夜晚晴朗，而且远离城市灯光。此后，他便在那里潜心研究火星“运河”和搜索“海外行星”——洛厄尔称它为“行星 X”，直至与世长辞。洛厄尔的天文台开张时，皮克林曾协助其实施火星观测计划，但后来他成了洛厄尔关于火星智慧生物理论的批评者，而且又是寻找第九颗行星的竞争者。

1905 年，洛厄尔及其同事开始对行星 X 进行第一轮搜索。他们用一架口径 12.7 厘米的折射望远镜拍摄天空照片，然后

图 4-4-1　洛厄尔的私人天文台设备精良，图为他晚年坐在观测椅上用一架口径 61 厘米的折射望远镜观测金星（1914 年），摄者佚名

把不同时间拍摄的同一天区的两张照相底片稍微偏开一点上下重叠，并手持放大镜寻找相对于背景恒星显示出微小位移的天体。他一直干到 1907 年，没能发现什么。

1908 年岁尾，洛厄尔听了皮克林的一次讲演。后者描述了如何分析天王星运动的残差，以预言海外行星的位置。皮克林希望洛厄尔帮助搜索，但是遭到谢绝。1909 年 5 月，洛厄尔对行星 X 作出了自己的预言：距离太阳 47.5 天文单位，公转周期 327 年，亮于 13 等星，质量为海王星的五分之二。但他并未公布这些结果。皮克林则公开发表了自己的预言：该行星离太阳 51.9 天文单位，公转周期为 373.5 年，质量约为地球的 2 倍。他估计该行星视圆面的直径近似为 0.8″，亮度在 11.5～13 等星之间。

1910 年 7 月，洛厄尔的班底开始对行星 X 进行第二轮搜索。这次他们使用了“闪视比较仪”。

1910 年 7 月，洛厄尔的班底开始对行星 X 进行第二轮搜索。这次他们使用了“闪视比较仪”。这种仪器有一个快门，可用于极其迅速地交替取景，以至于眼睛几乎不能察觉视场从一张照相底片到另一张底片的快速转移。如果一个天体在不同的底片上有了位移，那么在快速变换视场时，该天体就会相对于整个恒星背景来回地闪动。这一轮搜索还是毫无建树。1915 年 9 月，洛厄尔得出结论：这个天体暗于 13 等。看来，用于搜索它的望远镜是太小了。

“我为此不胜惊骇”

1916 年 11 月 12 日，洛厄尔告别人世。直到 13 年以后，才有人重新以饱满的热情投入搜索行星 X 的工作。

克莱德·威廉·汤博（Clyde William Tombaugh）生于海王

星发现后整整 60 年，即 1906 年。他少时家贫，没钱上大学念书。然而他酷爱天文学，便用散落在父亲农场里的机器部件自制一架望远镜，将它指向夜空……

1929 年 1 月，汤博到达洛厄尔天文台，4 个月后开始了对行星 X 的第三轮搜索。起初，他仅仅负责照相。闪视比较仪的工作则由更富有经验的人——台长维斯托・梅尔文・斯莱弗（Vesto Melvin Slipher）和他的兄弟、天文学家厄尔・查尔斯・斯莱弗（Earl Charles Slipher）去作。斯莱弗台长生于 1875 年，1909 年获印第安纳大学哲学博士学位，1915 年任洛厄尔天文台助理台长，1926 年任台长直至 1952 年 77 岁时退休。1969 年他在弗拉格斯塔夫去世，享年 94 岁——据信是天文学家长寿的又一例证。其弟厄尔・查尔斯・斯莱弗生于 1883 年，1905 年毕业于印第安纳大学，后来在洛厄尔天文台一直工作到 1964 年 81 岁时去世。他坚持行星摄影达 55 年之久，作品清晰逼真，质量上佳，所摄火星、金星、木星和土星照片均为传世珍品。

图 4-4-2　汤博在洛厄尔天文台发现冥王星的那个望远镜观测室门口留影

洛厄尔天文台为第三轮搜索安装了一架新的望远镜——口径 33 厘米的反射式天体照相仪。他们决定首先考察双子座中两个天区的照相底片，每张底片上各有多达 30 万个的星像。要找出一个相对于群星有微小位移的星像，实在是令人望而生畏。斯莱弗台长的信心减退了，他虽继续指导

汤博在双子座以东沿黄道带照相，但实际上并未作足够的闪视比较。此项任务后来移交给汤博独立进行。据汤博日后回忆，想要找的行星就在那些照相底片上留下了身影。

1930 年 1 月 23 日和 29 日，汤博再次拍摄了双子座 δ 星附近的天区。2 月 18 日下午 4 点钟，他看见有一个小星点正在闪视比较仪的视场中来回闪动。

1930 年 1 月 23 日和 29 日，汤博再次拍摄了双子座 δ 星附近的天区。2 月 18 日下午 4 点钟，他看见有一个小星点正在闪视比较仪的视场中来回闪动。

后来汤博写道：

> 我为此不胜惊骇。哦，我好好看了一下表，记下时间。这应该是一项历史性的发现……接下来的 45 分钟光景，我处于有生以来从未有过的兴奋状态中……我尽力控制自己，尽量若无其事地走进他（斯莱弗）的办公室……“斯莱弗博士，我已经发现了您的行星 X……我将向您出示证据。”……他立即冲向闪视比较仪室……

斯莱弗决定对该天体作进一步观测。最后，在 1930 年 3 月 13 日，终于正式宣布发现了一颗海外行星。这天正好是洛厄尔

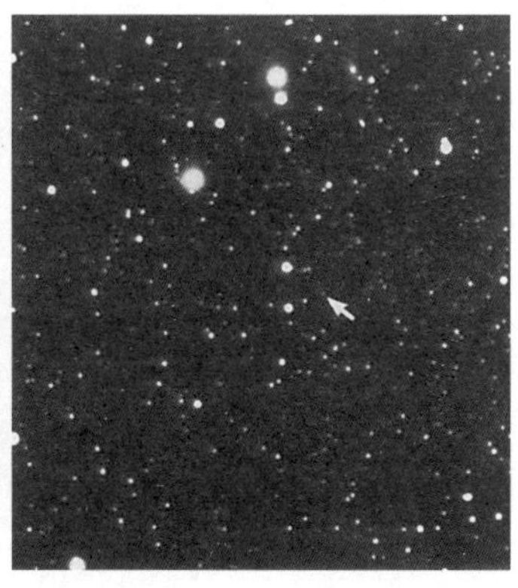

图 4-4-3　汤博发现冥王星的照相底片：（左）1930 年 1 月 23 日拍摄，（右）1930 年 1 月 29 日拍摄，箭头所指就是冥王星（原件存档：洛厄尔天文台）

的75岁诞辰，又是威廉·赫歇尔发现天王星的149周年纪念日。接着，为该行星命名的建议便如潮水般地涌向了洛厄尔天文台。媒体人士觉得奥西里斯（Osiris，古埃及死而复生的冥神）、埃雷伯斯（Erebus，希腊神话中的混沌之子，代表黑暗）等名字比较好；洛厄尔的遗孀一度建议取名为宙斯（Zeus），但后来又改变了主意，还有许多人认为应该将这颗行星命名为洛厄尔……

1930年5月1日，斯莱弗台长正式宣布将新行星命名为普鲁托（Pluto）——罗马神话中的冥神。这一名字最初由英国牛津一位11岁的女孩维尼夏·伯尼（Venetia Burney）提议，她觉得这很适合于一颗永处幽暗、寒冷中的行星。在汉语中，它按意译定名为“冥王星”。

1930年5月1日，斯莱弗台长正式宣布将新行星命名为普鲁托(Pluto)——罗马神话中的冥神。这一名字最初由英国牛津一位11岁的女孩维尼夏·伯尼（Venetia Burney）提议，她觉得这很适合于一颗永处幽暗、寒冷中的行星。在汉语中，它按意译定名为“冥王星”。

汤博发现冥王星后，于1932年获得堪萨斯大学的奖学金，最终圆了大学梦。他于1936年取得学士学位，1939年获硕士学位。他在洛厄尔天文台工作到1943年，后来在新墨西哥大学任教，1965年起任教授，1973年起为荣誉教授，1997年1月17日以90岁高龄与世长辞。

普鲁托与卡戎之舞

冥王星与太阳的平均距离约59亿千米，即39.44天文单位——这不符合提丢斯—波得定则。它在轨道上运行的速度是每秒4.74千米，约248年绕太阳公转一周。它的公转轨道椭圆偏心率高达0.248，超过先前所知的任何一颗大行星。这使冥王星在轨道近日点附近时，与太阳的距离比海王星到太阳还近。它最近一次过近日点是在1989年，一直到1999年，它都比海王星离太阳更近。

冥王星的直径约2300千米，比月球的直径（3476千米）还小。其质量仅为月球质量的18%，或地球质量的2.2‰。由于远离太阳，冥王星的温度始终在−220℃以下。1976年，在夏威夷莫纳克亚山顶进行的分光观测揭示了冥王星表面存在甲烷雾，这令人猜测它由冻结的水和其他氢化合物组成，因而具有相当高的反照率。冥王星的物质密度约为水的2倍，水星、金星、地球和火星的物质密度都比它大，木星、土星、天王星和海王星的密度则比它小。

冥王星发现后将近半个世纪，人们一直以为它没有卫星。但是在1978年，情况发生了戏剧性的变化——

为了更精确地测定冥王星的位置，美国海军天文台从1978年开始，用位于弗拉格斯塔夫的1.55米反射望远镜，在尽可能好的天气条件下，对冥王星拍摄新的照相底片。1978年6月22日，该台的天文学家詹姆斯·克里斯蒂（James Walter Christy）发现，每张照相底片上的冥王星像都不对称地伸长了，而它附近的其他星像却未伸长。他猜想该行星也许有某种很不寻常的表面特征，或者有一颗卫星。接着，他又找到5张1970年的照相底片，它们是在一个星期内拍摄的。这些照片表明，伸长的部分以大约6天的周期绕着冥王星转动，这恰与冥王星的自转周期6.387天相当。克里斯蒂的同事罗伯特·哈林顿（Robert Harrington）计算了这颗假想卫星的可能轨道，结果与该伸长物的位置变化几乎完全相符。为可靠起见，他请位于智利的托洛洛山美洲天文台使用其性能优良的口径4米望远镜再做检验。同年7月6日，这架4米望远镜拍摄的底片证实了

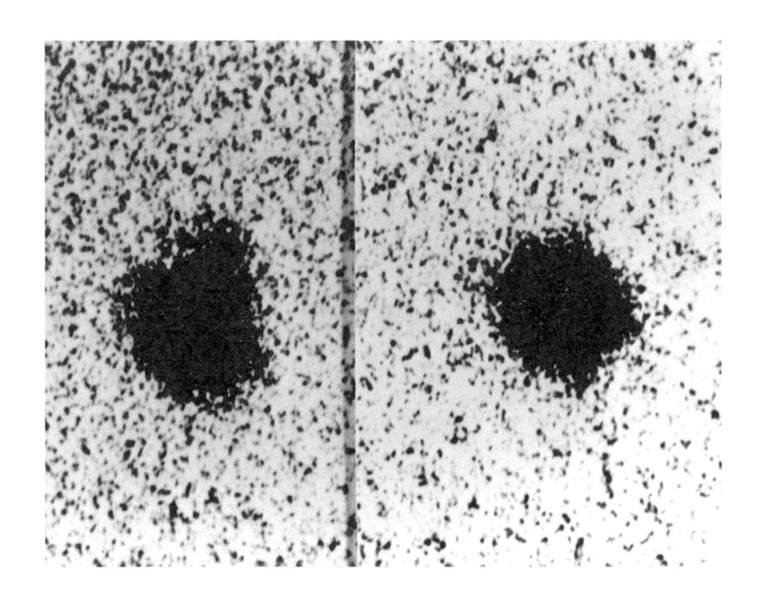

图4-4-4　根据这两张照相底片提供的线索，美国天文学家克里斯蒂发现了冥王星的卫星“卡戎”。左边底片上冥王星右上方的凸起部分，在右边底片上已经转到下方

上述发现。7月8日，国际天文学联合会正式宣布：冥王星有一颗卫星。20世纪90年代初，哈勃空间望远镜的观测更确切地证实了这一点。

根据克里斯蒂的提议，这颗卫星被命名为“卡戎”（Charon）——希腊神话中将亡灵渡过冥河送往地狱的一名艄公。克里斯蒂选用这一名称，不仅是因为卡戎与冥神普鲁托有关，而且还因为他很想找一个与其妻子的名字查伦（Charlene）读音相仿的神话人物。在汉语中，这颗卫星定名为“冥卫一”。冥卫一的直径约1200千米，达冥王星直径的一半以上，质量约为冥王星质量的1/10。这两个天体之间的距离约为19 000千米，仅相当于月地距离的二十分之一。

冥卫一绕冥王星公转的周期是6.387天，与冥王星的自转周期完全相同。它是太阳系中唯一的天然“同步卫星”。从冥王星上看，冥卫一始终固定在它赤道上空的某一点。而且，冥

冥卫一绕冥王星公转的周期是6.387天，与冥王星的自转周期完全相同。它是太阳系中唯一的天然“同步卫星”。从冥王星上看，冥卫一始终固定在它赤道上空的某一点。

卫一的自转周期又与其公转周期一样长，所以它始终以同一面朝着冥王星。冥王星的自转周期、冥卫一的公转周期以及冥卫一的自转周期这三者完全相同的“三重同步”现象，使冥王星和冥卫一就像两个人手拉手、面对面跳舞那样，谁也见不到谁的背面。这在太阳系中又属独一无二。

“新视野号”的远征

冥王星的公转轨道和海王星的轨道相交错，它的许多物理特征又和先前所知的八大行星都不一样，这使一些天文学家怀疑：它究竟是不是一颗名副其实的行星？

冥王星的公转轨道和海王星的轨道相交错，它的许多物理特征又和先前所知的八大行星都不一样，这使一些天文学家怀疑：它究竟是不是一颗名副其实的行星？

例如，早在20世纪30年代冥王星被发现后不久，就有人提出：冥王星原是海王星的一颗大卫星，它与海卫一的引力相互作用改变了两者的运动状况。这使冥王星脱离海王星而成为一颗独立的行星；海卫一则在这一过程中受到反向的冲力，成为一颗逆向公转的反常卫星。

克里斯蒂等人在发现冥卫一后不久提出，曾有一个质量比地球大三四倍的未知天体，途经海王星的卫星系统，强烈的引力作用将冥王星从那里甩了出来，并从冥王星上拉出一大块物质形成了卡戎，闯入的那个天体则跑到了离太阳很远的地方。不过，冥王星的颜色明显地比卡戎红，而且卡戎上虽然有水雾，却不像冥王星那样还有甲烷雾，因此它们也许有着不同的起源。

汤博则认为，冥王星拥有卫星这一事实，本身就说明它是一颗正宗的大行星，而不是海王星的什么卫星。2005年5月，美国国家航空航天局宣称通过哈勃空间望远镜又发现了冥王星的 2 颗新卫星：它们的直径分别仅为 32 千米和 70 千米，亮度只有冥王星的 5000 分之一，到冥王星的距离分别约为 44 000 千米和 53 000 千米，大致是冥卫一到冥王星距离的 2 至 3 倍。2006 年 6 月，国际天文学联合会用神话人物的名字分别将它们命名为"尼克斯"（Nix）和海德拉（Hydra），前者原为希腊神话中的黑夜女神，后者则为希腊神话中的多头水蛇怪。在汉语中它们被定名为"冥卫二"和"冥卫三"。有趣的是 Nix 和 Hydra 的首字母 N.H，正好又是"新视野号"的英文名称 New Horizon 的缩写。

2011 年和 2012 年，又有两颗更小的冥卫被发现，后来被命名为刻耳柏洛斯（Cerberus）和斯堤克斯（Styx）。在古希腊神话中，刻耳柏洛斯是冥界入口处长着三个脑袋的看门狗，它可以让死者的亡魂进地狱，但不允许任何灵魂外出，更禁止活人出入。斯堤克斯则是环绕冥土的一条河流，又是照管斯堤克斯这条冥河的一位水仙。在汉语中，这两颗冥卫依照排行分别定名为冥卫四和冥卫五。冥王星有这么多的卫星，实在超出了人们的意料啊！

2011 年和 2012 年，又有两颗更小的冥卫被发现，后来被命名为刻耳柏洛斯（Cerberus）和斯堤克斯（Styx）。

冥王星的发现是长期精心地系统搜索的结果，它由洛厄尔激励和发起，由斯莱弗规划实施，由汤博不惮辛劳地贯彻执行。既然几十年过去了，人们对这个遥远的世界还是知道得太少，那就理应派遣宇宙飞船去作近距离的考察。

美国科学家们对此酝酿已久，但由于得不到政府的经费支持而搁置了十余年。2006 年 1 月 19 日，美国国家航空航天局终于成功地发射了"新视野号"冥王星探测器，其尺寸有如一架大钢琴，重 454 千克。冥王星距离太阳太遥远了，"新视野号”将无法获得足够的太阳能，因此只能依靠所携带的10.9千克钚丸的放射性衰变提供动力。在太空中飞行将近10年、经过近50亿千米的漫长旅程，“新视野号”于2015年7月14日近距离掠过冥王星，给人们带来了关于冥王星及其卫星的许多新发现。

例如，在“新视野号”飞越冥王星时拍摄的图像上，有一个很惹人注目的心形特征，被昵称为“冥王星之心”。这颗“心”分为左右两叶，左叶较为平滑，是一片被冰覆盖的高原。科学家们相信，在左叶冰层下有一片深约100千米的沙冰状海洋，其水量几乎与地球上的海洋相等！而且，巨大的地下海洋中含有氨等物质，足以使水保持液态。然而，那里不太可能有生命。

再如，对于某些冥卫，科学家能够通过分析它们表面上的陨星坑分布特征，来推断它们的年龄。结果表明，那些冥卫都

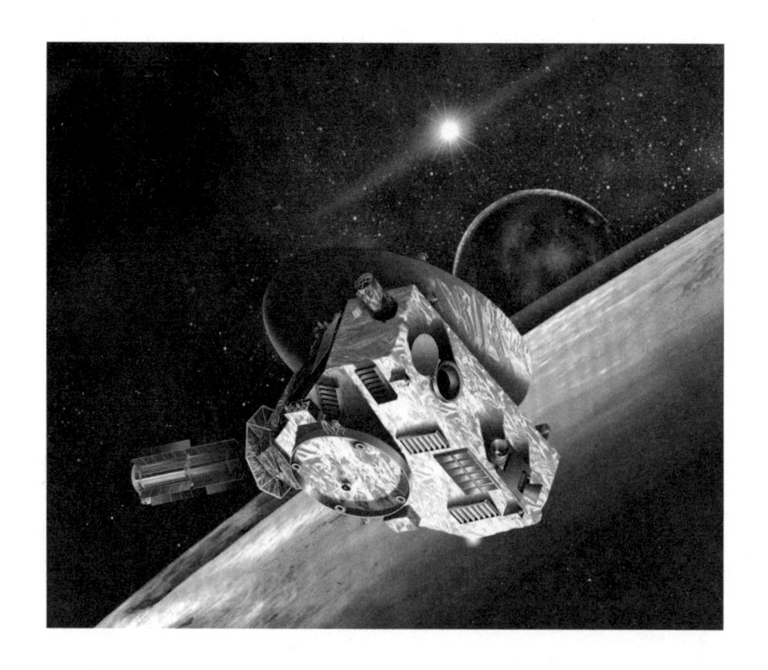

图4-4-5 “新视野号”冥王星探测器艺术形象图（来源：NASA）

是同时诞生的。这就证实了如下的设想：这些卫星是远古时期冥王星同另一个柯伊伯带天体猛烈撞击的产物。

“新视野号”的飞行速度很快，它携带的燃料又不足以使其减速到进入环绕冥王星运行的轨道，所以“新视野号”同冥王星及冥卫“亲密接触”后，仍然继续前行，深入“柯伊伯带”进行考察，一去而不复返。

第五章
太阳系的边界

“火神星”的插曲

自从1930年发现冥王星以来，有9颗大行星在各自的轨道上环绕太阳运行，就被写入了每一个国家的中小学教科书，成了家喻户晓的普通常识。尽管后文将会介绍，冥王星如何在2006年8月被取消了大行星的资格，但在此之前，人们曾无数次地发问：

太阳系中难道就没有更多的大行星了？为什么不彻底搜索一番呢？

太阳系中难道就没有更多的大行星了？为什么不彻底搜索一番呢？

天文学家早有此意。而且，甚至早在海王星发现后不久，就有人开始寻找“水内行星”了。水内行星，是指位于水星轨道以内的行星，它比水星更靠近太阳。

如果只有唯一的一颗行星环绕太阳公转，那么它的轨道就会是一个严格的椭圆。但实际情况是许多行星都在绕着太阳转，它们彼此间的引力相互作用错综复杂，致使每颗行星的公转轨道都不再是一个严格的椭圆。事实上，行星轨道的近日点总是在不断地缓缓前移——这称为行星轨道近日点的“进动”。

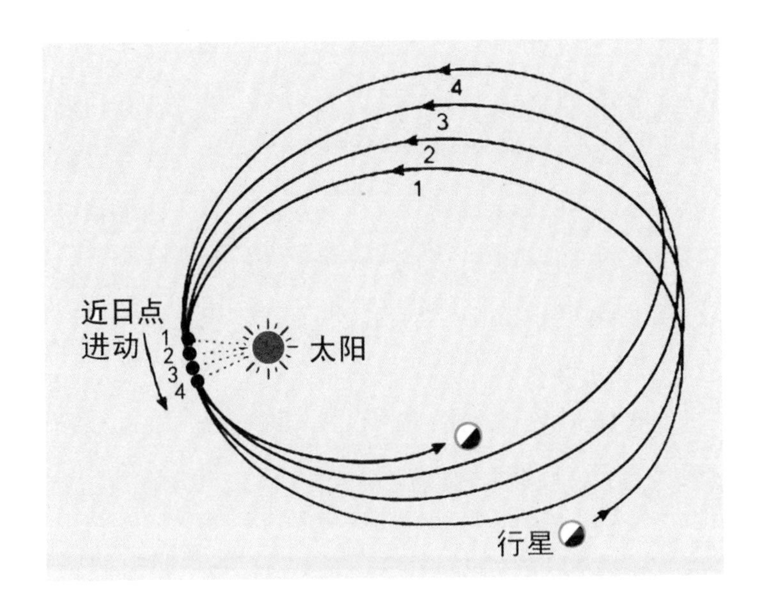

图 4-5-1　行星的轨道近日点都存在进动现象，其中水星的进动最为明显

在各大行星中，水星离太阳最近，而且质量又小，所以其轨道近日点的进动最为显著。根据牛顿的万有引力定律，可以准确地推算出水星近日点进动的数值。然而，令人费解的是，推算得出的结果却比天文观测得出的实际数值小。

早在 19 世纪 40 年代前期，阿拉戈就在巴黎告诉勒威耶，应该仔细分析水星的运动。后来，勒威耶对此所作的精密计算表明，即使考虑到所有行星的摄动，水星近日点的进动量也比牛顿理论所能解释的更大。他深受发现海王星的鼓舞，于 1859 年宣称上述差异可以解释为在水星轨道以内还存在着一颗未知行星，正是它的引力造成了水星运动的异常。恰好在这一年的 3 月，有一位法国乡村医生、天文爱好者勒卡尔博（Lescarbault）宣称观测到有一个小黑点从日面上经过，人们认为这正是那颗“水内行星”凌日的表现。

勒威耶将尚在想像中的水内行星命名为“武尔坎”

（Vulcan）。该词由意大利语的 Vulcano 或 Volcano 简化而来，这两个名词都源自古罗马神话中火神的名字武尔坎努斯（Vulcanus）。在希腊神话中，与武尔坎努斯相当的是火神赫淮斯托斯（Hephaistos）。那时，人们自然而然地将火神看作一位了不起的锻工——因为必须用火冶炼矿物才能获得金属，然后再使金属熔化或软化并铸造成型。在荷马史诗《伊利亚特》中，赫淮斯托斯的形象正是如此。

古代欧洲人早就注意到西西里岛上埃特纳山的奇观：山中轰隆声惊人，浓烟滚滚而出，间或还会冒出火焰和熔岩。因此，拉丁诗人们常把埃特纳山描绘成武尔坎努斯的工场。在意大利语中，Volcano 一词起初专指埃特纳山，以后才转而泛指特征类似于埃特纳的任何一座山峰。现在，这在汉语中就称为“火山”。

至于武尔坎这颗水内行星，从来也没有人切实地见过。今天看来，那恐怕只是一场误会。不过，正如汉语中将行星“纳

图 4-5-2　古希腊神话中的火神赫淮斯托斯

普丘”定名为“海王星”、“普鲁托”定名为“冥王星”那样，“武尔坎”在汉语中常被称为“火神星”。有趣的是，我国的前辈天文学家们早先还曾赋予它一个更富于中国传统文化特色的名称：祝融星。传说中“祝融”乃是楚国君主的祖先，名重黎，是上古时代帝喾高辛氏的“火正”，即掌火官，以光明四海而被称为祝融。祝融是中国的火神，所以后世才称火灾为“祝融之灾”。

实际观测到的水星近日点进动，要比用牛顿理论计算的结果略大一些：每100年相差43″——每年还不足八千分之一度。这个数值虽小，但牛顿的理论就是无法对它作出交代。

20世纪初，“水星轨道近日点的反常进动”依然是漂浮在牛顿力学体系上空的一朵乌云，它确实暴露了万有引力定律还有缺陷。直到1916年，爱因斯坦建立了广义相对论，才相当圆满地解决了这个问题。根据广义相对论的计算，水星近日点的进动量每100年恰好要比根据牛顿理论得到的结果多出将近43″。理论与观测如此吻合，实在是对广义相对论的一大支持。存在水内行星的希望已经相当渺茫，许多天文学家宁愿掉过头来，到太阳系的远方去继续探寻深藏不露的行星的踪迹。

20世纪初，“水星轨道近日点的反常进动”依然是漂浮在牛顿力学体系上空的一朵乌云，它确实暴露了万有引力定律还有缺陷。直到1916年，爱因斯坦建立了广义相对论，才相当圆满地解决了这个问题。

赌注：5瓶上好的香槟

汤博于1930年发现冥王星之后，又花了十三四年的时间，继续寻找“冥外行星”。他所用的方法，依然是赖以发现冥王星的闪视比较法。汤博先后检视了362对照相底片，它们覆盖的面积，约达全部天空的70%。这些底片上的星像总数估计多达9000万个。在检视过程中，汤博得到了大量的新发现，包括1800多颗变星、将近4000颗小行星（其中约40%是前所未知的）、大约30 000个河外星系……然而，就是没有发现“冥外行星”，也没有发现可供进一步搜寻冥外行星的线索。汤博本人的见解是：冥外行星看来并不存在。

热衷于寻找“第十颗大行星”的天文学家依然大有人在。在过去这几十年中，他们一而再、再而三地提出自己的设想、进行繁复的计算，努力为这颗想像中的行星“画像”。当然，各人为冥外行星描绘的图景会有很大的差别：它的大小、质量、亮度乃至轨道椭圆的偏心率和倾斜角度等，都很难确定。但是，另一方面，也许是提丢斯—波得定则的潜在影响依然在起作用，许多人对于冥外行星离太阳有多远的想法倒还比较一致：50～100天文单位，即与太阳相距75～150亿千米。又因为行星的公转周期与它们到太阳的平均距离遵循开普勒第三定律，所以在对冥外行星距离的估计比较一致的情况下，对其公转周期的估计也比较接近：500～1000年。

图4-5-3　2005年曾宣称发现了第十颗大行星的美国加州理工学院教授迈克尔·布朗

人们搜寻第十颗大行星的努力从未停止过。20世纪90年代，有些天文学家想到：从发现天王星到发现海王星经历了65年，从发现海王星到发现冥王星经历了84年，而从发现冥王星到现在又已经过了70来个年头，那么第十颗大行星是否也快露面了呢？

历史的车轮驶入了21世纪。2005年7月29日，美国加州理工学院地质学和行星科学部的行星天文学教授迈克尔·布朗（Michael E. Brown）上演了极富于戏剧性的一幕。那天下午，他通过电话向新闻界宣称："拿起你们的笔，从今天开始改写教科书。"他的意思是：他的研究小组已经发现了第十颗大行星！

那天下午，他通过电话向新闻界宣称："拿起你们的笔，从今天开始改写教科书。"他的意思是：他的研究小组已经发现了第十颗大行星！

这颗"新行星"的暂定名是2003UB313，它被发现时与太阳的距离约97天文单位，即约145亿千米，几乎是冥王星当时到太阳距离的3倍，位于太阳系外围的柯伊伯带中。在本书第一篇的"'脏雪球'和'冰泥球'"一章中，我们已经提到过柯伊伯带。

2003UB313环绕太阳运行的周期是560年，其公转轨道是一个长长的椭圆，近日距约53亿千米，即约35天文单位。它的轨道平面和地球公转的轨道平面相交成45°角，以往天文学家很少沿那个方向去寻找太阳系中的新天体，所以没能更早地发现它。

2003UB313由岩石和冰组成，表面覆盖着固态甲烷。当时布朗和其他天文学家都不清楚它的具体大小。然而，根据它的亮度和距离推算，其尺度肯定比冥王星大，直径约3000千米，与我们的月球相去不远。因此，布朗博士说："我们发现的这一颗应该算是太阳系的第十大行星。"他说，如果冥王星也能称为行星的话，那么2003UB313完全可以归入行星之列。

布朗等天文学家非正式地称呼这颗新行星为"齐娜"（Xena），这原是电视系列片《战士公主》中女主人公的名字。

当天文学家们在2000年刚开始系统搜索太阳系的未知天体时，这部电视剧也正好开始流行。2006年9月13日，国际天文学联合会又正式命名它为“厄里斯”（Eris），这原是希腊神话中纷争女神的名字。正因为她抛下引起纷争的金苹果，导致了惨烈的特洛伊战争。布朗本人也认为“这是一个完美得让人无法拒绝的名称”。

确实，2003UB313也引起了天文学家彼此之间的纷争。它究竟能不能算作“第十颗大行星”？美国国家航空航天局在一份官方声明中，强烈支持将它称为第十颗行星；相反，国际天文学联合会小行星中心负责人布赖恩·马斯登却宣称，按照“冥王星倘若算作行星的话，大小和它相仿的其他天体也都应该称为行星”的逻辑，那么2003UB313的确应该算是行星，但是它却要排在以前发现的一系列这类“行星”——包括“赛德娜”（Sedna）——之后，而不能称为“第十颗”。这里提到的“赛德娜”，是2004年同样由布朗的科学小组首先发现的，我们将在下一节中更详细地介绍它。

布朗的共事者、耶鲁大学的天文学家戴维·拉比诺维奇（David Rabinowitz）对英国广播公司说：“我想这是非凡的一天和非凡的一年，2003UB313可能比冥王星更大，尽管它比冥王星更黯淡，但它的距离有冥王星的3倍远。如果将它放到和冥王星同样的距离，那么它将比冥王星更明亮。”

关于发现2003UB313，颇有一些趣味盎然的“花絮”。布朗说，他在5年半以前曾称自己会在2004年底以前，在柯伊伯带中发现一个比冥王星更大的天体，并为此和一位天文学家朋友萨比妮·艾鲁（Sabine Aireau）打赌，赌注为5瓶上好的

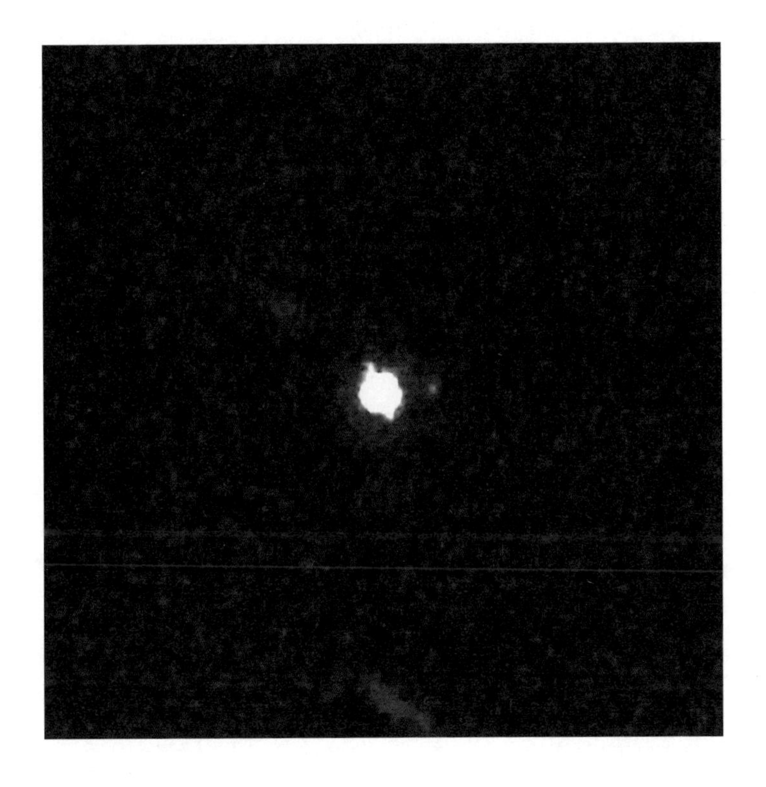

图4-5-4　在这幅照片上，2003UB313位于中央，其右侧的一个小点就是它的卫星（来源：NASA）

香槟酒。然而，届时布朗却一无所获，于是乖乖地将5瓶香槟送给了萨比妮·艾鲁。没料到2005年1月8日，他就发现了2003UB313，“我仅仅因为发现迟了8天，就打输了这个赌。不过她非常善解人意，说我只要能证实这项发现，就可以赢得这个赌注。这将意味着我可以获得10瓶上好的香槟了。”布朗如是说。

还有，就在布朗等人宣布发现“第十颗行星”的前一天，即2005年7月28日，由西班牙天文学家何塞-路易斯·奥尔蒂兹（Jose-Luis Ortiz）为首的一个小组宣称，他们也在柯伊伯带发现了一个相当大的天体2003EL61（后编号为小行星136108号，命名为Haumea，汉语定名为“妊神星”）。布朗的天文小组也正在观测它，他相信2003EL61比冥王星小。此外，布朗的小组还在柯伊伯带发现了另一个较大的天体2005FY9（后编为小行星136472号，命名为Makemake，汉语定名为“鸟神星”），它比冥王星更亮，但大小并未超过冥王星。

据报道，布朗的天文小组本拟在完成所有的研究后，再公布有关2003UB313的情况。不料，一名黑客攻破了他们的网站，获取了数据，并扬言要将“新行星”的内容公之于众，这才迫使他们提前宣布了新发现。

不管怎么说吧，为了更确切地理解2003UB313乃至冥王星本身的身份，也为了更合理地回答有关“第十颗大行星”的问题，我们还应该一睹整个柯伊伯带的状况。

柯伊伯带天体

在太阳系中，越出海王星的轨道，就进入了短周期彗星之家——柯伊伯带。

在太阳系中，越出海王星的轨道，就进入了短周期彗星之家——柯伊伯带。

然而，柯伊伯带中拥有的决不仅仅是彗星，那里的景色就像一首意象奇妙的诗：

在那遥远的天界

比大地到太阳还远百倍的地方，

无数原始的冰岩组成了一个环——

“新视野”行将探访的柯伊伯带。

你看带中的那些冰岩啊，

正环绕着太阳奔波不息，

浩浩荡荡、万古不息。

那些冰岩的身量不大，

就连它们的“体重冠军”

也难和我们的月球比肩。

那些冰岩的长相各异，

只有“重量级”中的少数佼佼者

才具备圆球形状的外观。

那里，永远是寒冷和黑暗，

阳光的余威微乎其微。

然而，那些古老的冰岩啊，

却在折射太阳系发端时的事态。

这，正是它们令人崇敬的原委。

或许，你已经知晓

普鲁托也正在柯伊伯带中盘桓，

图 4-5-5　艺术家画笔下的柯伊伯带（Calvin J. Hamilton，2002 年）

连同它那忠诚的艄公卡戎。

而今，在那里

一众与普鲁托同等级的伙伴正在露头，

这可忙坏了天文学家——

有人正为它们的排行操心，

有人想为它们的身份正名：

哎呀，这冥王星究竟为啥不是一颗大行星？！

柯伊伯带，起初是柯伊伯为解释海王星轨道变化而于1951年提出的一种假设。20世纪90年代以前，它始终只是一种理论上的推测。

位于柯伊伯带内的天体，统称为“柯伊伯带天体”。1992年8月，天文学家在与太阳相距40余天文单位处发现一颗暂名1992QB1（后编号为15760，命名为Albion，汉语定名为“阿尔比恩”）的小行星，它是人们首次发现的柯伊伯带天体。到2005年底为止，人们发现的柯伊伯带天体已经近千；其中直径上千千米的有10来个，约占总数的1%。据信，直径1—10千米的柯伊伯带天体为数可能多达10亿，直径超过50千米的或许会有7万颗，它们的总质量可能达到地球质量的10%～30%。另一方面，我们也不能完全排除存在着大小与火星或地球相仿的柯伊伯带天体之可能性。

2002年10月7日，美国天文学会在亚拉巴马州伯明翰市举行一次会议。会上，加州理工学院的迈克尔·布朗、查德·特鲁吉罗（Chad Trujillo）等人宣布在柯伊伯带中发现了一个新天体2002LM60（小行星50000号）。它是自1930年发现冥王星以来，迄当时为止在太阳系中发现的最大天体，直径约1300千米，体积比位于火星与木星之间的那个小行星带中的全部天体合在一起还要大。

该天体被命名为“夸奥尔”（Quaoar），这个名字源自加利福尼亚南部一个美洲土著部落“通瓦”（Tongva）人的创造之神。它距离太阳64亿千米——约43天文单位，每288年绕太阳公转一周，其轨道较冥王星的轨道更圆，也更稳定。如果你用通常的步行速度走到夸奥尔，那么路上将要花去100 000年；如果用航天飞机的速度飞向夸奥尔，途中也要花去大约25年；从太阳发出的光，要在太空中旅行5小时才能照射到夸奥尔身上。

图4-5-6 “赛德娜”是目前所知最远的太阳系天体。在“赛德娜”上看见的太阳（图中右上方）有如一颗极亮的恒星，日轮已小得非肉眼所能分辨（来源：NASA/JPL）

布朗和特鲁吉罗等发现者认为，夸奥尔也如其他柯伊伯带天体那样，包含岩石、水冰，还有冻结的甲烷、二氧化碳和一氧化碳之类的有机化合物，其表面有可能就像沥青那样暗。

布朗和特鲁吉罗等发现者认为，夸奥尔也如其他柯伊伯带天体那样，包含岩石、水冰，还有冻结的甲烷、二氧化碳和一氧化碳之类的有机化合物，其表面有可能就像沥青那样暗。

2004 年 3 月 15 日，还是这位迈克尔·布朗，又宣布了一项更新的发现：小行星 2003VB12（小行星 90377 号）正处在距离地球约 129 亿千米的地方，这相当于当时冥王星到地球距离的 3 倍。他们将这个天体命名为赛德娜（Sedna）——因纽特人传说中的海神。它的直径约 1770 千米，为冥王星直径的 3/4，从而打破了夸奥尔的记录，成为自冥王星之后迄当时为止在太阳系中发现的最大天体。

最初，该研究小组于 2003 年 11 月 14 日用帕洛马天文台一架口径 1.22 米的望远镜发现了赛德娜。此后几天，位于美国亚利桑那、夏威夷以及智利、西班牙等地的天文台也相继用其他望远镜找到了它。

赛德娜的颜色偏红，是太阳系中除火星以外最红的天体。它由岩石和冰块组成，其表面温度估计不会高于−240℃，这使它成为太阳系中已知最冷的星球。它沿一条非常扁长的椭圆轨道环绕太阳运行，每转一圈要花 11 000 年光景。估计其公转轨道的远日点距离太阳约 1300 亿千米。但是，目前它正运行在轨道上的近日点附近，未来的 70 年将是从地球上观测它的好时机。

这些年还发现了好几个较大的柯伊伯带天体：直径 960 千米的伐楼那（Varuna，小行星 20000 号，即 2000WR106）、直径 1060 千米的伊克西翁（Ixion，小行星 28978 号，即 2001KX76）、直径 1200 千米的鸟神星、直径 1600 千米的亡神星（Orcus，小行星 90482 号，即 2004DW）、直径 1700 千米的妊神星，等等。当然，最著名的还是上一节中已作介绍的直径约 2400 千米，并且拥有一颗卫星的 2003UB313。作为一种对比，读者不妨记住：我们的月球直径是 3476 千米。

柯伊伯带离太阳约 30～100 天文单位，已观测到的柯伊伯带天体直径大多为一二百千米。如果你在柯伊伯带中继续远行，那就会看到一种奇怪的现象：在穿过布满冰岩的柯伊伯带后，突然间那里变得几乎一无所有了。

柯伊伯带离太阳约30～100 天文单位，已观测到的柯伊伯带天体直径大多为一二百千米。

天文学家们称这个边界为“柯伊伯悬崖”。是什么导致那里的冰岩数量突然下降呢？看来，答案只能是那里还有一颗较大的未知行星——人们又称它为“行星 X”了。它不是像夸奥尔或者赛德娜这样的“小朋友”，而是一个类似地球或火星那样的“大家伙”，是它的引力摄动清除了柯伊伯带外侧的碎片。不过，尽管计算表明这样的行星可以造成柯伊伯悬崖，人们却从未见过这个预言中的“行星 X”。

柯伊伯带离我们太远了，所以很难看清楚。“新视野号”正在继续向柯伊伯带的深处挺进。也许再过几十年，我们就会进一步明白柯伊伯悬崖究竟该作何解释了。

究竟什么是“行星”？

“行星”和“大行星”其实是一回事，“小行星”则是与之不同的另一类天体。人们经常在“行星”前面添上一个“大”字，乃是为了更清晰地强调它们不是小行星。2003UB313 究竟算不算大行星？国际天文学联合会小行星中心负责人马斯登认为，迄 2005 年底为止，柯伊伯带中已知有 12 个较大的

“行星”和“大行星”其实是一回事，“小行星”则是与之不同的另一类天体。

海外天体，加上赛德娜和谷神星，连同现有的九大行星，如此算来，太阳系就有 23 颗“行星”了。如今人类探测的范围尚不足太阳系的 1%，而有天文学家估计，太阳系里像冥王星那样大小的天体不会少于 1000 个。这样的话，我们的子孙后代将会面临多得不可胜数的太阳系“行星”，这实在让人难以接受。

究竟什么是一颗“行星”呢？说来有趣，当人类进入 21 世纪的时候，天文学家们却对如此“简单”的问题迟疑不决了。要给“行星”下一个精确的定义，并不像乍一想的那么简单。其实，这种情况在科学中并非绝无仅有。例如，什么是“大陆”？格陵兰或者马达加斯加是一个“大陆”吗？人们的回答是：“不，它们只是一些大的岛屿。”那么，澳大利亚是一个“大陆”吗？通常的回答是：“是的，它是一个大陆。”不过，也有地理学家认为，澳大利亚只是一个比格陵兰更大的岛屿而已。大陆和岛屿的分界线究竟何在呢？还有许多类似的例子：山脉和丘陵、石块和沙子、江河和溪涧，它们之间有严格的界限吗？

要把大行星和小行星断然分开，恐怕也很难办。曾经有人设想，不妨为大行星的直径规定一条底线，例如 2000 千米。这样的话，冥王星就依然是一颗大行星，2003UB313 也可以跻身大行星之列，而夸奥尔、赛德娜等则和谷神星一样，都只能算做小行星。但是，倘若有朝一日，人们发现一个直径 1900 千米，或者 1990 千米，甚至 1999 千米的天体正在环绕太阳转动，那么它还是只能算作一颗小行星吗？如此决断，岂不是太牵强、太滑稽了吗？

图4-5-7　赛德娜、夸奥尔、冥王星、月球和地球的大小比例

因此，另一些天文学家不赞成人为地按大小来给大行星下定义。他们提议，在太阳系中，任何质量足够大、因而被自身引力挤压成球形的天体，都有资格作为大行星的候选者：如果它直接环绕太阳转动，那就是一颗大行星，例如地球、冥王星、赛德娜等；如果它绕着一颗比它更大的行星转动，那么它就是一颗卫星，例如卡戎、月球、土卫六等。

但是，这样的话，不只是一些“够格”的柯伊伯带天体，而且至少还有谷神星、智神星等五六颗小行星也将“晋升”为大行星，致使太阳系中新“提拔”的大行星达20来颗之多。这恐怕同样难以让人接受。

给大行星下更确切的定义，必须既尊重历史又预见未来，既立足科学又兼顾文化。2006年8月，国际天文学联合会终于为这道难题作出了决议，其要点是：

行星必须有足够大的质量，从而其自身的引力足以使之保持接近于圆球的形状，它必须环绕自己所属的恒星运行，并且已经清空了其轨道附近的区域（这意味着同一轨道附近只能有一颗行星）。

行星必须有足够大的质量，从而其自身的引力足以使之保持接近于圆球的形状，它必须环绕自己所属的恒星运行，并且已经清空了其轨道附近的区域（这意味着同一轨道附近只能有一颗行星）。早先知道的八大行星都满足这些条件。另一方面，冥王星、厄里斯等虽然接近圆球形，并且环绕太阳运行，却未能“清空其轨道附近的区域”。它们身处柯伊伯带中，那里的其他天体还多着呢！为此，决议新设了“矮行星”这一分类。除了冥王星、厄里斯，还有最大的小行星谷神星也必须划归这一类。至于其他众多的小行星和柯伊伯带天体，究竟还有哪些应该确认为“矮行星”，则还有待于国际天文学联合会一一界定。连矮行星都算不上的，环绕太阳运行的其余所有天体，都可以明确归入“太阳系小天体”这一类。行星、矮行星、太阳系小天体是三个大类，一个大类中还可以有不同的次类，例如太阳系小天体中就包含了彗星、绝大多数小行星，以及柯伊伯带中的许多天体。

到2017年底为止，国际天文学联合会已确认的矮行星一共有5颗，即2006年认定的阋神星、冥王星和谷神星，以及后来认定的鸟神星和妊神星。

隐匿的“寡头”

现在，我们离开太阳系的中心——太阳，离开我们生机盎然的家园——地球，已经越来越远了。我们依然在向太阳王国的遥远边疆继续前行，路漫漫其修远，使我们有足够的时间来回味这种探索的伟大与艰辛。

世界上的许多古老民族，如古代的中国人、印度人、巴比伦人、埃及人、希腊人等，对于天地万物都各有自己的看法。然而，大家都把大地当作宇宙的中心。

公元 2 世纪，托勒玫系统地总结和发展了古希腊人的地心宇宙体系：地球是宇宙的中心，恒星、行星、太阳和月亮都亘古不变地绕着地球转动。这种观念统治着整个欧洲长达千余年之久。那时，在人类对大自然的认识中，根本就没有“太阳系”这回事。

直到 16 世纪前期，伟大的波兰天文学家哥白尼提出日心地动学说，太阳系的概念才逐渐形成。如今我们知道，太阳系是一个以太阳为中心的天体系统；在太阳系中，除了太阳以外，还有 8 颗大行星，若干矮行星，大批的小行星和彗星，它们各沿自己的轨道环绕太阳运行；多数大行星的周围又有为数不等的卫星绕之转动，月球就是我们地球的卫星。人们常把太阳系比作一个巨大的“王国”。那么，这个王国的疆域究竟有多大？它的边界究竟在什么地方？

哥白尼及其学说的早期继承者已经知道，行星离太阳自近而远排列依次为：水星、金星、地球、火星、木星及土星。当时，人们很自然地将土星轨道视为太阳系的边界。

土星与太阳的距离是 9.54 天文单位。1781 年，威廉·赫歇尔发现了天王星，一举将当时人们所知的太阳系尺度翻了番。1846 年，加勒在天文望远镜中切实找到了勒威耶预告的海王星，它与太阳相距 30.1 天文单位。1930 年，汤博发现了冥王星，它的公转轨道是一个偏心率相当大的椭圆。因此，当冥王星在轨道上的近日点附近时，要比海王星离太阳更近；当其处于远日点附近时，却几乎离太阳远达 50 天文单位。冥王星

图 4-5-8　古希腊神话中的半人半马之神喀戎，骑在他身上的是他的徒弟阿喀琉斯

和太阳的平均距离是 39.5 天文单位。

自皮亚齐于 1801 年元旦之夜发现谷神星以来，迄 2017 年底记录在案的小行星已逾 50 万颗。小行星大多位于火星轨道和木星轨道之间的“主带”中。但是，也有少数小行星进入地球轨道以内，或越出土星轨道以外。1977 年 10 月，美国天文学家科瓦尔（Charles Thomas Kowal）发现一颗运行于土星和天王星之间的小行星，起初称为“科瓦尔天体”，后编为第 2060 号，且命名为“喀戎”（Chiron）。20 世纪 80 年代末查明，它实际上是一个半像小行星半像彗星的天体。此后，又在离太阳 20～50 天文单位的区域发现了几个与之类似的天体，现在统称为“半人马型小行星”，其英文名 Centaur 原为希腊神话中的半人半马族群。

彗星能够运行到离太阳极远的地方。绝大多数彗星的轨道都拉得很长。有些彗星的轨道是非常扁的椭圆，它们的远日距可以达到成千上万天文单位——但它们依然是太阳系的成员。另一些彗星的轨道是抛物线或双曲线。它们绕过近日点后就离太阳越来越远，最终进入星际空间，一去而不复返。

彗星能够运行到离太阳极远的地方。绝大多数彗星的轨道都拉得很长。

位于海王星轨道以外的柯伊伯带是短周期彗星的源泉。同时，那里还有许许多多由岩石、水冰，以及冻结的甲烷和二氧化碳等化合物构成的柯伊伯带天体，包括个头可能比冥王星还大的那个“厄里斯”。柯伊伯带往外一直延伸到离太阳约 100 天文单位处，然后就突然终止了。在那里，我们遇到了柯伊伯悬崖。

柯伊伯悬崖是不是太阳系的边界？再往外是不是就离开太阳王国了？

柯伊伯悬崖是不是太阳系的边界？再往外是不是就离开太阳王国了？

这种情景，不禁令人想起1879年出版的《大众天文学》中弗拉马利翁写下的那段极富诗意的话：

> 海王星虽然是我们现今所知道的最外边的一颗行星，我们却没有权力断定它以外就没有别的行星。
>
> 你以为一切都已经发现？
>
> 那真是绝顶的荒谬；
>
> 这无异把有限的天边
>
> 当做了世界的尽头。

今天，天文学家们并没有把柯伊伯悬崖当作世界的尽头。例如，美国国家航空航天局"新视野号"计划首席科学家艾伦·斯特恩（Alan Stern）在20世纪90年代就设想：在太阳系的远方存在着上千个像冥王星那样大小的天体；他还根据计算机模拟预言，在太阳系更远的角落，有火星甚至地球大小的天体存在。他坚信，在数十年时间内，科学家一定能在太阳系边缘发现火星大小的天体。

英国著名的《新科学家》杂志在2005年7月23日那一期上，援引美国加利福尼亚大学伯克利分校天文学家尤金·蒋（Eugene Chiang）的理论，宣称应该还有10余颗行星隐藏在遥远的太阳系边缘地带，它们比火星更大，比冥王星更冷，到太阳的距离是日地距离的1000～10 000倍！它们沿奇特的轨道绕太阳运行，在太阳系边缘组成一个"行星环"。

尤金·蒋等人的推测，源自一种新潮的太阳系形成理论，即"寡头行星形成理论"。这种理论认为，行星是由尘埃粒子逐渐聚集而形成的。在太阳系形成之初，这些特殊的“尘球”先增长到小行星那么大，其中有一些还会继续增大，并开始呈现明显的引力。它们吸引附近的物质，使自己的质量快速增长到像一颗大行星那么大。这些大天体就是所谓的“寡头行星”，因为它们的引力对周围的小物体起着寡头般的支配作用。

按照寡头行星理论，太阳系诞生之初，并没有像木星那样的巨大气体行星，而只有60来个岩石组成的寡头行星。它们彼此间的引力拖曳致使轨道的形状和大小发生变化，从而进入一种混沌状态。经过大量的碰撞和并合，它们最终变成了今天的大行星。其中外围的几颗变得十分巨大，从而具有非常强大的引力，吸引了大量气体，成为木星、土星等巨行星。

按照寡头行星理论，太阳系诞生之初，并没有像木星那样的巨大气体行星，而只有60来个岩石组成的寡头行星。

但是，位于太阳系外围的寡头行星并非全都合并成了巨行星。有的寡头行星在错综复杂的引力相互作用中被甩向远方，但它们仍然受到太阳引力的控制。其结果是剩下10来颗地球或火星大小的寡头行星，在离太阳成千上万天文单位的巨大轨道上以不同的倾斜角度绕着太阳转动，每转完一圈历时需几万年到几十万年，甚至上百万年之久。

寡头行星理论究竟是否正确？在离太阳如此遥远的地方，是否当真隐藏着一批像地球或火星那样大小的天体？这些，都还有待于时间的检验，有赖于更多的天文新发现。

太阳王国的疆域，大致以奥尔特云为界。那里是长周期彗星的储库，是一个近乎均匀的球状壳层，位于太阳系外围，距离太阳好几万天文单位。

太阳王国的疆域

太阳王国的疆域，大致以奥尔特云为界。那里是长周期彗星的储库，是一个近乎均匀的球状壳层，位于太阳系外围，距离太阳好几万天文单位。该云中的彗星绕太阳公转一周需要几百万年甚至几千万年。过路恒星的引力使一部分彗星的运动轨道发生变化，致使它们窜入太阳系内层而被我们看见。

人们早已知道，离太阳最近的一颗恒星是位于半人马座中的“比邻星”，它与太阳相距4.22光年，相当于约27万天文单位。所以说，奥尔特云已经接近其他恒星的“势力范围”了。

非常有趣的是，通过一条截然不同的途径，人们推测太阳拥有一颗尚未被发现的暗伴星——一颗质量和体积都比太阳小、发光能力也比太阳弱的恒星，它与太阳组成了一个双星系统。导致这一结论的推理过程是这样的：

图4-5-9 古希腊神话中的复仇女神尼米西斯

过去2亿多年间，地球上有过多次全球性的生物集群绝灭，它们似乎具有2600万年的周期。生物集群绝灭当然是由于环境剧变造成的，因此人们要寻找以2600万年为周期的环境剧变的原因。对此所作的推测之一，就是太阳有一颗伴星正以2600万年的周期在高度偏心的轨道上绕太阳转动。根据轨道运动周期，容易推算出它与太阳的平均距离为88 000天文单位，即约1.4光年。由于它的轨道极其扁长，故其远端深深栽入奥尔特云中；而在它经过近日点附近时，则会酿成地球上置众多生物于死地的环境剧变。人们谑称这颗伴星为“尼米西

斯”（Nemesis）——希腊神话中的复仇女神，并拟用空间红外探测等强有力的方法去搜寻它。

综上所述可见，太阳王国的疆界并不像地球上截然分明的国界。随着离太阳系的引力中心——太阳本身越来越远，太阳的影响便越来越小；太阳系的边界应该划在太阳与其他恒星的引力影响彼此势均力敌的地方。显然，这在空间的不同方向上乃是互不相同的。再者，宇宙间所有的天体都在不停地运动着，它们相对于邻近天体而言的“势力范围”当然就在不断消长着。换句话说，太阳系的边界其实无时无刻不在变化。如此看来，我们又何必非要强求为太阳王国画一条精确的“国界线”呢？

第五篇

未来家园的憧憬

【题记】

人类的理想，是亲自到其他星球上去探索和考察，就像踏上一块遥远的新大陆，那里有可能将是我们未来的家园。

图 5-0 “天问一号”向火星表面减速下降艺术形象图（来源：中国国家航天局）

第一章
飞出地球去

挣脱大地的束缚

每个孩子都有过这样的时候：看见鸟儿在飞，就希望自己也能长出翅膀在空中翱翔。

其实，这不仅是孩子的梦想，人类一直就渴望着挣脱大地的束缚，获得更大的自由。

小伊卡鲁斯的遭遇是那样地令人同情，他的结局是那样地令人惋惜。然而，仅有翅膀并不能使你飞翔，人的肌肉很柔弱，不足以光凭拍动翅膀就把自身提升到空中。

人最终还是“上天”了。我们可以将比空气更轻的气体装进一个大袋子，让空气把它托起来——好像木头浮在水上一般，这就是“气球”。即使一个物体比空气重，但是它形状扁平，而且运动得非常快，那么它那平坦的表面就可以“骑”着空气上升，就像放风筝那样。“滑翔机”也正是依据这个道理飞行的。

1903 年，美国的威尔勃·赖特（Wilbur Wright）和奥维尔·赖特（Orville Wright）兄弟俩在他们设计的滑翔机上装了发动机和推进器。这就成了一架动力牵引滑翔机，它几乎飞行

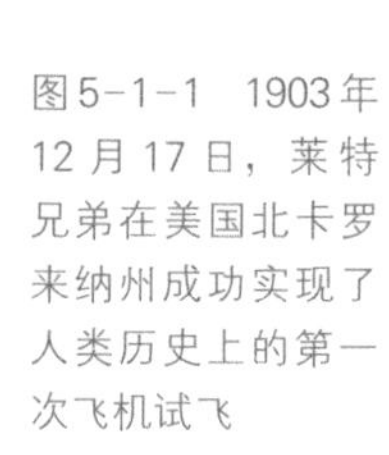

图5-1-1 1903年12月17日，莱特兄弟在美国北卡罗来纳州成功实现了人类历史上的第一次飞机试飞

了1分钟之久。就这样，第一架“比空气重的”飞行机器诞生了，人们称它为“飞机”。

气球和飞机都浮在空气中，要是没有空气的话，它们就无法上升了。但是，到了地面上空大约30千米的地方，空气已经稀薄得不能为气球或飞机提供足够的支持了。所以，气球和飞机上升的极限高度大致就是30千米。

人们需要某种办法，能使物体在真空中上升。例如，用一门巨炮将炮弹高高地射向空中。炮弹出膛时的速度越快，就可以射得越高。将一个物体往上抛射而使之永不返回，所需要的速度称为“逃逸速度”。对脱离地球而言，逃逸速度是每秒11.2千米。不过，倘若真用一门超级大炮以这种方式打出一艘宇宙飞船的话，那么它的加速度就会使飞船上的全体人员立即丧命。

然而，人们还可以利用牛顿提出的“作用与反作用定律”。这条定律说明：如果往某一方向抛掉一个物体的一部分，那么该物体的其余部分就会往相反的方向运动。如果一艘飞船从其尾部连续不断地喷出气流，那么飞船就可以连续不断地——而不像大炮发射炮弹那样突然地——向前加速。

人们可以在一个瘦长的圆柱体中装满火药粉，作成一支“火箭”。点燃引线后，火药迅速燃烧，大量热气体从火箭尾部喷出，致使火箭本体迅速地向前运动。想要上升到非常可观的高度，火箭比大炮更切实可行。大炮必须在炮弹出膛前就点燃其全部火药，炮弹出膛后，速度就只会越来越慢。火箭上升时，越来越多的火药继续燃烧，火箭的速度便越来越快，所以有可能上升得非常高。

最早发明火箭的是我们中国人。13 世纪前期，宋朝的守军曾在汴京（今开封）用原始的火箭抗敌。16 世纪，明朝将领戚继光抗击倭寇时经常使用火箭，其箭杆粗约 7 分，长逾 5 尺，捆在杆上的药筒粗 2 寸，长 7 寸，全箭重 2 斤许，射程可达 300 步。

18 世纪后期，印度军用火箭有了较大进步，射程可超过 1 千米，并在抗击英法军队时取得良好战果。19 世纪初，曾在印度服役的英国火炮专家威廉・康格里夫（William Congreve）进一步改进了印度火箭，使射程增加到了 3 千米。

1812 年，独立未及半个世纪的美国为保护航海自由和中立权利向英国宣战。战争持续了两年半，直到 1814 年 12 月双方签定《根特和约》。和约规定英国在美洲西北地区的属地尽归美国所有，这为美国人向西北地区开发铺平了道路。这场战争很激烈。美国律师弗朗西斯・斯科特・基（Francis Scott Key）于 1814 年 9 月执行任务时被英军扣留。9 月 13 日至 14 日，他目睹英军猛轰保卫巴尔的摩城的麦克亨利堡要塞，心焦如焚夜不能眠。翌晨，他遥见祖国的国旗——星条旗依然在要塞上空飘扬，便激情满怀地写下了日后名驰全球的诗篇《麦克亨利保卫战》，匿名发表在9月20日的《巴尔的摩爱国者报》上。1931年3月3日，美国参议院通过法案，规定用它作为美国正式国歌，歌名定为《星条旗》。全歌共有4段，其第一段写道：

> 哦，你可看见，通过一线曙光，我们对着什么，发出欢呼的声浪……火炮闪闪发光，炸弹轰轰作响，它们都是见证，国旗安然无恙。

图5-1-2 看到要塞上的星条旗高高飘扬，弗朗西斯·斯科特·基激情洋溢，创作了他的著名诗篇《麦克亨利保卫战》

这里引用的是正规的中译歌词，声韵俱佳，朗朗上口。但是从科学上推究，“火炮闪闪发光”一句却与原诗有所偏离。此句原文实系“火箭炫目的红光”，其要害是“火箭”而非“火炮”，它是当时英军的新式武器——虽然与今日的火箭不可同日而语。

后来常规火炮有了重大改进，命中率和杀伤力都比当初的火箭强得多。于是，在战争舞台上火箭武器便暂时匿迹了。

飞向太空的先驱

到了19世纪末和20世纪初，有两个人各自独立地想到了火箭的一种新用途，即帮助人类克服地球引力，飞向太空。

一位是俄国的齐奥尔科夫斯基（Константин Эдуардович Циолковский），自学成材的中学教师。他于 1857 年 9 月 17 日诞生在一位护林人家中，10 岁那年因患猩红热引起严重的并发症，几乎丧失听觉。半聋的耳朵使他无法上学，只好在家由母亲教读书写字。但是两年后，母亲去世了。他勤奋地自修，“书很少，完全没有老师，因而与理解和吸收相比较，我只好更多地创造”。1883 年，他 26 岁就提出了宇宙飞船的设计方案。1903 年——恰好是发明飞机的那一年，他发表长篇论文《利用火箭仪器研究宇宙空间》透彻地探讨了火箭理论，这是现代火箭科学发展史上第一座重要的里程碑。1929 年，他首次提出多级火箭，从而使人类利用当时的液体燃料就有可能飞向星际空间。1935 年 9 月 19 日，78 岁的齐奥尔科夫斯基与世长辞。一年以后，他的墓前竖起了一座高大的纪念碑。碑上铭刻着他的名言：

> 地球是人类的摇篮，但是人不能永远生活在摇篮里，他们不断地争取着生存世界和空间，起初小心翼翼地穿出大气层，然后就是征服整个太阳系。

图 5-1-3　苏联于 1986 年星际航行日（4 月 12 日）发行的面值 5 戈比纪念邮票，画面人物是齐奥尔科夫斯基

齐奥尔科夫斯基把道理讲得十分透彻，但他没有条件亲自做实验。另一位先驱者，美国人戈达德（Robert Hutchings Goddard）则对研制飞出地球大气层的火箭作了实际尝试。1901 年他写了一些讨

论空间旅行的小品文，1919 年出版了一本论述火箭发动机的小册子。1923 年，他试验了一台发动机，效果很好。1926 年 3 月 16 日，戈达德在马萨诸塞州他一位姑母的农场上，发射了自己的第一枚火箭——世界上第一枚液体燃料火箭。没有人对他的所作所为感兴趣，更没有记者在场。火箭点燃前，妻子给他照了一张相：天寒地冻，戈达德穿着大衣和长统靴，身旁那支火箭长约 1.2 米，粗约 15 厘米，活像一个玩具。

这枚火箭向空中上升了 56 米，这个貌似平凡的开端，乃是人类飞向太空的真正第一步。1929 年 7 月，戈达德发射了一

图 5-1-4 1926 年 3 月 16 日，戈达德与其行将发射的第一枚液体燃料火箭合影，拍摄者是他的妻子（来源：NASA）

枚更大的火箭，带着一个气压表和一个温度计，并用一只小照相机拍摄它们的读数。它是第一枚携带科学仪器的火箭。

戈达德发射火箭发出了震耳的噪声，有一次有人叫来了警察和消防队员。他接到命令，禁止再在马萨诸塞州作火箭实验。幸好，著名飞行员林白（Charles Augustus Lindbergh）伸出了援助之手，利用自己的影响使戈达德得以在新墨西哥州建造一个新的火箭发射场，在那里可以不受任何人的干扰。

戈达德研究了多级火箭的设想。例如，在一枚大火箭上再装一支小火箭，组成两级火箭。点燃大火箭的燃料，可将它本身连同小火箭一起送入高层大气。大火箭燃料用尽时，便与小火箭脱离而下落。与此同时，小火箭的燃料开始猛烈燃烧，使它继续上升得更高。大火箭自行脱落，可使小火箭不受累赘地轻装前进，这比整个火箭不分级要高明得多。

美国政府从未真正重视过戈达德的工作。1945年8月10日，戈达德在巴尔的摩市去世。他死后几年，政府为了利用他的200项专利，不得不付出了上百万美元，要不然研究工作就将停滞不前。

在德国，1927年成立了一个“空间旅行协会”。它的那些年轻会员中，就有日后闻名全球的冯·布劳恩（Wernher Magnus Maximilian von Braun）。希特勒于1933年大权在握时，便开始想用火箭来作为战争武器。第二次世界大战中，德国于1942年试射了第一枚由火箭驱动的“导弹”。1944年，冯·布劳恩的小组将这些导弹投入使用，它们就是著名的V-2火箭，V代表德语词Vergeltung，意为“复仇”。一年之内，德国发射了数以千计的V-2火箭，其中有1230枚击中伦敦，造成英国

图 5-1-5 第二次世界大战期间，纳粹德国的 V-2 火箭曾使英国遭受重大伤亡

人的重大伤亡。然而，这并不能挽回希特勒的败局。

战后，美国和苏联立即尽力罗致德国的火箭专家。他们多数为美国所获，其中也包括冯·布劳恩。

火箭并不只限于为战争服务。例如，美国科学家用缴获来的 V-2 火箭研究原先无法到达的高层大气，其中有一枚上升的高度达到了 184 千米。1949 年，美国把一枚小型火箭置于 V-2 的顶端，这枚两级火箭上升到了 385 千米的高度。

从火箭到人造卫星

不过，上述这类火箭只能在高层大气中停留很短的时间。人们能不能造出可以长期逗留在高空中的火箭呢？

其实，早在3个世纪前，牛顿就创立了这方面的基本理论。如果从地球上发射一枚速度至少达到每秒8千米的火箭，并使它越出大气层后飞行的方向大致与地球表面平行，那么它就会环绕地球运行不已。也就是说，它成了一颗“人造卫星”。这样，它就可以持续不断地发回在太空中获得的种种信息了。

1957年10月4日，齐奥尔科夫斯基百年诞辰之后几个星期，苏联率先发射成功人类历史上的第一颗人造卫星“斯波特尼克1号”（一译“人造地球卫星1号”）。仅仅几个月后，美国在冯·布劳恩指导下，于1958年1月31日发射了它的第一颗人造卫星“探险者1号”。1970年4月24日，中国发射了自己的第一颗人造卫星“东方红1号”。

1957年10月4日，齐奥尔科夫斯基百年诞辰之后几个星期，苏联率先发射成功人类历史上的第一颗人造卫星“斯波特尼克1号”（一译“人造地球卫星1号”）。

1970年4月24日，中国发射了自己的第一颗人造卫星“东方红1号”。

人造卫星的用途十分广泛。例如，气象卫星可用于准确地预报天气，测地卫星可以更精密地测定地球的形状，科学考察卫星可以记录地球周围的环境条件——磁场、电子浓度、宇宙线强度等等。

图5-1-6　中国的第一颗人造地球卫星“东方红1号”。1970年4月24日从甘肃酒泉卫星发射场由“长征一号”运载火箭发射成功

如果将人造卫星发射得越来越高，它们绕地球转一周的时间就会越来越长。如果将一颗卫星发射到地球上空约35 900千米

的高度，它绕地球转一圈就需要24小时，恰好与地球的自转同步。于是，它就成了一颗“同步卫星”。20世纪60年代初，人类利用同步卫星实现了洲际通信。1964年8月19日，美国发射了“同步通信卫星3号”，它是第一颗成功的同步通信卫星，停留在太平洋上空，正好赶上向美国转播1964年的东京奥运会。

进一步提高人造卫星的速度，它们就可以彻底脱离地球，进入辽阔的行星际空间。至此，飞向太空已经变得完全切实可行了。

第二章
太空中的人

探访我们的近邻

人造卫星运行的速度再稍稍大一些，它们就可以抵达月球，人类就有希望到月球上去进行实地考察了。

当然，在此之前，应该先让无人飞船前往。确保宇航员的生命安全，是至为重要的艰巨任务，没有绝对的把握绝不能贸然行事。

1959 年 1 月 2 日，苏联成功地发射了“月球 1 号”。它从离月球表面不足 6000 千米的地方掠过，最终成了第一个环绕太阳运行不已的“人造行星”。两个月后，美国也实现了同一目标。

1959 年 1 月 2 日，苏联成功地发射了“月球 1 号”。它从离月球表面不足 6000 千米的地方掠过，最终成了第一个环绕太阳运行不已的“人造行星”。两个月后，美国也实现了同一目标。

1959 年 9 月 12 日，苏联发射的“月球 2 号”击中了月球。破天荒第一次，一个人工制造的物体在另一个星球上着陆了。

月球总是以同一面向着地球的。1959 年 10 月，苏联的“月球 3 号”绕到月球背面，拍摄了那里的照片，并将其转换为无线电信号发送到地球上，然后再重新转变为照片。于是，人类第一次见到了月球背面的模样。

将人造卫星发送到月球附近，然后由地球上发出无线电信

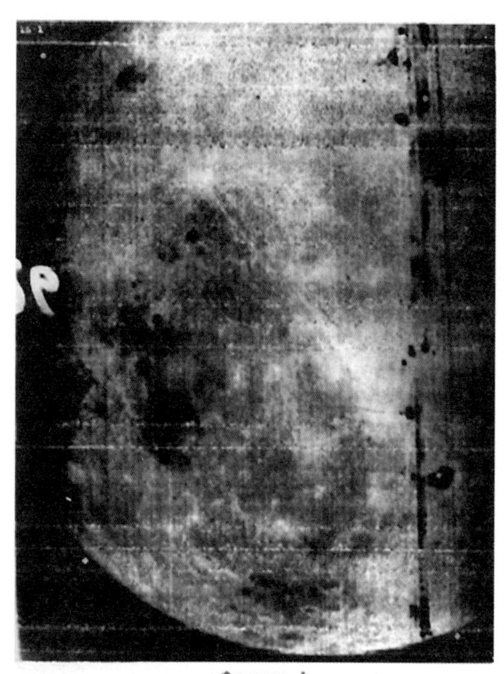

图 5-2-1 苏联的“月球 3 号”探测器拍摄的这张照片，让人类第一次看到了月球背面的模样

号，点燃人造卫星携带的小火箭，以此调整其运动，使之进入环绕月球运行的轨道，那就可以详尽地探测月球周围的环境了。及至 1966 年，苏联和美国都做到了这一点。

1966 年 3 月 31 日苏联发射了“月球 10 号”，它成功地进入了环绕月球运行的轨道。同年 8 月 10 日，美国发射“月球轨道探测器 1 号”，后来又发射了几颗类似的卫星。这些探测器拍摄的月球景象，有的很像地球上的沙漠，很难想像它们竟是远在 38 万千米之外的另一个世界。更令人惊叹的是高悬在弯弯的月面之外的地球照片——那就是人类的家园，看起来反倒像是一弯粗粗的蛾眉月。

上述这些月球照片，还是在相当一段距离以外拍摄的。真正的近景照片又如何呢？

为此，美国设计了一系列“徘徊者”卫星，试图让它们击中月球，并在向月球下落的途中拍摄照片。“徘徊者”1 号至 5 号是试验卫星，并未真正送往月球。1964 年 1 月 30 日发射的“徘徊者 6 号”瞄准极佳，击中月球时仅偏离预定目标约 30 千米，只可惜它的电视照相机坏了。1964 年 7 月 28 日，“徘徊者 7 号”发射成功。一直到与月面相撞为止，它始终在拍摄照片。它拍摄的月面景色，远比先前的任何月球照片清晰得多。

有些天文学家曾经设想，月球上也许覆盖着一厚层细细的尘埃。但他们研究“徘徊者”拍摄的照片后，似乎看不出有尘埃覆盖的迹象。为了查明事实真相，需要在月球上“软着陆”。

1966 年以前，探测器总是硬生生地往月球上撞，力量非常巨大，致使探测器自身往往毁于一旦。这就是“硬着陆”。如果卫星能够在即将着陆前点燃一支火箭，使其下降的速度逐渐减慢，它就有可能相当轻盈地着陆，从而确保仪器正常工作。这就是软着陆。

1966 年 1 月 31 日，苏联发射了“月球 9 号”探测器。它于 2 月 3 日在月球上软着陆成功，并第一次在月球表面拍摄了上下四周的照片。同年 5 月 30 日，美国发射了“勘测者 1 号”，它于 6 月 2 日在月球上软着陆，同样也拍摄了照片。这类考察使情况变得明朗起来：月球表面的状况与地球表面相仿，那里并没有厚厚的尘层。月球表面的物质也和地球表面物质相似，那儿的土壤成分很像地球上的玄武岩。

“您是从天外来的吗？”

与此同时，苏美两国还在尝试直接把人——而不仅仅是仪器——送入太空，并让他们安全返回。人能不能禁得住那么巨大的加速和超重？太空中充满着各种各样危险的辐射，应该怎样防范？一旦火箭发动机关闭了，太空中的人就会长时间地处于失重状态，这又会带来什么危害？

为了回答诸如此类的问题，第一步是用动物做实验。1957 年 11 月 3 日，苏联发射的第二颗人造卫星就携带了一条名叫“莱伊卡”的狗，它

图 5-2-2　苏联“斯波特尼克 2 号”（一译“人造地球卫星 2 号”）搭载的小狗“莱伊卡”

1961 年 4 月 12 日，空军驾驶员出身的苏联宇航员尤里·加加林（Юрий Алексеевич Гагарин）首先乘坐"东方 1 号"飞船进入轨道，用 108 分钟绕地球飞行一周，然后安全返回，降落在莫斯科东南 644 千米的斯梅洛夫卡村的田野里。

经受了起飞、加速、超重和失重依然活着。当时还无法让进入太空的卫星或飞船安全返回，所以这条小狗最终被无痛地处死。后来，鼠、黑猩猩等也先后随卫星上天，然后又安然返回地面。人可以进入太空，但事先必须充分地准备和训练。

1961 年 4 月 12 日，空军驾驶员出身的苏联宇航员尤里·加加林（Юрий Алексеевич Гагарин）首先乘坐"东方 1 号"飞船进入轨道，用 108 分钟绕地球飞行一周，然后安全返回，降落在莫斯科东南 644 千米的斯梅洛夫卡村的田野里。加加林站起身，收拾好降落伞，发现一位老妇人和两个小女孩一起朝自己走来。这位老妇人是加加林从太空回来后第一个向他说话的人。

"你是从天外来的吗？"她问道，加加林的橙色航天服和白色头盔令她十分好奇。

"是的！"加加林高兴地回答，"你不相信？可的确如此。"

图 5-2-3　作为第一个"太空人"，加加林的英姿在他上天后 9 天（1961 年 4 月 21 日）就登上了美国《时代》周刊的封面

老妇人变得害怕起来。

"请别惊慌，"加加林马上解释道，"我是苏联人！"

数分钟后，一群农民开着拖拉机朝飞船着陆点驶来。有些人一直在收听无线电广播，因此立即辨认出从天而降的就是加加林！

极其令人惋惜的是，仅仅几年以后，1968 年 3 月 27 日，加加林乘坐一架米格 15 歼击机进行训练时意外失事，与飞行教练员一同遇难。仅仅 17 天前，他刚过完自己的 34 岁生日。

图5-2-4　本书作者在爱丁堡皇家天文台和美国的第一位“太空人”阿伦·谢泼德（左）合影（1989年4月2日）

1961年5月，美国人阿伦·谢泼德（Alan B. Shepard, Jr.）乘坐“水星3号”升空，然后安全返回。他虽然没有环绕地球飞行，却是美国的第一位“太空人”——首位进入太空的美国宇航员。本书作者曾有幸与谢泼德晤面并合影，那是1989年4月2日，笔者在英国爱丁堡皇家天文台做访问学者，正值那里举办第一届国际科学节，谢泼德乃是特邀嘉宾。

1961年8月6日，苏联宇航员盖尔曼·季托夫（Герман Степанович Титов）乘坐“东方2号”进入轨道，绕地球飞行了17圈，失重达25小时以上，然后才回到地面。

1962年2月20日，小约翰·格伦（John H. Glenn，Jr.）成为第一位进入空间轨道的美国人，他在环绕地球飞行3圈后顺利返回。很多年以后，格伦以77岁高龄再上太空。看来，这是一项很不容易打破的世界记录。

1937年3月6日出生的苏联人捷列什科娃（Валентина Владимировна Терешкова），是第一位进入太空的女性宇航员。

1937年3月6日出生的苏联人捷列什科娃（Валентина Владимировна Терешкова），是第一位进入太空的女性宇航员。

她曾有幸与加加林一起工作几个月，后者对她非常称赞，说“她天生就是干航天这一行的”。1963年6月16日，捷列什科娃单独驾驶“东方6号”飞船，开始了一次轰动世界的飞行。后来她告诉人们：

> 我没有想自己的家，也没有想是否能返回地球，我脑子里只装着未来24小时内担负的使命和责任。当我在太空中看到无比壮观的地球时，真抑制不住内心的激动，我对它产生了深深的眷念，于是我提出延长在太空逗留的时间，我的请求得到批准。最后，我绕地球48圈，飞行了70小时50分钟，航程197万千米。太空飞行短短的三天，是我一生中最幸福的日子。

捷列什科娃在太空完成了一系列医学、生物学和技术考察任务，于6月19日返回。5个月后，她与苏联宇航员尼古拉耶夫（Андриян Григорьевич Николаев）喜结良缘。1964年，她生了一个女孩，表明航天飞行对人的生育没有影响。1983年，她身穿航天服和头戴航天帽的形象被镌刻在新的1卢布硬币上。

苏联宇航员阿列克谢·列昂诺夫（Алексей Архипович Леонов）是第一个在太空中走出飞船的人。1965年3月18日，他离开“上升2号”飞船，在太空中“漫步”10分钟。同年6月，美国宇航员爱德华·怀特（Edward H. White）离开“双子座4号”的密闭舱，在太空中逗留了21分钟，成为第一个太空漫步的美国人。

人在太空中逗留的时间越来越长，单人飞行也改进成为双人乃至三人同行。更重要的是，宇航员已经可以自如地直接控制和操纵飞船了。例如，1968 年 11 月，美国的“阿波罗 7 号”飞船创造了携载 3 人在轨道上逗留 11 天的记录。

“人类的一大步”

1963 年 11 月遭暗杀的美国第 35 任总统肯尼迪（John Fitzgerald Kennedy），于 1961 年上任伊始就问美国国家航空航天局，能不能在 20 世纪 60 年代把人送上月球。当时，冯·布劳恩加强了语气回答：“能。”

当然，在这个“能”的背后，还有着巨大的未知数。宇航员必须学会“交会”，即一艘飞船与另一艘飞船对接。他们还得穿着太空服离开飞船，在舱外的太空中做各种各样的机动动作。他们能不能迅速学会在月球上走路？在月面上，人的大脑能不能正确地作出判断？各种医学问题如何解决？诸如此类的难题，多得不可胜数。

美国人的登月工程——“阿波罗”计划必须解决所有这些问题。为此，整个计划耗资高达 250 亿美元，参与该计划的公司先后达 2 万家，参与工作的人前后总计达 400 万。

1968 年 12 月 21 日，美国的“阿波罗 8 号”载着 3 名宇航员飞向月球，在离月面约 110 千米的高度上绕月球转了 10 圈。他们在太空中度过了圣诞夜，最后于 12 月 27 日安然返抵地球。翌年 5 月 18 日发射的“阿波罗 10 号”，更由宇航员们操纵着，成功地下降到距离月面 15 千米以内的地方。

1968 年 12 月 21 日，美国的“阿波罗 8 号”载着 3 名宇航员飞向月球，在离月面约 110 千米的高度上绕月球转了 10 圈。

1969 年 7 月 16 日，美国发射了“阿波罗 11 号”宇宙

图 5-2-5 “阿波罗 11 号”的宇航员奥尔德林走下登月舱的扶梯。照片由阿姆斯特朗站在月面上拍摄

飞船，乘坐的 3 位宇航员是尼尔 · A · 阿姆斯特朗（Neil A. Armstrong）、小埃德温 · E · 奥尔德林（Edwin E. Aldrin, Jr.）和迈克尔 · 柯林斯（Michael Collins）。7 月 20 日，柯林斯留在轨道上操纵飞船的主体部分，阿姆斯特朗和奥尔德林则乘坐登月舱下降到月面上。

登月舱在月面着陆后，两位宇航员对登月系统作了一系列检查，随后是几小时的休息和睡眠。7 月 21 日格林尼治时间 3 时 51 分，阿姆斯特朗爬出舱门，在 5 米高的小平台上停留了几分钟，然后又花了 3 分钟的时间走下 9 级扶梯。4 时 07 分，他用左脚小心翼翼地触及月面，然后鼓起勇气将右脚踩到月面上，留下一个宽 15 厘米、长 32.5 厘米的脚印。18 分钟后，奥尔德林也踏上了月球。阿姆斯特朗曾豪迈地谈了自己首先踩上月球的感受：

> 对一个人来说，这只是一小步；但对于人类来说，这却是跨出了一大步。

图 5-2-6　人类在月球上留下的第一个脚印（来源：NASA）

此后，又先后 5 次有 10 名美国宇航员登上月球。前面提到的阿伦·谢泼德也于 1971 年 1 月成为“阿波罗 14 号”的宇航员。他们带回许多月球物质样品，可供科学家们成年累月地潜心研究。

遨游太空的“神舟”

作为世界太空俱乐部的重要成员，20 世纪 70 年代以来，中国的航天事业有了长足进步。中国不仅发射了各种类型的人造卫星，而且还用自己研制的火箭为其他国家发射了多颗卫星。在新千年来临之际，中国正式启动了载人航天工程——“神舟”计划。

2003 年 10 月，中国实现了自己的首次载人航天飞行。10 月 15 日 9 时整，我国自行研制的“神舟五号”载人飞船在酒泉卫星发射中心升空，乘坐者是我国自己培养的第一代航天员、38 岁的杨利伟。9 时 9 分 50 秒“神舟五号”准确进入预定轨道，杨利伟成了浩瀚太空的第一位中国来客。10 时许，在环绕地球第 1 圈飞行时，杨利伟按照指令打开面罩，当握着笔的手松开时，处在失重环境下的笔立即飘了起来。

2003 年 10 月，中国实现了自己的首次载人航天飞行。10 月 15 日 9 时整，我国自行研制的“神舟五号”载人飞船在酒泉卫星发射中心升空，乘坐者是我国自己培养的第一代航天员、38 岁的杨利伟。

11 时过后，通过电视荧屏，人们看到了杨利伟在太空中进餐的画面。他一边看书，一边捏挤包装袋享用这顿不同寻常的午餐，食谱包括八宝饭、鱼香肉丝、宫保鸡丁和用中药及滋补品制成的饮料等。飞船运行到第7圈，杨利伟在太空中展示中国国旗和联合国旗。他在距地面343千米的太空中说："向世界各国人民问好，向在太空中工作的同行们问好，感谢全国人民的关怀。"19时58分，飞船运行到第8圈时，杨利伟与正在北京航天指挥控制中心的妻子张玉梅、儿子杨宁康通话。他对妻子说："在太空感觉很好，太空的景色非常美。"又对儿子说："好儿子，我看到咱们美丽的家了！"

10月16日，杨利伟在太空中经过21小时28分、环绕地球14圈、60万千米的安全飞行后，"神舟五号"在内蒙古四子王旗主着陆场成功返回，实际着陆点与理论着陆点仅相差4.8千米。

10月16日，杨利伟在太空中经过21小时28分、环绕地球14圈、60万千米的安全飞行后，"神舟五号"在内蒙古四子王旗主着陆场成功返回，实际着陆点与理论着陆点仅相差4.8千米。返回舱完好无损，杨利伟自主出舱，我国首次载人航天飞行圆满成功。

差不多两年后，准确地说是两年差4天，2005年10月12日，40岁的费俊龙作为指令长和41岁的聂海胜乘坐"神舟六号"飞向太空，这是我国载人航天史上的首次双人齐飞。第二天，费俊龙和聂海胜在太空中飞行的时间超过了杨利伟。第三天，10月14日，"神舟六号"进行首次轨道维持，即对飞船进行精密的微调，使它保持在预设的正常轨道上。那一天，费俊龙曾在舱内花费约3分钟连作了4个

图5-2-7 2003年10月16日6时28分，"神舟五号"载人飞船在内蒙古自治区乌兰察布市四子王旗北部红格尔苏木草场成功着陆，航天英雄杨利伟自主出舱

“前空翻”。按飞船每秒 7.8 千米的速度计算，他翻一个“跟斗”就飞了约 351 千米。10 月 17 日，“神舟六号”返回舱安全着陆，实际着陆地点与理论着陆点仅相距 1 千米。“神舟六号”总共飞行了 4 天 19 小时 32 分钟，绕地球 77 圈，行程约 325 万千米。尽管“神舟六号”任务的难度要比“神州五号”高出许多，但实施得很出色，为后续载人航天飞行提供了重要经验和改进依据。

2008 年 9 月 25 日，“神舟七号”搭载指令长翟志刚以及航天员刘伯明、景海鹏升空。这次飞行任务的一大亮点是实施中国航天员首次出舱活动。9 月 27 日，在刘伯明、景海鹏的协助和配合下，翟志刚穿着中国的“飞天”舱外航天服顺利出舱，并于 16 时 48 分迈出中国人在太空行走的第一步。“神舟七号”飞行 2 天 20 小时 30 分钟，绕地球转了 45 圈后顺利返回地面。

2008 年 9 月 25 日，“神舟七号”搭载指令长翟志刚以及航天员刘伯明、景海鹏升空。这次飞行任务的一大亮点是实施中国航天员首次出舱活动。

2011 年 11 月 1 日，“神舟八号”无人飞船顺利发射升空。它与先期发射的“天宫一号”目标飞行器两次成功进行空间无人交会对接。这标志着我国已经成功突破空间交会对接及组合体运行等一系列关键技术，使中国成了继苏联和美国之后第 3 个自主掌握交会对接技术的国家。

2012 年 6 月 16 日，“神舟九号”飞船发射升空。这个乘组“新老搭配、男女配合”，指令长景海鹏是第二次执行飞行任务，乘组成员还有刘旺和刘洋。刘洋是中国首位参加载人航天飞行的女航天员。她曾豪迈地对媒体表示：挑战对每名航天员都一样，太空不会因为女性的到来而降低它的门槛，太空环境不会对女性特殊照顾。

刘洋是中国首位参加载人航天飞行的女航天员。

中国将在 2020 年建成自己的太空家园——中国空间站。

图5-2-8 中国于2011年9月29日发射“天宫一号”目标飞行器，同年11月1日发射“神舟八号”无人飞船，11月3日两者实施首次空间交会对接取得圆满成功

“神舟九号”在轨飞行十余天，与目标飞行器“天宫一号”两次进行载人交会对接，正是向此目标前进的关键性一步。第一次是实施自动交会对接，对接成功后，只见景海鹏、刘旺、刘洋轻盈地相继“飘”进“天宫一号”……此后他们返回“神舟九号”，飞船与“天宫一号”分离。第二次由航天员刘旺手动控制完成交会对接。3名航天员最终于2012年6月29日胜利归来。

2013年6月11日“神舟十号”发射升空，成功实施了交会对接任务的收官之战，载人飞船天地往返运输系统进入定型阶段。

2013年6月11日“神舟十号”发射升空，成功实施了交会对接任务的收官之战，载人飞船天地往返运输系统进入定型阶段。它在轨飞行15天期间，有12天与“天宫一号”联结为组合体在太空中运行。“神舟十号”的指令长是聂海胜，另外两名乘员是张晓光和王亚平。王亚平是继刘洋之后上天的第二位中国女航天员，也是“神舟十号”任务的一大亮点——太空授课的主讲者。人在失重环境下授课、实验和拍摄，要比在地面难出千百倍。为此，三位航天员在地面进行了200多个小时的训练。而直到返回地球，站在“最高讲台”

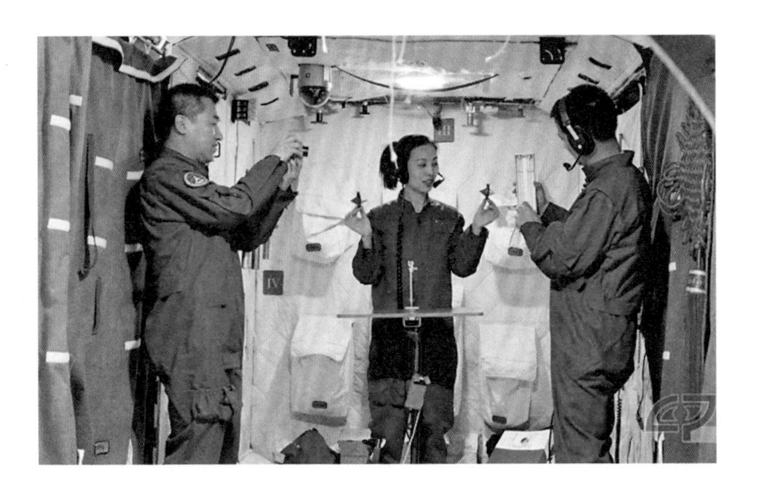

图5-2-9　2013年5月22日，王亚平（中）、聂海胜（右）和张晓光一起在地面模拟“天宫一号”组合体内进行太空授课的训练场景（新闻图片）

上的王亚平才知道，短短40多分钟的太空授课，引起了全世界的高度关注。6月26日，任务圆满完成，三位航天员如期凯旋。

2016年10月17日升空的“神舟十一号”，主要目的之一是航天员在太空中进行中期驻留试验，即在太空中逗留的时间超过30天。飞船指令长是第三次上太空的景海鹏，另一位乘员是陈冬。在轨期间，“神舟十一号”实现了与同年9月15日发射的“天宫二号”空间实验室交会对接。两位航天员在太空中留驻的实际时间长达33天之久，为日后建造和运营中国空间站奠定了更坚实的基础。

2004年，中国月球探测工程正式开局。整个工程分为“无人月球探测”“载人登月”和“建立月球基地”三个阶段，通常简称为“探、登、驻”。

嫦娥奔月在今朝

作为一个航天大国，中国必然有自己的月球探测战略。

2004年，中国月球探测工程正式开局。整个工程分为“无人月球探测”“载人登月”和“建立月球基地”三个阶段，通常简称为“探、登、驻”。

“嫦娥工程”又可再细分为三个步骤，即“绕月飞行和探测”、“在月面上降落与巡视”以及“取样返回地球”，通常被概括为“绕、落、回”三个字。

第一阶段“探”（无人月球探测），有一个诗意盎然的名称——“嫦娥工程”，它既富有中国传统文化特色，又体现志在必得的决心。“嫦娥工程”又可再细分为三个步骤，即“绕月飞行和探测”、“在月面上降落与巡视”以及“取样返回地球”，通常被概括为“绕、落、回”三个字。用于实施“嫦娥工程”的探测器，就是著名的“嫦娥号”系列月球飞船。

2007 年 10 月 24 日，“嫦娥一号”卫星成功发射升空，它最后进入环绕月球南、北极的圆形轨道，在距离月面 200 千米的高度上运行。“嫦娥一号”绕月飞行的任务主要是获取月面的三维影像，分析月面有用元素含量和分布特征，探测月球土壤厚度等。其中有一项重要任务是探测月球上的氦 3 资源。氦 3 是氦的一种同位素，可作为一种安全高效且无污染的重要燃料，进行热核聚变反应释放巨额能量。月球土壤中的氦 3 含量，估计不下 500 万吨，可以满足人类逾万年的供电需求……在圆满完成各项使命后，“嫦娥一号”卫星于 2009 年 3 月 1 日

图 5-2-10 “嫦娥一号”探测器翱翔在月球上空艺术形象图

在精准控制下撞击到月面上的预定点，为中国探月一期工程完美谢幕。

2010年10月1日发射的“嫦娥二号”，一项主要任务是对月球虹湾地区进行高清晰度的拍摄，为日后“嫦娥三号”的着陆作好前期准备。早先，“嫦娥一号”拍摄的月面图像分辨率是120米，而“嫦娥二号”在高度100千米的圆轨道上拍摄月面时，分辨率已经优于10米，当它转入椭圆轨道在更近的距离上拍摄虹湾地区时，最高分辨率竟达到了1米！

“嫦娥三号”探测器于2013年12月2日成功发射，12月14日在月球雨海西北部虹湾以东地区软着陆。它在接近月球表面时，首先利用火箭的反推力缓冲，然后自由落体着地。“嫦娥三号”采取定位探测与巡视探测相结合的方式，研究月表的形貌与地质构造。它的着陆器可在原地拍摄周围的地形地貌，它携带的“玉兔号”月球车则可在月面上行走。月球

图5-2-11 “嫦娥三号”携带的“玉兔号”月球车

车的底部还安装了一部雷达，以供沿途探测100米深度的月球土壤层结构。“嫦娥三号”在月面上安装了一架口径15厘米的小型光学天文望远镜，有史以来第一次实现了在月球上进行天文观测。

“嫦娥三号”完成的首幅月球地质剖面图，展现了月球表面以下330米深度的地质结构特征和演化过程，还发现了一种全新的岩石——月球玄武岩，这些资料有助于人们了解月球形成至今的演化史。

“嫦娥三号”完成的首幅月球地质剖面图，展现了月球表面以下330米深度的地质结构特征和演化过程，还发现了一种全新的岩石——月球玄武岩，这些资料有助于人们了解月球形成至今的演化史。2016年8月4日，“嫦娥三号”正式退役，其着陆器创造了在月球表面工作时间最长的世界纪录。“嫦娥三号”拍摄的月面照片是人类获得的最清晰的月面照片，它获取的大量科学信息和数据向全球开放免费共享。

“嫦娥四号”本是“嫦娥三号”的备份，万一“嫦娥三号”发生意外，就由“嫦娥四号”顶替执行任务。由于“嫦娥三号”干得非常出色，“嫦娥四号”便有了新的任务：它于2019年1月3日成功地在月球背面软着陆，然后在月球南极附近的艾特肯盆地开展定位和巡视探测。

2020年11月24日，“嫦娥五号”发射升空。这个探测器由4个主要部分构成：轨道器、返回器、着陆器和上升器。12月1日，“嫦娥五号”的着陆器上升器组合体与轨道器返回器组合体分离，成功地在月面预定地点软着陆，轨道器返回器组合体则始终在轨道上绕月飞行。

嫦娥工程的第三步“回”，即实现无人月球采样返回，由“嫦娥五号”月球探测器承担。2020年11月24日，“嫦娥五号”发射升空。这个探测器由4个主要部分构成：轨道器、返回器、着陆器和上升器。12月1日，“嫦娥五号”的着陆器上升器组合体与轨道器返回器组合体分离，成功地在月面预定地点软着陆，轨道器返回器组合体则始终在轨道上绕月飞行。接着，着陆器携带的采样设备开始采集月岩和月壤样品，其中有部分样品从月表下钻取，最深处达2米。所采集的近2千克样品，封装保存在上升器中。

12 月 3 日，上升器携带着月球样品从月面升空，着陆器就相当于临时的发射搭架。12 月 6 日，上升器与在轨道上等候的轨道器返回器组合体交会对接，将月球样品转交给返回器，并与轨道器返回器组合体重新分离。

图 5-2-12 “嫦娥五号”组成示意图

然后，轨道器返回器组合体踏上归途，在离地球约 5000 千米时，轨道器与返回器分离。12 月 17 日，返回器带着那份珍贵的月球“土特产”，在内蒙古四子王旗预定区域安全着陆，从发射到回收的全过程历时共 23 天。

12 月 17 日，返回器带着那份珍贵的月球“土特产”，在内蒙古四子王旗预定区域安全着陆，从发射到回收的全过程历时共 23 天。

至此，嫦娥工程的“绕、落、回”三步走如期圆满完成。习近平代表党中央、国务院和中央军委致电，向探月工程任务指挥部并参加嫦娥五号任务的全体同志致以热烈的祝贺和诚挚的问候，并强调“人类探索太空的步伐永无止境。希望你们大力弘扬追逐梦想、勇于探索、协同攻坚、合作共赢的探月精神，一步一个脚印开启星际探测新征程”。

关于中国探月工程，还有一个很有诗意的话题，就是它那独具一格的视觉标识。下面是这个图案的“创意说明”：

用中国书法的笔触抽象地勾勒出一轮圆月，圆月怀抱着一对清晰而坚固的脚印，以此来象征中国月球探测的终极梦想。圆月的起笔处自然形成的龙头，象征如巨龙腾空而起的中国航天事业，落笔处由一群自由飞翔的和平鸽组成，表达了中国和平利用宇宙空间的美好愿望。

画面中，一轮深蓝色的圆月，两个银灰色的脚印，蓝色白色相间的一大群和平鸽，视觉效果真是何等惬意啊！

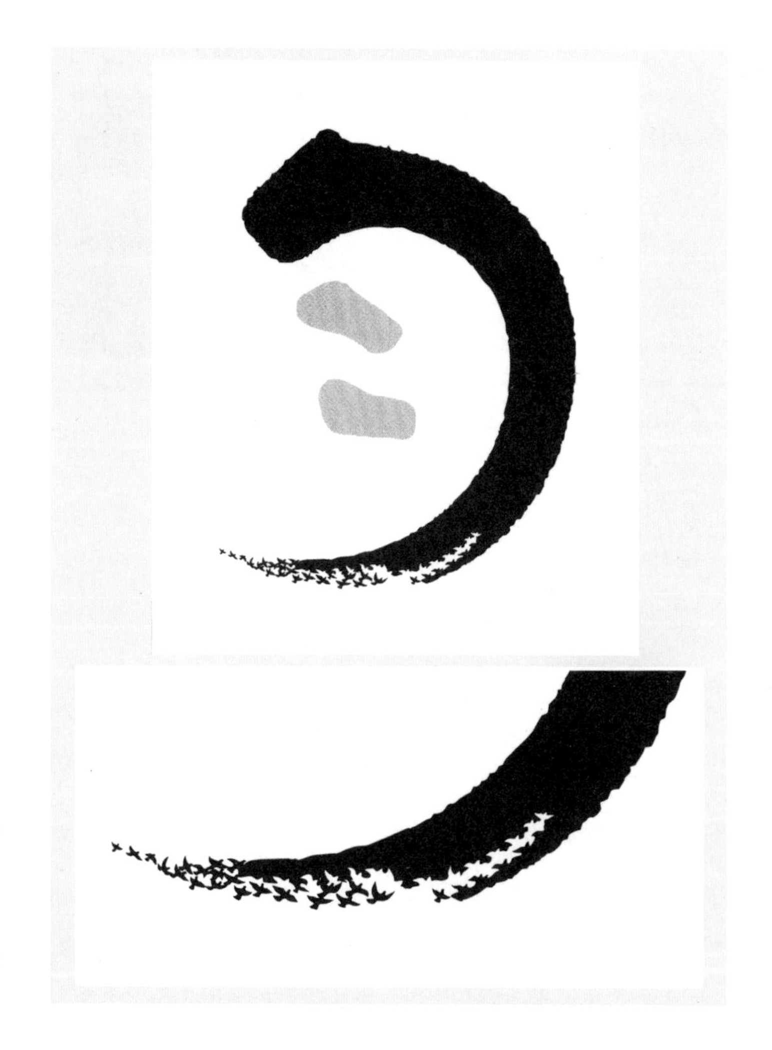

图 5-2-13　中国探月工程标识。(上)以白色背景衬底的的标识全图，(下)圆月落笔处局部放大像，蓝色和白色的和平鸽错落有致清晰可见

第三章
战神的诱惑

一个袖珍的地球

那么，比月球更远的天体又如何呢?

人类登月之后，下一个登陆目标就是火星。不过，从地球到火星要比去月球远得多。火星最接近地球时，两者之间仍远达5600万千米，约为月地距离的150倍。火星离地球最远时，两者之间的距离则约为月地距离的1000倍。

火星最接近地球时，其视圆面也只有月亮视圆面的1/5000那么大。火星的实际大小介乎地球和月球之间，其直径是6770千米，约为地球直径的53%；火星的表面积差不多等于15个中国，其体积则约为地球的1/7。火星的质量是地球的1/10，其物质平均密度为3.96克/厘米^3，比地球物质的平均密度5.52克/厘米^{3}小得多。由此可以推断，火星表面的重力仅为地球表面

火星最接近地球时，其视圆面也只有月亮视圆面的1/5000那么大。

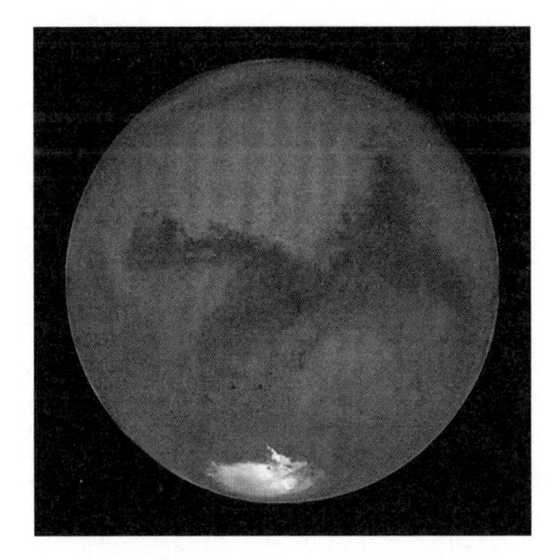

图5-3-1　2003年火星最接近地球时，哈勃空间望远镜所拍摄的火星照片

重力的 1/2.6，因此在火星上发射宇宙飞船所需的推力要比在地球上发射小得多。

火星也像地球那样自西向东自转，因此在那里也会看到群星东升西落。火星自转一周历时需 24 小时 37 分钟，所以那里的一昼夜只比地球上的一昼夜长半个多小时。

地球绕太阳公转一周所需的时间，就是地球上的一年，其长度约为地球上的 365.25 天。在不同行星上，“年”的长度——行星环绕太阳公转一周所需的时间——彼此互有差异。火星上一“年”的长度，是火星环绕太阳公转一周所需的时间，相当于地球上的 1.88 年，即地球上的 687 天，这相当于 668.6 个“火星日”。因此，在火星上一年之中将能看到 668 次或 669 次日出日落。

地球绕着地轴自转。地轴与地球表面相交于南极和北极这两个点。火星也绕着它的轴自转，该轴与火星表面的交点就是火星的南极和北极。

地球在自己的轨道平面上绕太阳公转，地轴和该平面并不垂直，而是倾斜了约 23.5°，并由此造成了一年之中的四季变化。火星的自转轴也是倾斜的，倾斜的角度约为 25°，所以火星上季节变迁的方式也与地球相同。当然，由于火星年比地球年更长，所以火星上的每个季节几乎要比地球上的每个季节长一倍。同时，火星离太阳较远，所以火星上的每个季节都比地球上的相同季节寒冷。

根据气候状况的差异，整个地球可分为“五带”：热带、北温带、南温带、北寒带和南寒带。火星亦可分为同样的“五带”。火星南北两极各有一片白色的斑块，宛如地球的极区布满冰层一般。它们称为“极冠”。另外，火星也有一层大气，虽说它比地球的大气稀薄而少云。

所有这一切，都使人们觉得火星活像一个袖珍的地球。

斯威夫特的“特异功能”

从 17 世纪到 19 世纪，天文学家越是发现火星酷似地球，就越觉得有一件事情与此不甚相称。那就是地球有一颗硕大的卫星——月球，火星却根本没有卫星。

图 5-3-2 “火星全球勘测者”拍摄的火星北极夏天景象

早先，开普勒获悉伽利略发现木星的 4 颗卫星后，很快就推论：既然地球有 1 颗卫星，木星有 4 颗卫星，那么位于它们之间的火星就应该有 2 颗卫星。这样的话，这 3 颗行星的卫星数才能构成一个等比数列，从而体现出宇宙的和谐。

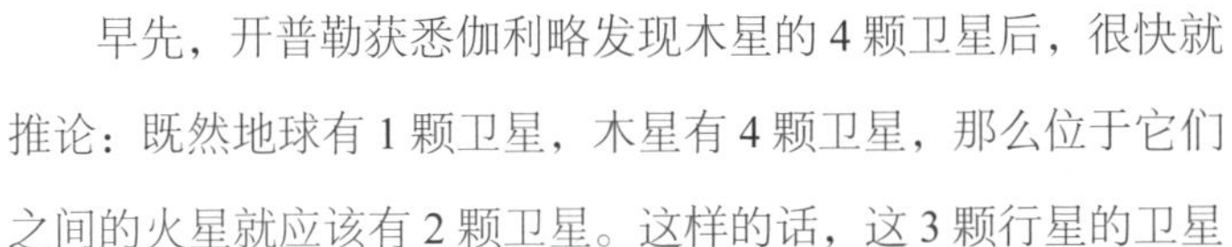

连开普勒这样的伟人都说火星应该有两颗卫星，那么在文学作品中谈论火星的卫星也就很自然了。最著名的例子是英国讽刺作家乔纳森·斯威夫特（Jonathan Swift）的《格列佛游记》。

图 5-3-3　18 世纪英国著名讽刺作家斯威夫特的肖像（1710 年），现藏英国国家肖像馆。作者爱尔兰肖像画家查尔斯·杰瓦斯（Charles Jervas）还是一位翻译家，是西班牙大文豪塞万提斯《堂吉诃德》一书的英文首译者

1667年，即牛顿奇迹年的下一年，斯威夫特出生于爱尔兰都柏林的一个贫苦家庭，出生前7个月父亲就去世了。他曾在都柏林大学修习神学。早期著有《一个澡盆的故事》，讽刺教会内部的宗派斗争。后来发表政论《布商的书信》《一个温和的建议》等，抨击英国对爱尔兰人民的剥削和压迫。长篇小说《格列佛游记》是斯威夫特的代表作，于牛顿逝世前一年——1726年出版。它以寓言的形式对时政、世道、人性进行了无情的讽刺。斯威夫特的散文风格质朴、遣词贴切，被视为英语的典范。他的大量作品都是无名出版的，只有《格列佛游记》是例外，得到了200英镑的稿酬。伏尔泰、拜伦、高尔基、鲁迅都很推崇斯威夫特的讽刺作品，《格列佛游记》更当之无愧地成了世界文学宝库中的珍品。

图5-3-4 《格列佛游记》插图

《格列佛游记》共有4部分：《小人国游记》《大人国游记》《拉普他等地记事》《慧马国》（或译《慧骃国》），全书因其怪诞神奇而为儿童所钟爱，又因其辛辣深刻而为成人所喜读。游记叙述船医格列佛（Gulliver）因航海出事屡次流落海外的见闻，其中小人国和大人国的故事可谓众所周知。第四卷说慧马国的君民是具有理性的马，而充当奴隶的则是一种称为“雅虎”（yahoo）的人形兽性的动物。

如今，IT 产业中有一个知名度极高的网站就叫“雅虎”。它的创始人杨致远在当初为自己的搜索引擎命名时，曾从一部大词典中寻找灵感。由于杨的首字母是 Y，所以词典首先被翻到 Y。显然，网站的名字越好玩就越酷。杨致远先后考虑了 Yama（阎罗王）、yawn（打哈欠）、yawp（蠢话）等等，直到发现了《格列佛游记》中的 yahoo。他回忆说：“我们在斯坦福大学正事不做，游手好闲，没什么水平，于是自嘲为 yahoo。”就这样，一群将要改变计算机网络世界的“雅虎”诞生了。

《格列佛游记》第三卷第三章描写格列佛访问想像中的王国拉普他，那里的天文学家拥有的——

> 最大的望远镜还不到 3 英尺长，但是比我们 100 多英尺长的却强得多，所以他们能够更清楚地看到大小星辰……他们又发现了两颗较小的卫星在火星周围转动，最近的一颗与火星中心的距离是火星直径的 3 倍；外面一颗的距离则是该直径的 5 倍。近的一颗 10 小时绕火星运转一周，远的则需要 21 小时半，所以它们周期的平方差不多与它们至火星中心的距离立方成正比。由此可见，它们显然也受到影响其他天体的万有引力的支配。

日后的天文发现表明，斯威夫特的猜测与实际情况相当接近，这着实令后人吃了一惊。神秘主义者们以为斯威夫特具有某种“特异功能”，有人则开玩笑说斯威夫特本人没准儿就是个“火星人”。

日后的天文发现表明，斯威夫特的猜测与实际情况相当接近，这着实令后人吃了一惊。

其实，斯威夫特完全与常人无异，言中火星有两颗卫星纯属巧合。但是，他必定想到火星如果有较大的卫星，那么它们早就该被人们发现了。所以，火卫必定既小得难以看见，又离火星极近，以至被淹没在火星的光辉之中。于是，斯威夫特提供了这样的概念：它们与火星的距离分别为火星直径的 3 倍和 5 倍，即分别为 20 370 千米和 33 950 千米。

再者，斯威夫特通晓开普勒的行星运动第三定律。他明白，火卫既然离火星如此之近，环绕火星公转的速度就一定很快，这帮助他令人钦羡地说出了与准确数值大体相符的火卫运行周期。

“再试一个晚上吧”

假如火星真有卫星，那就应该用精良的望远镜在距离火星很近的范围内仔细搜寻。但在《格列佛游记》问世后的一个半世纪中，所有的搜索都以失败而告终。

图 5-3-5　两个火卫的发现者、美国天文学家阿萨夫·霍尔的肖像，画家贝弗利·斯托茨（Beverly Stautz）（来源：美国海军天文台）

1873 年，阿尔万·克拉克父子为美国海军天文台建造的折射望远镜落成，其透镜直径达 66 厘米、镜身长达 13 米，在当时世界上的折射望远镜中首屈一指。1877 年，一次特别有利的火星大冲即将来临。整个欧洲和美国的天文学家都准备用最好的望远镜进行观测。美国天文学家阿萨夫·霍尔（Asaph Hall）也是其中之一，他十来岁时就去木工作坊工作，以养活一个没有父亲的家庭。观测星空的强烈欲望驱使他奋力自学，1863 年他 34 岁时成了海军天文台的教授。

1877 年 8 月初，火星在夜空中闪烁着诱人的红光。霍尔开始用那架口径 66 厘米的折射望远镜进行搜索。夜复一夜，他的巡视范围由外往里渐渐逼近火星表面。8 月 10 日，他已搜索到非常靠近火星本体的地方，以致火星本身的光辉已经明显地影响搜寻工作了。

霍尔很失望，回家告诉妻子安格利那·斯蒂尼·霍尔（Angelina Stickney Hall），准备放弃搜索。

但是，霍尔夫人摇摇头。她知道，在许多年内再也不会有这么好的观测时机了，于是对丈夫说："再试一个晚上吧。"

霍尔很失望，回家告诉妻子安格利那·斯蒂尼·霍尔（Angelina Stickney Hall），准备放弃搜索。
但是，霍尔夫人摇摇头。她知道，在许多年内再也不会有这么好的观测时机了，于是对丈夫说："再试一个晚上吧。"

就在这"再试一个晚上"，霍尔在火星附近发现一个微小的星点正在移动。云来了，迫使他中断了令人心焦的5天。8月16日，霍尔终于确凿无疑地肯定，自己看见了火星的一颗卫星。8月17日，又发现了另一颗。

霍尔将里面那颗卫星命名为"福波斯"（Phobos），这原是一个希腊词，意为"害怕"；外面那颗则命名为"德莫斯"（Deimos），希腊语原意为"恐惧"。在古希腊大诗人荷马的史诗《伊利亚特》中，福波斯和德莫斯都是战神阿瑞斯和爱神阿佛洛狄忒的儿子。该书第15章中叙述了战神从奥林匹斯山降到地面，为他另一个儿子阿斯卡拉弗报仇：

> 他命福波斯和德莫斯驾马，
> 自己穿上金光夺目的甲胄。

如今在汉语中将福波斯定名为"火卫一"，德莫斯定名为"火卫二"。火卫一比较亮，因此应该比较大。但是，即使在最大的望远镜中它依然只是一个光点而已。火卫太小了，当时还无法精确地测定它们的直径——要完成这项任务，还要等待整整100年。

图 5-3-6　火星的两颗卫星：火卫一（右下）、火卫二（左下）和第 951 号小行星加斯帕拉（Gaspra）的大小比较

火卫一到火星中心的距离是 9378 千米——约为月地距离的 1/40，绕火星公转一周是 7.65 小时；火卫二到火星中心的距离是 23 459 千米——约为月地距离的 1/16，公转周期 30.30 小时。

火星这两个小小的“月亮”大致都呈椭球状。火卫一的长轴、中轴和短轴的长度分别为 27.0 千米、21.6 千米和 18.8 千米，火卫二的三轴长度则分别为 15.0 千米、12.2 千米和 11.0 千米。据此可以推算出火卫一的体积仅为月球体积的 380 万分之一，火卫二的体积则为月球的 2000 万分之一。如果我们在火星上“赏月”的话，大概未必会留下什么深刻的印象：从火星上看火卫一的角直径从不会超过 13′，火卫二的角直径则仅为 2′左右。它们太小了，从火星上观看它们，不会像地球上看到的月亮那样皎洁，那样美丽。

在火星的天空中，火卫的亮度在周而复始地变化。这不仅是因为它们也像月球那样有盈亏圆缺，而且因为当它们位于天顶时与观测者的距离明显比位于地平线上时更近。假如我们把地球上的满月亮度算作 1，那么在火星上看到的火卫一的最大亮度只有 0.06，火卫二的最大亮度只有 0.0017。当初，火卫发现之后，曾有不少作品浪漫地设想，火星上的情侣比地球上有更多的幽会佳期，因为他们有两个温馨的“月亮”。可是，上面列举的这些数字却在提醒我们：现实情况远远不如文学家的想象那样优雅，那么迷人。

在火星的天空中，火卫的亮度在周而复始地变化。这不仅是因为它们也像月球那样有盈亏圆缺，而且因为当它们位于天顶时与观测者的距离明显比位于地平线上时更近。

火星运河和“火星人”

人类能够画出地球的表面特征，这样画出来的就是“地图”。月球是人类能够画出其表面特征的又一个天体，这种图称为“月面图”。同样，如此画出的火星表面图称为“火面图”。人们看到的火星总是模模糊糊，因而画出的火面图往往各不相同。1877 年火星大冲期间，意大利天文学家斯基亚帕雷利（Giovanni Virginio Schiaparelli）借助性能优异的望远镜，绘制出一份火面图，上面有许多狭窄的暗线连接着一些较大的暗区。他觉得这很像海峡连通着大海，便用意大利语把那些暗线称为 canali，意为“水道”。

人们对斯基亚帕雷利的火面图报以巨大的热情，canali 这个意大利语词汇很快就被误译成了英语词 canals，即“运河”。这一错真是非同小可。水道可以是任何天然的狭窄水域，运河则是人工修建的水路，它会使人联想起智慧生命。那么，事情会不会是这样呢——

火星是一个古老的世界，在那里生物的进化历时弥久，达

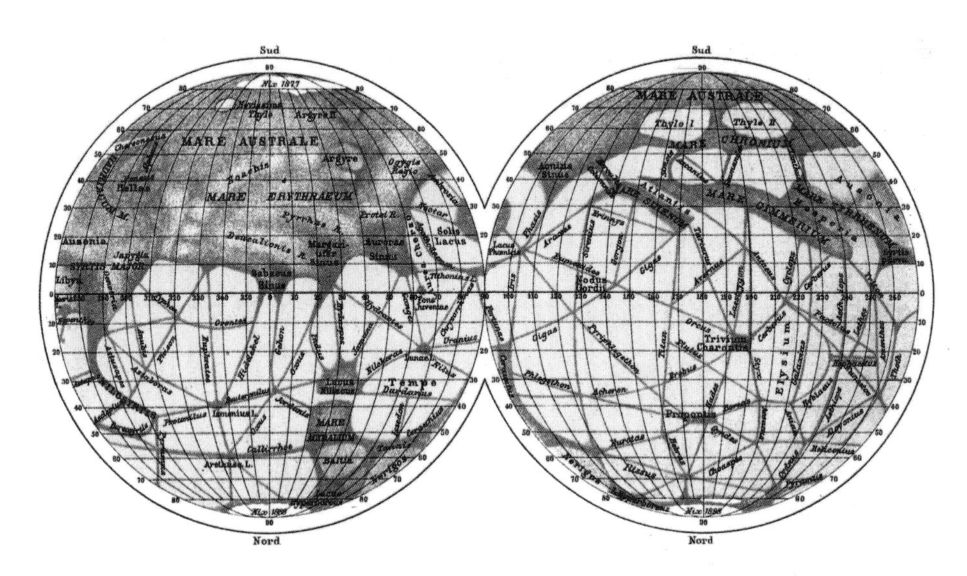

图 5-3-7 斯基亚帕雷利绘制的火面图之一

到了高度的智慧与理性。后来火星逐渐干涸，智慧的火星人作出史诗般的努力，修起巨大的运河网，使所需的水流经沙漠而到达目的地。一个古老的种族濒临死亡而决不屈服，这该是何其悲壮的场面啊！

在赞成火星运河和火星文明的天文学家中，最有影响的是美国人珀西瓦尔·洛厄尔。斯基亚帕雷利的发现促使他毕生对天文学抱有异乎寻常的热情。他用 15 年时间，在亚利桑那州弗拉格斯塔夫的私家天文台拍摄了数以千计的火星照片。在他绘制的火面详图上，运河超过了 500 条。他以火星运河为题材写了好几本书，坚决主张火星上栖息着比人类更先进的智慧生命。这些书通俗易懂，引人入胜，很受读者欢迎。

不过，使“火星人”变得家喻户晓的却非天文学家，而是英国作家赫伯特·乔治·威尔斯（Herbert George Wells）。1897 年，他开始在杂志上连载科幻小说《世界间的战争》，翌年成

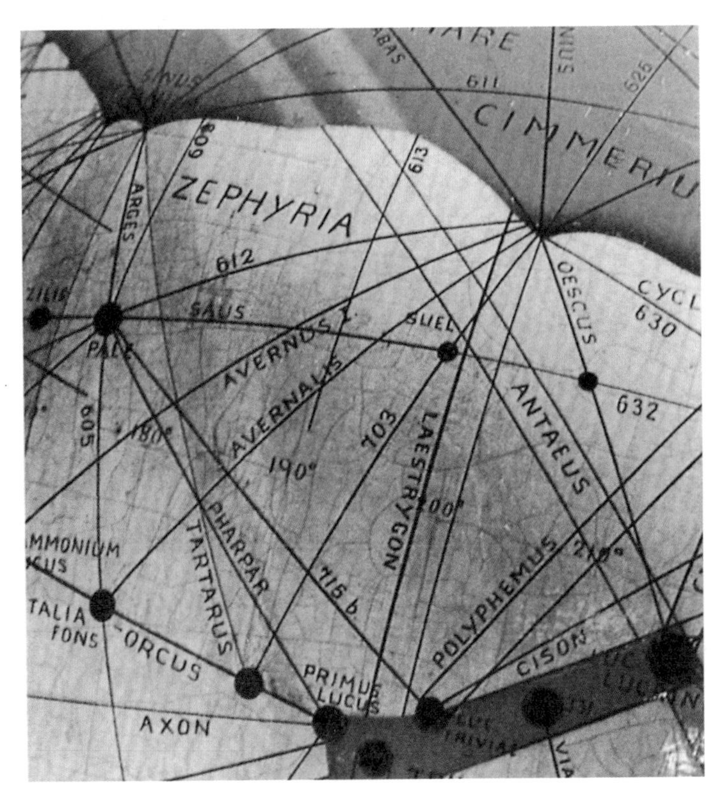

图 5-3-8　珀西瓦尔・洛厄尔绘制的火面详图上有超过 500 条的“运河”

书出版——中译本以《大战火星人》著称。它将洛厄尔关于火星的观点与当时英、法、西、葡、德、意、比等欧洲列强瓜分非洲、广建各自的殖民地联系起来。威尔斯想到，如果火星人比欧洲人更先进，那么他们也许就会像欧洲人对待非洲人那样对待欧洲人。这部小说中的地球人举着白旗去和火星人谈判，结果却惨遭先进武器的无情杀戮。这正如非洲人曾怀着善意接近来自欧洲的殖民主义者，结果却遭到了空前的劫难。

《世界间的战争》是第一部描写行星际交战并涉及地球本身的科幻小说，它开了地外智慧生物入侵地球这一观念的先河。该书情节惊心动魄，一开头就紧紧抓住了读者的心：

图 5-3-9　54 岁的赫伯特・乔治・威尔斯。英国摄影家乔治・查尔斯・贝雷斯福德（George Charles Beresford）摄于 1920 年（来源：英国国家肖像馆）

> 在19世纪的最后几年里，谁也不会相信有一种智慧生物正在敏锐而严密地监视着我们这个世界，这种智慧高于人类，但又和人类智慧属于同一种类型；谁也不会相信当人们正在忙于自己的种种事务时，另一种生物却在仔细观察和研究他们，其严密程度几乎就像一个人用显微镜观察一滴水中那些转瞬即逝的生物在熙熙攘攘地忙碌繁殖一般……

这种智慧生物就是“火星人”。他们有一个巨大的脑袋，一张肉嘴周围有一簇长长的触须，排成两束，像手一样，并靠它们进退行动。他们无性别之分，靠发芽生殖，以吸取其他动物的鲜血为生。他们逃离行将枯涸的火星，企图把地球变为自己的新家园。

地球上的人类一败涂地。但是，不可一世的火星人却突然一一暴卒了。制服他们的是地球上的细菌。人类对细菌有一定的抵御能力，火星人却完全不行。

在《世界间的战争》问世40年后，一部仿作竟引起了一场骚动。1938年，当时23岁的奥森·韦尔斯（Orson Welles）编了一个无线电广播节目，他把故事发生的时间改到当时，并将火星人入侵的地点从英国改到美国的新泽西州。他的故事讲得绘声绘色，其中不乏“目击报告”和“权威性的新闻公报”……

凡是从头听起的人都被告知这是科幻故事。但不少人并非从头听起，或者听得不够认真。他们被突如其来的灾难吓呆了，离“出事”地点不远的人惊恐尤甚。他们压根儿没有仔细想一下究竟有没有火星人，而是一头钻进小汽车惊慌出逃。年轻的韦尔斯做梦也想不到人们竟会如此当真。

一般公众热衷于“火星人”的故事，多数天文学家却不相信火星上真有运河。例如，发现两颗火卫的霍尔，无论他的望远镜还是他的观测技巧均属上乘，但他连一条火星运河都没有看见。

美国天文学家巴纳德更是一位卓然超群的观测家，他在1892年发现了小小的木卫五。他的目力甚至敏锐到这样的程度：据说在19世纪90年代就已发现火星上有环形山。不过，他本人认为这太值得怀疑，因而未予公布。70多年后，人类才用空间探测器切实看见了那里的环形山。然而，无论巴纳德多么仔细地观测，却从未见到任何火星运河。他坦言那纯粹是视觉错误：当人的眼睛竭力注视那些目力难以分辨的物体时，往往会把许多不规则的小斑块看做连成了一条条的直线。

1913年，英国天文学家蒙德（Edward Walter Maunder）做了一项实验。他画了一些圆，圆内有一些模糊而无规则的斑点；然后让一些小学生站到远处，使他们能隐隐约约看出圆内有一些东西。他要求学生画出所看见的形象，结果他们画的是一条条直线，宛如斯基亚帕雷利画的火星图。

另一些科学家的反对意见更激烈，他们认为火星根本就不适宜生命栖居。例如，半个世纪前曾和查理·达尔文（Charles Darwin）一道发展进化论、在1907年已经84岁高龄的华莱士（Alfred Russel Wallace），写了一篇长达110页的评论，猛烈抨击洛厄尔的言论。他认为火星干旱至极，不可能保持住水，即便存在“运河”似的东西，也只能是火星大地干旱龟裂造成的宽大裂缝。

会晤战神的“水手”

火星“运河”究竟是怎么一回事？有什么办法能裁决洛厄尔派和华莱士派的争论？对此，最简单的回答就是：“直接飞到火星上去亲眼看看！”

火星“运河”究竟是怎么一回事？有什么办法能裁决洛厄尔派和华莱士派的争论？对此，最简单的回答就是：“直接飞到火星上去亲眼看看！”

科学技术和文学艺术一样，不能没有浪漫的想象。在文学艺术的殿堂里，浪漫主义和现实主义是两根巨大的庭柱。浪漫主义侧重从主观内心世界反映客观现实，抒发对理想世界的热烈追求，因而常用奔放的语言、瑰丽的想象和夸张的手法来塑造形象。18 世纪晚期，英国的浪漫主义运动兴起。前面谈到的拜伦、雪莱和济慈，是第二代英国浪漫主义诗人的典型，此前的第一代浪漫主义作家则以“湖畔诗人”华兹华斯（William Wordsworth）、柯尔律治（Samuel Taylor Coleridge）和骚塞（Robert Southey）为代表，他们生活的年代大致同热衷于发现小行星的德国人奥伯斯、伟大的数学家高斯以及计算出天王星运动反常的法国人布瓦尔相当。“湖畔诗人”们主张诗歌要反映下层人民的日常生活，揭示人们的内心世界；他们注重发展民间诗歌的艺术传统，强调发挥诗人的想象力。

这里特别要提到柯尔律治。他 19 岁进入剑桥大学攻读古典文学，后来移居英格兰西部湖区。1798 年，他与华兹华斯发表可视为“浪漫主义宣言书”的《抒情歌谣集》，1817 年发表著名的《文学传记》，1818 年作了一系列关于莎士比亚的讲演，后结集成书。1824 年，柯尔律治被选为皇家学会会员。晚年的他贫病交迫，且有鸦片癖好，于 1834 年逝世。他的诗作不多，但《古舟子咏》《忽必烈汗》等皆脍炙人口，为英国诗歌之瑰宝。

长诗《古舟子咏》发表于 1798 年，是柯尔律治最有影响的作品之一。该诗共分 7 部分，记叙那位古代水手在一次航行中的奇遇：船驶出港口不久，甲板上突然飞来一只信天翁，水手杀死了它。此后这条船灾难不断，船员都死了，只剩下那位老水手一个人，随船漂流到北冰洋。这时，他明白了灾难的起因，就跪下祷告。他刚一开口，风就吹动起来，一种神秘的力量把他的船推向岸边。诗中描写了中世纪一些令人难以置信的可怕事物，并通过它们揭示所谓凡人见不到的大自然的隐秘。

20 世纪 60 年代初，美国一系列的“水手号”宇宙飞船出发了。取名“水手号”的寓意在于：那位古舟子在地球上的大洋中航行，竟遇到那么多难以料想的事情，如今我们的飞船要在太空中遨游，更会遇到什么样的情况呢？

从 1962 年 7 月到 1973 年 11 月，美国一共发射了 10 个“水手号”探测器。其中 3 个飞向金星，有 1 个失败、2 个成功；6 个飞向火星，有 2 个失败、4 个成功。最后一个“水手 10 号”，既探测金星又探测水星，成为人类首个成功考察两颗

图 5-3-10　美国的“水手 4 号”火星探测器

行星的探测器。

1964 年 11 月 28 日发射的“水手 4 号”是第一个成功的火星探测器，它于 1965 年 7 月 14 日从相距不足 10 000 千米处飞越火星，为这颗红色的行星拍摄了 21 张照片。这些照片被转换成无线电信号，途经 2.4 亿千米传回到地球。照片的质量虽然不高，但是从这么近的地方观察火星，显然要比从地球上观看强得多。照片显示出火星上有环形山，且与月球环形山很相似。

“水手 4 号”从火星近旁掠过，拐到了火星背后。这时它的无线电信号传往地球时，就会先穿过火星大气。根据无线电信号的变化情况，天文学家推断火星大气的稠密程度尚不及地球大气的 1%，火星表面的大气压仅与地球上空 32 千米处的大气压大致相当。

1969 年 2 月 25 日，“水手 6 号”从地球飞向太空。同年 3 月 27 日，“水手 7 号”接踵而去。当年 7 月 28 日到 8 月 5 日是它们最接近火星的阶段。在此期间，它们共拍摄了 201 幅质量可嘉的火星照片。可以看出火星上有些地方环形山就像月球上那样密集，但有些地区却平坦而缺乏特征。但是，在这些照片上全然没有运河的迹象。

“水手 6 号”和“水手 7 号”证实了火星大气中二氧化碳的含量约占 95%。这种情形对于火星生命究竟是判了死刑，还是一种福音？一种见解是：丰富的二氧化碳对于植物是如鱼得水，因为植物生命最需要二氧化碳；另一种意见认为，火星上二氧化碳如此之多，正说明那里缺乏植物去吸收。

水手 4 号、6 号和 7 号都只是与战神马尔斯匆匆一晤，拍摄了为数有限的照片，然后就驶向远方一去不复返了。能不能让一个探测器在迫近火星时恰好被火星的引力俘获，从而成为火星的人造卫星呢？

能不能让一个探测器在迫近火星时恰好被火星的引力俘获，从而成为火星的人造卫星呢？

1971 年 5 月 30 日发射的“水手 9 号”首次实现了这一目标。同年 11 月 13 日，它进入环绕火星的轨道。当时，一场大尘暴席卷火星全球，连极冠也被遮蔽得不复可见。这使“水手 9 号”起初拍摄的远距离照片令人失望。

正当“水手 9 号”进入环绕火星的轨道时，苏联的“火星 2 号”和“火星 3 号”探测器也接踵而至。它们比美国的探测器更大也更精巧。但是，尘暴成了扼杀它们的凶手：它们向火星表面投下照相设施后，结果杳如黄鹤。

幸好，“水手 9 号”有相当强的机动能力。它在等待尘暴平息的过程中，暂时把考察目标转向两个火卫。它拍摄的照片表明，火卫的外貌极像被虫蛀咬的马铃薯，表面布满了陨星撞击坑。

火卫一南极附近有一个跨度约达 6 千米的大撞击坑，人们将它命名为“霍尔”，以纪念两个火卫的发现者。火卫一上最大的撞击坑跨度达 10 千米，相当于火卫一长轴长度的 40%。人们用霍尔夫人娘家的姓将它命名为“斯蒂尼”。正是她的忠告“再试一个晚上吧”，使霍尔及时发现了那两颗小小的火卫。

1971 年 12 月，尘暴终于平息下来。“水手 9 号”开始转向考察火星本体，并成功地绘制了第一幅真实的火星全图。它清楚地表明，火星可分为外貌迥异的两半。一半有着许多环形山，相貌如月。另一半环形山较少，似乎是火山活动铸成了今天的模样。可以肯定，火星上没有运河，但随处会有一些暗暗的条纹，它们似乎由随风刮来的尘埃粒子组成，聚集在高地背风面风势最弱的地区。火星上还有一些亮条纹，它们与暗条纹的差异也许在于尘埃颗粒大小不同。

火星上并没有真正的海，但人们仍将地球上“海拔”的概念移植到了火星上。

火星上并没有真正的海，但人们仍将地球上“海拔”的概念移植到了火星上。火星上的“海平面”被定义为：大气压等于6.1百帕的水平高度，这大致相当于地球海平面大气压的1/166。火星上的一些大火山非常引人注目，其中最大的奥林匹斯山海拔24千米。另一方面，有些地方却比海平面还低6千米。因此，火星表面的最高点和最低点的高度相差30千米左右。在地球上，珠穆朗玛峰的海拔不足9千米，最深的海沟深度约11千米，所以地球固态表面最高点和最低点的高度差还不到20千米。

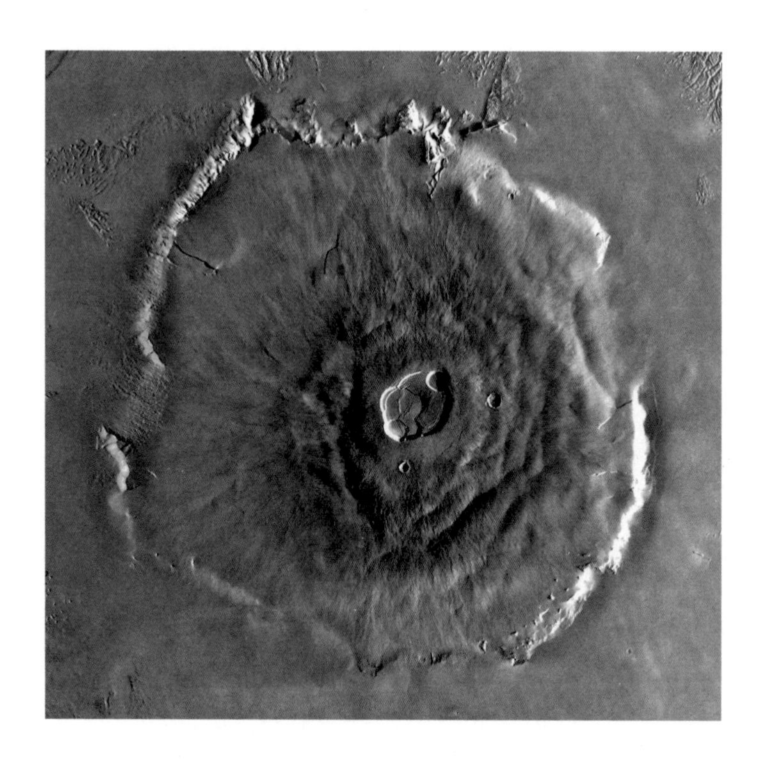

图5-3-11　从“水手9号”俯视火星上的奥林匹斯火山，它的高度是珠穆朗玛峰的3倍，是迄今所知太阳系中最巨大的火山（来源：NASA）

造成火山的力还导致了火星的地壳断裂。其中最大的断裂形成了一条深达 2 千米、长达 3000 千米、最宽处达 500 千米的大峡谷。它被命名为“水手谷”。要是在地球上的话，它就可以从上海一直延伸到拉萨。

火星表面还有许多蜿蜒曲折、拥有众多分支的结构，宛如地球上的河流，但是其中没有水。此类结构有的可长达 1500 千米，只有流动的液体才能造成这样的后果，而唯一可能存在于火星上的流动液体乃是水。这种河床状的特征在火星赤道区最多，那儿温度最高，曾经存在流水的可能性也最大。然而，这些水后来到哪里去了？人们至今仍未找到明确的答案。

火星表面还有许多蜿蜒曲折、拥有众多分支的结构，宛如地球上的河流，但是其中没有水。

第四章
在火星上

从“海盗”到“探路者”

继“水手9号”之后，合乎逻辑的下一步乃是探测器在火星上软着陆，就地进行自动化的科学实验和分析研究。为此，美国研制了“海盗号”（Viking）探测器。海盗，原指公元8世纪至10世纪斯堪的纳维亚半岛的北欧海盗。据说在哥伦布之前约500年他们就登上过美洲大陆。然而，他们只是远涉重洋，“海盗号”却是飞越太空前往另一个行星去探险。

1975年发射的“海盗1号”和“海盗2号”，分别于1976年6月19日和8月7日进入环绕火星运行的轨道。美国人本想让“海盗1号”着陆器在1976年7月4日登上火星，以向自己的国家独立200周年献上一份厚礼。但是，当这艘飞船更仔细地察看原先挑选的登陆地点时，却发现那里不够平整，不宜于着陆。科学家们作出了明智的决断：在确定更妥善的着陆地点之前，宁可错失向国庆200周年献礼的良机，也不能让探测器担失事的风险。

最终，在1976年7月20日，“海盗1号”的着陆器降落到火星的克赖斯平原（Chryse Planitia）上。大约7个星期后，“海盗2号”着陆器在火星的乌托邦平原（Utopia Planitia）登陆。两个着陆点都在火星的北半球，而经度几乎相差 180°。每个着陆器的尺度仅约 1.5 米，满载着精密仪器。它们在火星上的黎明时分记录到了−85℃的低温，下午记录到的最高温度则是−29℃。它们曾记录到每小时 54 千米的风速，相当于地球上的 7 级风，不过通常风速要慢得多。总的说来，当地的气候大致相当于地球上的南极洲。

“海盗号”着陆器分析了火星土壤样品，获悉它们亦如地球土壤那样，主要由硅酸盐构成。地球土壤铝含量甚高，铁含量较低。火星土壤则相反：含铁多而含铝少，这使火星土壤呈现出独特的红色。

“海盗号”着陆器分析了火星土壤样品，获悉它们亦如地球土壤那样，主要由硅酸盐构成。

“海盗号”着陆器在火星上逗留 60 多天后，才记录到第一次“火震”——火星上的地震，这表明正如人们预料，火星在

图 5-4-1　1976 年 7 月 20 日“海盗 1 号”火星探测器（左上图）在轨道上释放着陆器（左下图）后继续环绕火星飞行，右图是着陆器向火星表面降落过程的示意图

地质上远不如地球活跃。

在“海盗号”拍摄的照片上，河床似的东西比“水手 9 号”拍摄得更多，而且可以更有把握地判断它们确是干涸的河床。科学家从地球上发出指令，让着陆器挖一些火星土壤并加热，结果丧失了约 1% 的重量。或许，失去的正是原先束缚在土壤分子中的水。

“海盗号”着陆点四周的景色一派荒凉，很难指望存在任何种类的复杂生命。为了检验是否可能存在微观生命，“海盗号”着陆器作了 3 种基本原理互不相同的实验。第一项“热解释出实验”，用以检验是否存在能吸收二氧化碳或一氧化碳的生命。第二项“标识释出实验”，用地球生命所需的含碳化合物来处理火星土壤，如果火星上有微生物“吃”了这些“营养

图 5-4-2 1976 年 7 月 21 日“海盗 1 号”拍摄的第一幅火星彩色照片，暗红的色调引人注目

液”，并排出二氧化碳或一氧化碳，那就可以利用放射性碳 14 检测出来。第三项“气体交换实验”是向火星土壤掺入一种富含有机化合物的液体——科学家谑称它为“鸡汤”，并监测是否出现生命活动造成的气体交换。可惜，这些实验的结果模棱两可，不能明确断定那里是否存在生命。

但是，科学家还掌握着另一项实验：将着陆器挖取的火星土壤样品逐渐加热到 500℃的高温，分析它们析出的气体，以探测是否存在有机化合物。结果是：在两个着陆点都未探测到任何有机分子。问题是严峻的：火星土壤中连有机化合物都不存在，怎么还会有生命呢？

美国科学院的结论是：“海盗号”的探测结果减小了火星上存在生命的可能性。

世事往往难以十全十美。“海盗号”圆满地完成了自己的任务，可是它们不会走路，只能停留在原地工作，对了解火星表面远处的状况鞭长莫及。

第一个会“走路”的火星探测器，是美国于 1996 年 12 月 4 日发射的“火星探路者”（Mars Pathfinder）。它于 1997 年 7 月 4 日顺利降落在火星的阿瑞斯谷，与早先“海盗 1 号”的着陆点相距约 840 千米。

第一个会“走路”的火星探测器，是美国于 1996 年 12 月 4 日发射的“火星探路者”（Mars Pathfinder）。

“火星探路者”的着陆方式堪称似“硬”实“软”：它并未环绕火星转圈，便直接向火星降落。在此过程中，许多气囊及时充气，将着陆器团团裹住；落地时，气囊像一只巨大的足球那样——着陆器就裹在里面，在火星大地上弹跳了好多下，终于停顿下来。

着陆后 15 分钟，气囊排气；着陆后 60 分钟，气囊收回。

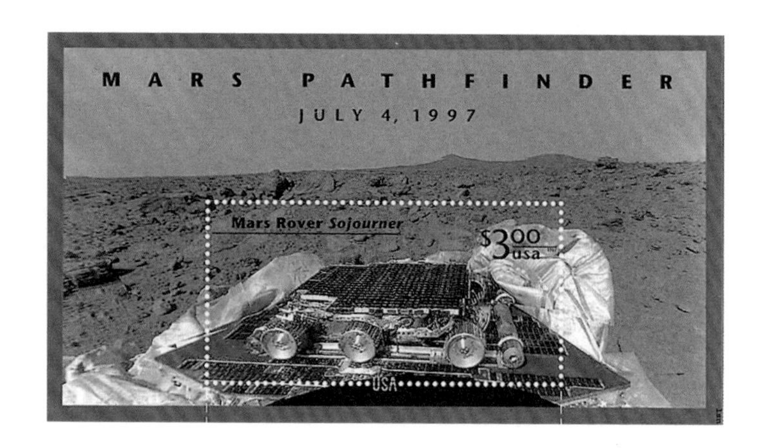

图 5-4-3 美国为“火星探路者”发行的纪念邮票小型张，画面背景是“火星探路者”发回的火星表面景观，邮票中部是六轮火星车“索杰纳”的形象

又过了 20 分钟，着陆器的 3 块侧护板如花瓣状展开，外端搭至地面，形成 3 条坡道。着陆器携带的火星车将从其中的一条坡道徐徐驶上火星表面。

这辆火星车以美国著名黑人改革家、女传教士索杰纳的名字命名。索杰纳出生于约 1797 年，生而为奴，1827 年始获自由。1843 年她给自己取名为索杰纳·特鲁思（Sojourner Truth），意为“真理旅人”。她为废除奴隶制奔走呼号多年，后又投身女权运动，1864 年在华盛顿受到林肯总统接见。1883 年 11 月 26 日，索杰纳与世长辞，享年 86 岁。由于 sojourner 这个英语词的词义是“旅居者”，火星车“索杰纳”也就经常被人们以“旅居者”相称了。

“索杰纳”体重约 10 千克，身高 0.30 米，长 0.65 米，宽 0.48 米，外貌像一只装着 6 个轮子的大号微波炉。它于美国东部时间 1997 年 7 月 6 日凌晨 1 时 59 分驶下坡道，登上火星大地。

“索杰纳”步履稳健谨慎，每秒钟只移动 1 厘米。它的主要使命是收集岩石和土壤样品，分析它们的化学成分。它的前部装有能探知障碍物的雷达和 2 架黑白照相机；后部的 1 架彩色相机可对附近目标拍摄特写镜头。它有一架α粒子-质子-X射线谱仪，其工作原理是：用放射性同位素锔224发出α粒子和质子，轰击探测目标，并分析其反射的X射线，从而探知被测目标的化学成分。“索杰纳”所需的电力由太阳能电池板和3节钚238电池提供。

“索杰纳”探测的第一块石头外观很像海洋中的甲壳动物藤壶，因而被科学家临时取名为“藤壶比尔”。“比尔”是美国人熟知的卡通人物，其他石头也获得了同样有趣的临时名称，如“瑜伽熊”、“魔鬼帕斯卡”之类，它们也都是著名的卡通人物。

“索杰纳”对藤壶比尔进行了长达10小时的扫描分析，得悉它主要由地球上常见的矿物石英、长石、正辉石等组成。地球的近邻月球的岩石中并不含石英，遥远的火星岩石成分反倒与地球岩石如此相似，这使科学家们颇感惊奇。

“索杰纳”探测的第二块岩石“瑜伽熊”，大小约为“索杰纳”的4倍，形状真的像一头熊。扫描分析的结果表明，其化学成分和藤壶比尔大不相同。这说明火星上的岩石具有显著的

图5-4-4 “索杰纳”在考察火星岩石“瑜伽熊”

多样性。

“索杰纳”的活动范围虽然有限，却是人造的机器破天荒行走在地球以外的另一颗行星上。它预示了人类的火星车或机器人将会在火星上广泛地漫游，从而使我们对火星的了解再上一个新台阶。

着陆器配备的“火星探路者成像器”置于一根一人高（1.8米）的支柱顶端，用于拍摄360°全景照片。它具有两只分开的“眼睛”，拍摄照片的视角略有差异，这样的两幅照片结合起来就会产生立体感。它拍摄的360°全景照片由红绿蓝各110幅小照片用高速计算机拼接合成，照片极其清晰，人们甚至能分辨出着陆器上的螺钉头是不是十字形！

阿瑞斯谷看来很像地球上的荒漠。照片显示出在10亿年至30亿年前曾发生特大洪水的证据，证实了21年前“海盗号”科学家们的判断。

“火星探路者”着陆几小时后，地球上就开始接收到它传来的火星表面彩色照片：到处是形状各异的砾石，远处山丘上方是褐色的天空。阿瑞斯谷看来很像地球上的荒漠。照片显示出在10亿年至30亿年前曾发生特大洪水的证据，证实了21年前“海盗号”科学家们的判断。洪水流量高达每秒100万立方米，淹没的地区大如地中海，堆积的鹅卵石上留有清晰的水痕。许多石头偏向同一方向，表明它们同时遭水冲刷。这位“探路者”看出，一座小山丘呈现的不同地层可能为不同时期沉积而成，这乃是流水活动的又一证据。

火星上发生过洪水，说明它原先要比今天温暖、湿润，这很适合生物生存。倘若火星上曾经存在过稳定的水域，而不只是奔腾的激流，那将对生命更加有利。然而，“火星探路者”仍未在火星上发现任何生命活动的迹象，人们也不知道那些水后来是如何消失的。

形形色色的探测器

在“火星探路者”启程之前4个星期，美国已发射了“火星全球勘测者”（Mars Global Surveyor）。它于1997年9月12日进入环绕火星的轨道，最终调整为一颗环绕火星两极的人造卫星。它持续查勘火星大气、磁场、地貌、矿藏等多方面的情况，拍摄高分辨率的照片，绘制火星地形图，为日后在火星上着陆提供尽可能详细的资料。2006年11月2日，“火星全球勘测者”因发生故障而失联。

“火星全球勘测者”和“火星探路者”是一对搭档，有如空军和陆军的联合作战。美国发射的“火星气候轨道器”（Mars Climate Orbiter）和“火星极区着陆器”（Mars Polar Lander）也是这样一对搭档，可惜它们于1999年抵达火星时先后失踪了。此后，美国于2001年4月7日发射的轨道探测器“火星奥德赛”（Mars Odyssey），在同年10月24日进入环绕火星运行的轨道，如今仍在正常工作。

“火星全球勘测者”和“火星探路者”是一对搭档，有如空军和陆军的联合作战。

其他国家也有探测火星的活动。苏联乃至如今的俄罗斯都为探测火星付出了巨大努力，可惜几十年来它们发射的众多火

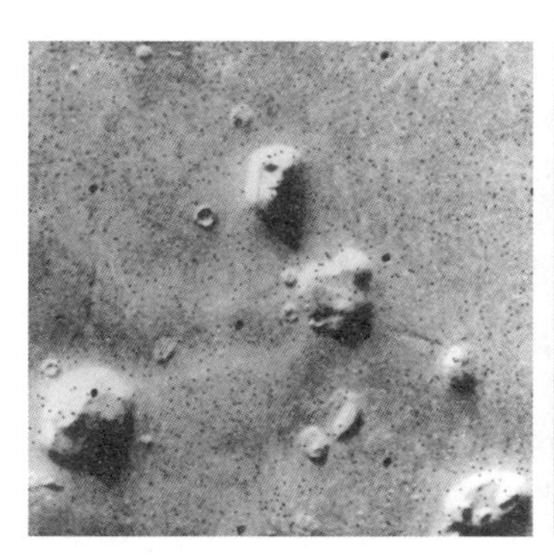

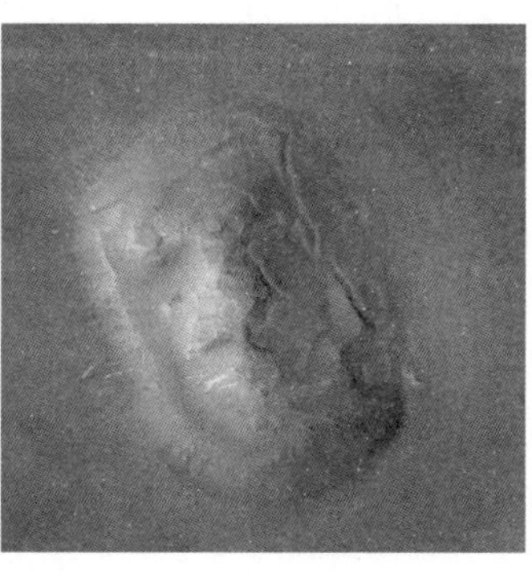

图5-4-5　左图中部上方是“海盗1号”轨道器于1976年拍摄的所谓“火星人脸”。右图是“火星全球勘测者”拍摄的高清晰度照片，可见“人脸”其实只是一处自然景观

星探测器大多失败了。

日本于 1998 年 7 月发射的轨道探测器“行星 B”(Planet-B)又称“希望号”(Nozomi)。它遇到不少意外事故，最后被一个短路事故彻底断送了。2003 年 12 月 9 日，日本不得不宣告最终失败。“希望号”失去了最终的希望。

2003 年，火星探测再度升温。欧洲空间局于 6 月 2 日发射了“火星快车”(Mars Express)，美国于 6 月 10 日发射了“勇气号”(Spirit)，7 月 7 日又发射了“机遇号”(Opportunity)。非常有意思，“勇气号”和“机遇号”这两个名字，是从美国中小学生提供的 1 万个名字中挑选出来的，建议者是当时年仅 9 岁的小学生索菲·科利斯(Sofi Collis)。

“火星快车”由一个轨道飞行器和一个名叫“贝格尔 2 号”(Beagle 2，一译“猎兔犬 2 号”)的着陆器组成。1831 年，22 岁的英国博物学家达尔文开始了历时 5 年的环球旅行，他乘坐的海军勘探船名叫“贝格尔号”。“火星快车”的着陆器取名为“贝格尔 2 号”，寓意正是光大达尔文的事业，去探索更遥远的未知世界。“贝格尔 2 号”拥有不少新颖独特的仪器设备，然而当 2003 年 12 月“火星快车”顺利进入环绕火星的轨道后，“贝格尔 2 号”却在向火星着陆时失踪了。另一方面，“火星快车”的轨道飞行器则一直工作正常。

2004 年 1 月 19 日，欧洲空间局公布了“火星快车”日前刚发回的首批火星照片，它们是用三维立体相机从距离火星表面 275 千米的空中拍摄的，其精确度可达 12 米左右。“火星快车”抵达预定轨道后拍摄的首张火星照片，展示了“水手谷”的一部分，这种地形很可能是流水长期侵蚀造成的。

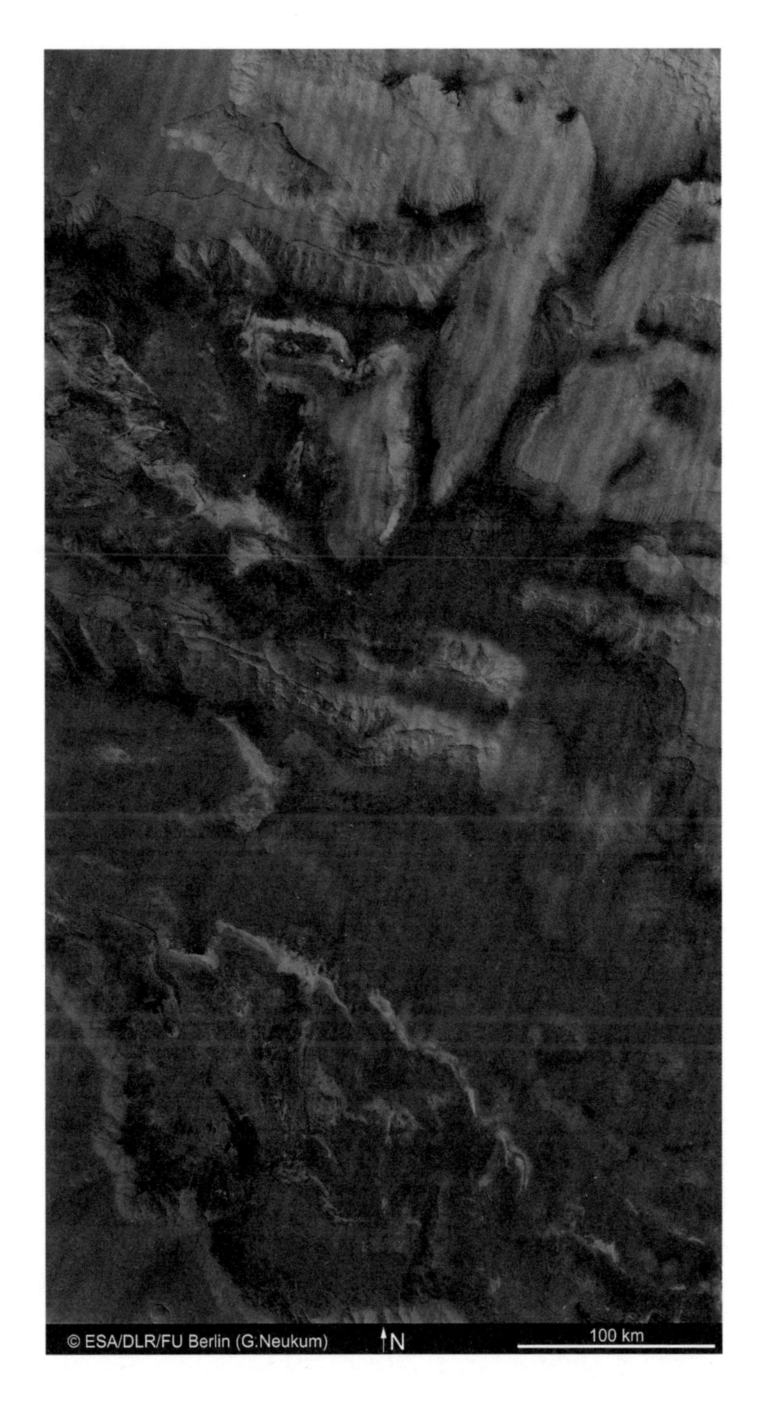

图 5-4-6 “火星快车”发回的“水手谷”中央部分的照片

“勇气”和“机遇”

就在“贝格尔2号”着陆器失踪后一个星期，2004年1月4日格林尼治时间凌晨，“勇气号”宣告平安到达火星。2004年1月25日，“机遇号”也在火星上安全着陆。

“勇气号”和“机遇号”是彼此完全相同的一对双胞胎。它们携带的6轮火星车比“索杰纳”更加先进，着陆后朝相反的方向出行。它们具有极其精巧的构造和复杂的功能，可以像一个地质学家那样考察火星，因而荣获了“当今最聪明的机器人”之雅称。我们不妨来解剖一下“勇气号”火星车——

此车长1.6米，宽2.4米，高1.5米，体重174千克，比“索杰纳”大得多，最高行进速度为每秒5厘米。用人类相比拟，它具有大脑、躯体、头颈、感官、手臂、轮腿、温控、能源及通信九大“器官”。

火星车上功能相当于大脑和心脏的，是其电脑、电池和各种电子元器件。它们在其躯体部位，仿佛“大脑长在肚子上”。火星上昼夜温差极大，“勇气号”着陆点的白昼最高温度可达22℃，夜间则会降至-96℃。为了保证“勇气号”不被“冻死”，其躯体被设计成一个电子恒温箱，用绝缘外壳包裹。恒温箱内的温度调节装置，能使各种重要“器官”在正常的工作环境中生存。

“勇气号”火星车的大脑——计算机，系统非常稳定，防辐射能力和纠错能力极强。它使“勇气号”具有自主判断和决策的能力，当地面指挥系统指示它前往某个地点时，它会根据周围环境的实际情况选择行进路线。避险程序使“勇气号”每

图 5-4-7 “勇气号”火星车艺术形象图

移动 10 秒钟就停下来重新评估周围环境，并确定接下来 40—50 秒钟的行走路线。

“勇气号”火星车有 9 只“眼睛”，其中 3 只用于科学探测，6 只用于导航。用于科学观测的是：安装在桅杆顶部的 2 台全景彩色立体摄像机，它们也兼具导航功能，能通过太阳的位置来确定“勇气号”到底朝向何方。装在“勇气号”臂上的 1 台显微影像仪，用于观察火星岩石和土壤的结构。另外再加上光谱仪以及 α 粒子与 X 线谱仪，“勇气号”就可以分析火星的土壤成分了。用于导航的是前后各 2 组相同的避险摄像机，每组各由 2 个立体黑白摄像机构成，可提供前后方约 2.5 米的影像，以侦察障碍物，规划前进路线。

“勇气号”火星车机动性能优良，其先进的轮式结构具有高强的平衡本领和越障能力，当一侧车轮跨上岩石后，另一侧就会抬高，以保证车体始终处于平衡状态。

“勇气号”除与地球直接通信外，还可与环绕火星运行的卫星进行联络。

“勇气号”除与地球直接通信外，还可与环绕火星运行的卫星进行联络。“勇气号”的数据，通过“火星奥德赛”轨道器的中继，源源不断传回地球。图像传送速度之快令人瞠目，第一批图像刹那间就闪现在地球老家的显示屏上。

“勇气号”的主摄像机离地面的高度为1.5米，因此它看到的景象与人亲自站到火星上看到的相仿。其首批图像给人既熟悉又别开生面的感觉：岩石、凹地、小丘和台地……

随着时间的推移，“勇气号”和“机遇号”发现越来越多的迹象，表明火星过去存在液态水。“勇气号”的着陆点“古谢夫环形山”位于火星上最大的峡谷之一——马阿迪姆谷的北端，显示出湖泊沉积的特征。“机遇号”着陆在火星的“子午线平原”上，任务是寻找通常在液态水中形成的氧化铁矿物灰赤铁矿——它有别于习称为铁锈的红赤铁矿。根据岩石露头推断，这种矿物形成了平坦的薄层。看来，子午线平原也同古谢夫环形山相仿，由湖泊沉积形成。

在距离“勇气号”登陆处110米的地方，有一个名叫“博纳维尔”的环形山，可能曾经是一个湖底。火星车看到了由露出地面的基岩经风化形成的卵石，并考察产生这些卵石的基岩，结果表明某些区域存在着丰富的赤铁矿，因此那里很可能有液态水。

“机遇号”登陆火星不久，即用全景相机摄取周围暗色土壤的高分辨率像。照片显示，土壤里存在着数以千计的圆形小球，直径约3毫米，科学家们诙谐地称它们为“蓝莓”。“蓝莓”有多种可能的起源，例如火山灰相互粘结成球，或火山熔岩冷却成球，但更可能的是由水带着溶解的矿物质流经火山岩石而形成。

为了查明小球的确切成因，“机遇号”在岩石上开凿了一条长 50 厘米、深 10 厘米的沟，并把机械臂伸进沟里，对侧面和沟底的 6 个不同位置进行探测。沟侧面土壤里的小球相当光亮，与早先在土壤里和基岩露头中发现的小球相似，可见它们起源于沉积，是在浅水底部滚动时被磨光的。

2004 年 2 月 13 日，“勇气号”用全景相机拍摄一块昵称“咪咪”的奇特岩石。它具有往一侧倾斜的薄片状结构，极有可能是水的作用所致。

有一些板状岩石的表面呈现多边形的网状图案，类似于地

图5-4-8 “勇气号”拍摄的岩石“咪咪”照片，其薄片状结构极可能系流水所致（来源：NASA/JPL）

球上水分干涸后龟裂的土块。2004年3月2日，美国国家航空航天局特地在首都华盛顿举行新闻发布会，出示“机遇号”拍摄的一幅著名的岩石照片。这块火星岩石的总体状况、层状结构和纹理细部，明显地表现出沉积岩的特征。因此，这次火星探索任务的首席科学家斯奎耶斯（Steve Squyres）宣称：“我们的结论是：这些岩石曾浸泡在水中。有确切的证据表明水对这些岩石的形成产生过影响。”

2004年12月13日，美国国家航空航天局喷气推进实验室宣布，“勇气号”在火星上哥伦比亚山的岩床中发现了针铁矿。因为德国大诗人歌德（Johann Wolfgang von Goethe）曾研究过矿物学，国际上遂将此种矿物命名为goethite，以示敬意。针

(a)

铁矿必须有水存在才会形成，早先识别的赤铁矿却并非必定如此。发现针铁矿是有水活动的力证，“机遇号”在火星的另一面发现了黄钾铁矾，也是有水活动的重要佐证。

在火星上，“机遇号”的表面曾屡次结霜。更重要的是，它于 2004 年 11 月 16 日拍摄到火星“耐久”环形山上空的云，其形态与地球上的卷云酷似，它应该也和卷云一样，完全由冰晶构成。11 月 17 日，“机遇号”在同一地点拍摄的火星云层，表观特征已与 11 月 16 日大不相同。这使人们看到，火星也像地球一样，除了长期的季节变迁外，还有每日的天气变化。

但是，人们仍未在火星上发现液态水，其主要原因可能是气压太低。在较低的气压下，水的沸点也较低。如果气压足够

图 5-4-9　2005 年 12 月 5 日“机遇号”火星车在伊雷布斯（Erebus）撞击坑边缘拍摄的全景照片，下半部可见火星车太阳能电池板的各种细节。这类照片强烈表明火星上曾经有流水活动：（a）全景照左半部，（b）全景照右半部（来源：NASA）

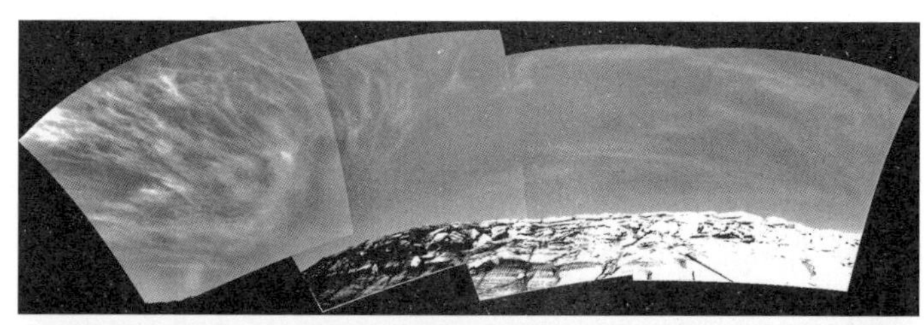

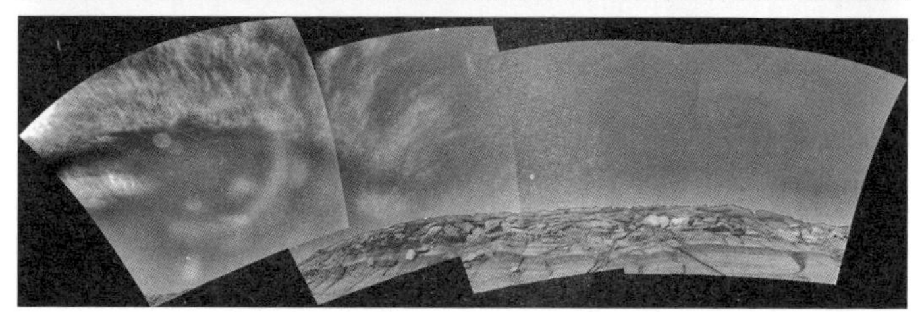

图 5-4-10 “机遇号”在火星上同一地点相继两天拍摄的云：（上图）2004 年 11 月 16 日，（下图）同年 11 月 17 日

低，那么沸点就会与凝固点一样低。气压再低，就不会存在液态水了。火星上的大部分地方气压很低，那里的水就像地球上的二氧化碳那样，直接从冰升华为蒸汽；有些地方的气压稍高，但那里不是过于干燥，就是过于寒冷。这大概就是在火星表面的任何地方都未能找到液态水的原因。

火星上可能有大量液态水以地下海洋的形式循环。因为地面温度实在太低，只有在地下深处温度才升到冰点以上。倘若果真如此，那么火星作为人类未来的生活场所，其地下海洋就有了不可估量的重要意义。

“勇气号”和“机遇号”原定的工作寿命都是 90 天，但它们都远远地超期服役了。2009 年 5 月，“勇气号”的车轮陷入软土，故障致使它无法动弹，只能固守原地进行观测。科学家几度设法解危，但均未见效。2010 年 1 月 26 日，美国国家航空航天局宣布放弃救治，“勇气号”转为静止观测平台。同年 3 月 22 日，“勇气号”失联；2011 年 5 月 25 日，最后一次尝试联络未果，美国国家航空航天局宣布“勇气号”的任务告终。

“机遇号”又如何呢？2018 年 6 月 10 日，它与地球最后一次通信。此后，因火星尘暴导致其太阳能电池板供电不足，彻底停止了工作。“机遇号”在火星上总共行走了 45.16 千米，成为迄今在地球以外的另一个星球上行程超过一个“马拉松”（42.195 千米）的探测器。

“机遇号”在火星上总共行走了 45.16 千米，成为迄今在地球以外的另一个星球上行程超过一个“马拉松”（42.195 千米）的探测器。

更多的地球来客

在“勇气号”和“机遇号”之后，人类继续派遣更多的无人飞船前往火星。

2005 年 8 月 12 日，美国发射了“火星勘测轨道器”（Mars Reconnaissance Orbiter，简称 MRO）。它于 2006 年 3 月进入环绕火星的轨道，然后用半年多的时间利用火星大气的摩擦力调整运行轨道，最终成为一颗在火星大气顶层运行的人造卫星。

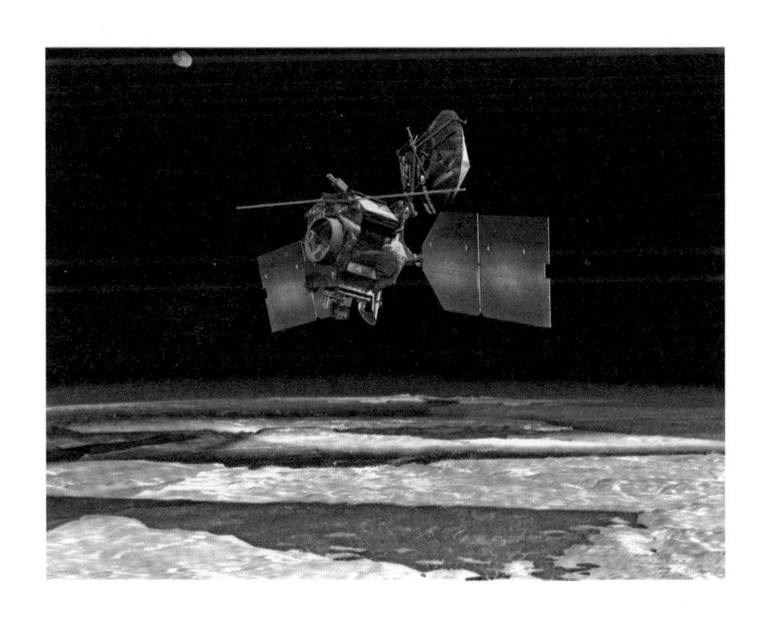

图 5-4-11 “火星勘测轨道器”飞临火星南极的艺术形象图

“火星勘测轨道器”是迄当时为止最新最大的火星探测飞船，它从2006年11月起执行探测使命，其探测能力超过当时尚在运行的“火星环球勘测者”“火星奥德赛”“火星快车”“勇气号”和“机遇号”的总和，其数据传输能力超出其他火星探测器的10倍。这个轨道器的主要任务是探索火星上水源的历史和分布情况，探索火星上是否诞生过以及现在是否还存在生命，乃至生命在火星上诞生或消失的原因等。它在2009年的雷达测量报告显示，火星北极地区冰盖下冰的体积达821 000立方千米，相当于地球上格陵兰岛冰块的30%。2011年8月，美国国家航空航天局宣布，“火星勘测轨道器”侦察到火星在温暖的季节里，表面似乎存在流动的液态水。有关火星水源分布的信息，可为未来登陆火星的宇航员提供非常重要的帮助。

2007年8月4日，美国的“凤凰号”发射升空。它于2008年5月25日成功着陆在火星北纬60°以北的北极地区，相当于地球上的西伯利亚。“凤凰号”是首个在火星北极地区着陆的探测器，它不需要移动巡视，因而没有做成火星车，而是一个用3条腿站立的长5.5米、宽1.5米的固定着陆器。它有一只长2.35米的机械臂，可以像反铲挖土机一样工作，一铲下去就能在火星上挖出深50厘米的沟，并取出土壤样品，有人形容工作现场“如同一个建筑工地”。

“凤凰号”着陆火星的过程，有点像载人飞船返回地面，但是更加复杂。它进入火星大气层后，在高度为12.6千米时打开降落伞。距离火星地表1千米高处，着陆器与降落伞分离，开始自由下落。距火星地表570米时开启反推火箭，12个推进器把“凤凰号”的下降速度定格在相当于快速步行，直到支架着地。

要紧的是，飞船返回时可以倒在地上等待回收，但这只“凤凰”倘若倒地那就意味着失败，它必须站着降落到火星上。在着陆过程中，“凤凰号”的降落伞比预定时间晚开了6.5秒，这让控制人员惊吓出一身冷汗。幸运的是，最终的着陆很成功！

“凤凰号”的机械臂尚未开挖就有了第一个惊喜：为了检查后支脚的位置，机械臂上的相机对准探测器的底部，结果发现推进器清除了地面上约5厘米厚的干燥土壤，露出一小片反光的区域：这很可能就是水冰！

2008年6月2日“凤凰号”开始练习挖掘。科学家将第一次挖掘的小沟暂时命名为“渡渡鸟”，紧挨在它右边挖的第二条小沟叫作“金发姑娘”——源自童话故事《金发姑娘和三只熊》，后来这两个小沟连在一起又合称为“渡渡鸟-金发姑娘”。6月15日，“渡渡鸟-金发姑娘”小沟里显露出一些比较明亮的东西。6月16日它们还存在，但到19日却消失不见了。科学家刚看到那些东西时，认为它们既可能是盐，也可能是水冰。然而，盐不会蒸发，4天后不翼而飞表明它们只能是水冰。另一方面，在稀薄的火星大气中，二氧化碳在−125℃的低温下才会凝固为干冰，但“凤凰号”所处的环境却没有那么冷，因此那些明亮的物质不会是干冰。在火星上，水冰可以在相当低的温度下蒸发。

6月20日，“凤凰号”的首席科学家彼得·H·史密斯（Peter H. Smith）在新闻发布会上自豪地向全世界宣布：“我们已经找到证据，证明这些坚硬的明亮物质的确是水冰，而不是其他什么物质。”为此，“凤凰号”项目的科学家们激动得在推特上大呼“我们发现冰了！喔喔喔～～最棒的一天”！

接着又有好些不同的证据，使得美国科学家在7月31日宣

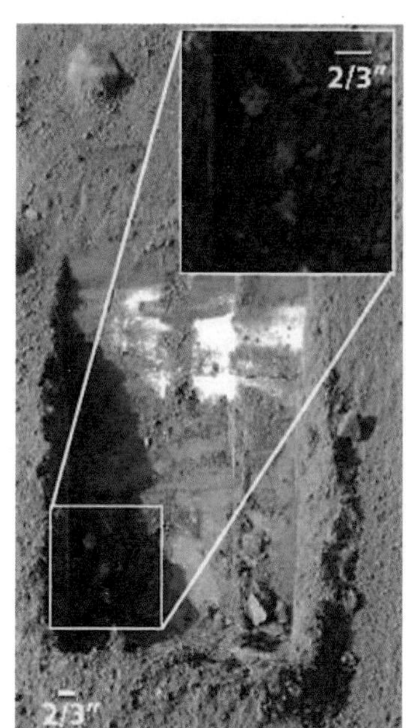

图 5-4-12　2008 年 6 月 15 日“凤凰号”在“渡渡鸟-金发姑娘”小沟中发现一些白色的小亮块（左），6 月 19 日这些碎片已凭空消失（右）

布，可以肯定火星上确实有水。火星“现在有水”当然比“曾经有水”更加激动人心，而“凤凰号”正是按这一目标量身定制的：它在可能含冰的区域着陆，它的挖掘工具能向地下深挖以寻找冰或者其他化合物，它携带的各种实验设备可以确定火星地下的土壤成分。

“凤凰号”火星车刚登陆火星时拍摄的图像，显示其一条腿上附着神秘的斑点物质。

“凤凰号”火星车刚登陆火星时拍摄的图像，显示其一条腿上附着神秘的斑点物质。几个星期后，这些斑点物质的面积增大了。科学家们一直为这些斑点的来源争论不休。2009 年 3 月，“凤凰号”团队的 22 名科学家联名发表论文，认为当“凤凰号”着陆时，一些火星液态水就溅到了它的腿上。着陆点附近的高氯酸盐起着防冻剂的作用，降低了火星液态水的凝固点。“凤凰号”的照片表明，一些液滴彼此融合形成了更大的液滴，这与液态水的行为极其相似。高氯酸盐可以使水在−70℃保持液态，这让科学家更加相信那就是水滴。

2008 年 11 月 2 日，地面控制人员最后一次接收到“凤凰号”发来的信号，此后便与它失去了联系。11 月 10 日，美国国家航空航天局宣布，“凤凰号”持续 5 个多月的火星探测就此终结，它将长眠于那颗红色星球上。

当初科学家为“凤凰号”安装了特殊的设备，使它一旦苏醒就会尽力向地球呼叫；一旦收集到足够的太阳能，就会自动重启。2010 年 1 月，美国国家航空航天局启动“凤凰号”复活计划。“火星奥德赛”轨道器先后从“凤凰号”着陆点上空飞越了 30 次，都未能监听到“凤凰号”的任何信号，其他努力

图 5-4-13　火星表面的晨霜。“凤凰号”着陆后的第 79 个火星日（2008 年 8 月 14 日）清晨 6 时拍摄，可以看到周围地面上有一层薄霜。不久太阳升起，霜开始消失

也都未能使“凤凰号”复活。2010 年 5 月，“凤凰号”被宣告寿终正寝。它体现了 20 世纪 90 年代美国国家航空航天局提出的“更快、更好、更省”的原则，4.2 亿美元的经费，对昂贵的空间研究而言堪称成本低廉。“凤凰号”在火星上工作了 152 个“火星日”，拍摄的照片超过 25 000 张，对冰质土壤样本进行化学实验，记录了降雪过程及其地面的霜冻现象。作为固定的着陆器，“凤凰号”尽力了，接着出场的乃是美国研制的新一代火星车——“好奇号”。

话说“好奇号”

令许多中国人好奇的是，“好奇号”的提名者竟是一位华裔女孩。当年 12 岁的这位六年级小学生名叫马天琪，英文名字是 Clara Ma。2008 年 11 月 18 日，美国国家航空航天局举办新的火星探测器命名竞赛，邀请全美国 5—18 岁的学生参加，参赛者近万名。美国国家航空航天局先筛选出 30 名进入半决赛，然后由赞助商迪士尼公司选出 9 名进入决赛，提议的名字在网上公布，由网民投票选出前三名。2009 年 5 月 27 日，美国国家航空航天局最终决定，马天琪提议的名字“好奇”（Curiosity）胜出。

马天琪为命名缘由写的简短说明，开头是“好奇心是人们心中永不熄灭的火焰”，结束语则是“我们永远也无法弄清楚所有应当弄清的事物，但有了燃烧着的好奇心，我们会学到很多很多”。竞赛夺冠后，马天琪全家人应邀一同到洛杉矶参观喷气推进实验室。她站在“好奇号”火星车模型旁，很惊讶自己竟能为这个探测器命名。她还应邀到发射现场，把自己的中、英文名字写在“好奇号”火星车上。她在接受采访时说：“以前我以为只有通过书本才能了解宇宙，在夜里只能遥望太空却永远不可能接近它。为新的火星探测器命名使我至少向太空迈出了一步。”

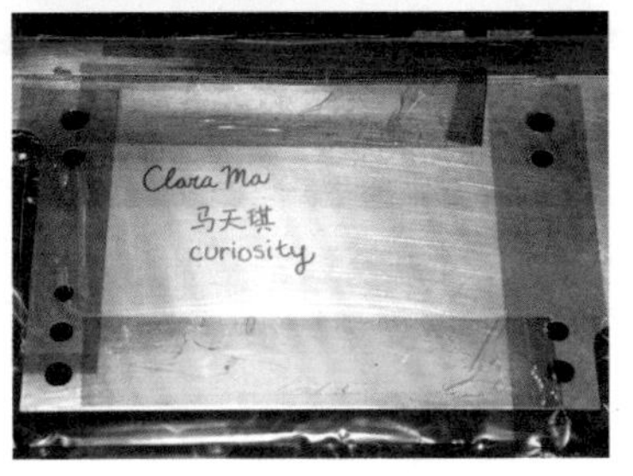

图 5-4-14 （上图）马天琪接过“好奇号”的命名证书。（下图）马天琪应邀为“好奇号”签写中英文姓名

“好奇号”火星车继续追随“跟着水走”的战略，探寻火星上的生命迹象，查明火星过往和现在有无适宜生命存在的环境。它于2011年11月26日发射成功，翌年8月6日降落到火星表面。美国国家航空航天局为“好奇号”火星车设计了一种名为“空中吊车”（Sky Crane）的助降设备。在经过火星大气摩擦减速和降落伞减速后，“空中吊车”开启8台反推发动机，使它自身和“好奇号”的组合体降速至约0.75米/秒，然后几根缆绳将“好奇号”从“空中吊车”悬挂下来。在距离地面一定高度时，缆绳自动切断，随后“空中吊车”与“好奇号”相隔一定距离各自着地。

“好奇号”火星车继续追随“跟着水走”的战略，探寻火星上的生命迹象，查明火星过往和现在有无适宜生命存在的环境。

“好奇号”是世上第一辆核动力驱动的火星车，项目总投资26亿美元，是截至2012年最昂贵的火星探测项目。它的尺寸相当于一辆小轿车，载有重约80千克的科学仪器，同“勇

“好奇号”是世上第一辆核动力驱动的火星车，项目总投资26亿美元，是截至2012年最昂贵的火星探测项目。

图 5-4-15 “好奇号”火星车着陆示意画。图中上方是“空中吊车”，“好奇号”由它悬吊助降，在距离地面一定高度时缆绳自动切断，“空中吊车”与“好奇号”相隔一定距离各自着陆到火星表面

气号”和“机遇号”相比，它称得上是一个庞然大物。“好奇号”具备自动驾驶功能，不必依赖地球上发去指令，就能前往事先规划的区域考察。它有 6 个直径各 50 厘米的轮子，2 个前轮和 2 个后轮分别配备独立的转向发动机，这使“好奇号”能在原地 360° 转弯。它往任何方向倾侧 45° 都不会翻车，能够在 60° 的斜坡上正常行驶，可以翻越约 70 厘米高的障碍物，越过直径约 50 厘米的坑。总之，“好奇号”宛如一辆火星上的越野车，又是一个可长途旅行、能全天候工作的远程机器人，它代表了空间探测器的一种发展方向。

“好奇号”降落在火星上的盖尔环形山地区。截至 2021 年 5 月，它在火星表面行驶的总里程已超过 25 千米。

“好奇号”取得了丰硕的科学成果。例如，它在火星表面取样并就地分析，发现样品粉末中存在氮、氧、氢、硫、磷、碳等多种生命元素。科学家们据此推断，远古时代的火星有可能存在微生物。后来的钻探样本分析又显示，在远古时期的数百万年里，“好奇号”的降落地点——盖尔环形山——可能有一个宜居的湖溪系统。

图 5-4-16 “好奇号”的照片提供了火星古代河流水深及臀的决定性证据：这一带的岩石看起来像是用气锤夯实的城市人行道，但其实是一段古代河床

2012 年 9 月，美国国家航空航天局的科学家宣布，在“好奇号”传回的照片上发现不少已经结成砾岩的碎石，它们应当是古代湍急的河水带到此地的。根据碎石的大小和形状推断，那条古老的火星河流水流速度约为 0.9 米 / 秒，深度大致相当于从人的脚踝到臀部的高度。一些碎石磨得非常光滑，足见它们经历了长途旅行。这是在干旱贫瘠的火星上，发现古代河流水深及臀的第一个决定性的证据（图 5-4-16）。

2013 年 9 月，“好奇号”火星车发现，火星表面土壤按重量计算约有 2% 是水分。这项研究论文的第一作者劳里 · 莱欣说，“现在知道火星上应该有丰富的、可轻易获得的水”，这是“最令人激动的结果之一”。今后如果有人登上火星，只需在火星表面铲起土壤，然后稍稍加热，就可以得到水。

“好奇号”与地球老家的通信有两条途径，一是直接向地球发送无线电信号和接收来自地球的指令；二是利用正在环绕火星运行的几个轨道器（“火星奥德赛”、“火星勘测轨道器”

图 5-4-17　2015 年 10 月 6 日发布的“好奇号”自拍像。它由大量较小的照片拼接而成（来源：NASA/JPL）

和“火星快车”）作为中继站，转发“好奇号”与地球通信的信号。作为海量信息中的实例，图 5-4-17 展示“好奇号”在 2015 年的一幅自拍像；图 5-4-18 是“好奇号”于 2018 年 1 月 2 日拍摄的一幅岩石图像，图中岩石的形状和结构很值得追究：这些特征到底是起源于火星上的地质学过程，还是起源于生物学过程？

开展火星探测，世上不少国家各有作为。例如，早在 2007 年 3 月，中俄双方在两国元首见证下，签署了《中国国家航天局和俄罗斯联邦航天局关于联合探测火星-火卫一合作的协议》。这是中国首次开展地球外行星空间环境的探测活动。按照协议，中国的一颗小型卫星“萤火一号”将搭载俄罗斯的“火卫一——土壤号”探测器飞向火星。“火卫一——土壤号”的目标是着陆到火卫一上采集样品并返回地球，“萤火一号”则在抵达火星轨道后独立探测火星的空间环境，了解火星大气层的水汽和温度分布等状况。

图 5-4-18　“好奇号”于 2018 年 1 月 2 日拍摄的火星岩石图像。科学家们很关心它的形状和结构是起源于地质学过程，还是起源于生物学过程

2011 年 11 月 9 日，“火卫一——土壤号”

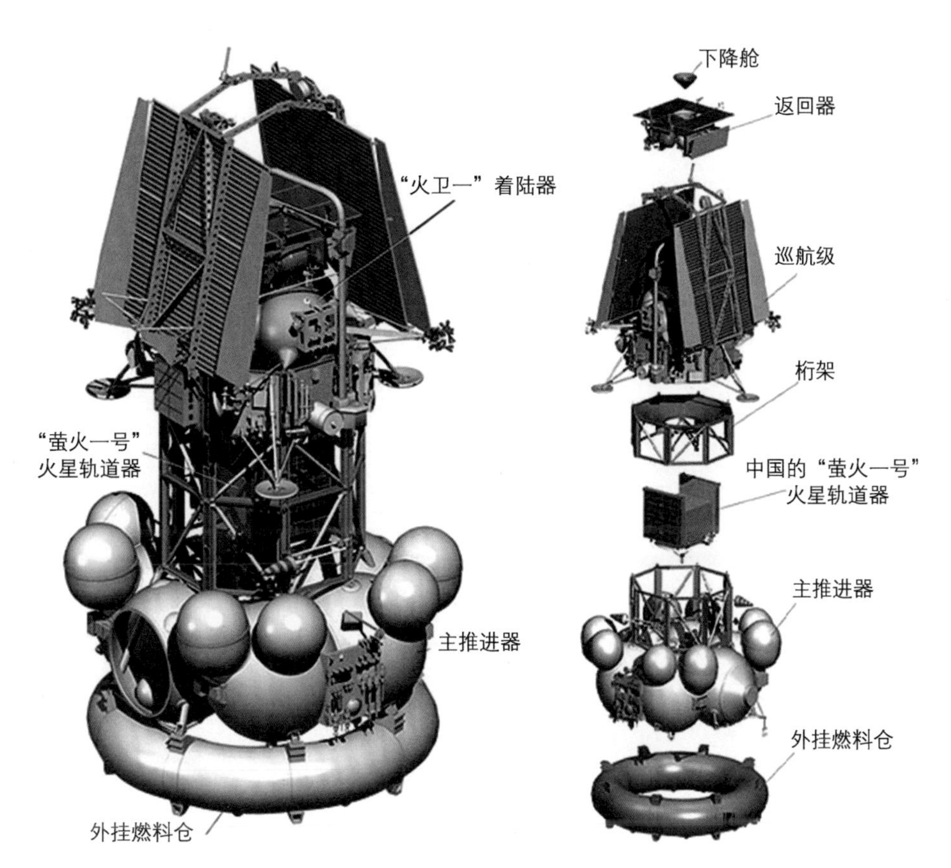

图 5-4-19　俄罗斯的"火卫一——土壤号"探测器及其搭载的中国小型火星探测卫星"萤火一号"

探测器在位于哈萨克斯坦境内的拜科努尔发射场升空。十分令人惋惜的是，仅仅 7 个小时后俄罗斯方面就发布消息，"火卫一——土壤号"探测器在飞行过程中出现意外，未能按计划实现变轨，导致失败。仿佛是一场太空车祸，作为乘客的"萤火一号"也遇难了。

美国在 2013 年 11 月 18 日又发射了"火星大气与挥发物演化"（Mars Atmosphere and Volatile Evolution）探测器，简称 MAVEN，即"马文号"。"马文号"是第一个以研究火星大气为主的轨道飞行器，于 2014 年 9 月 21 日进入火星轨道，同年

11月16日开始执行科学任务。它探明当前火星大气逃逸到太空中去的平均速率为约100克/秒，推测火星在37亿年前就已失去它的大部分大气。这是火星气候环境由温暖湿润转变为如今这般寒冷干燥的主要原因，据此揣度，在40亿年前火星上可能出现过最初的生命。

2016年3月14日，欧洲空间局与俄罗斯合作的“痕量气体轨道器”（Trace Gas Orbiter，简称TGO）发射成功。虽然它携带的“斯基亚帕雷利号”（Schiaparelli）着陆器重蹈了13年前“贝格尔2号”的覆辙，于2016年10月向火星表面降陆时坠毁，但是“痕量气体轨道器”本身的优秀表现还是使欧洲人感到了欣慰。

2018年5月5日，美国发射了“洞察号”（Mars InSight）火星探测器。同年11月27日3时54分（北京时间），“洞察号”成功着陆火星。它是首个研究火星内部的探测器，用来了解火星内核大小、物理状态、化学成分、地质构造，以及地震活动等情况，以期尝试回答一个很基本的问题：行星是如何形成的?

2019年2月19日起，美国国家航空航天局开始利用“洞察号”发回的数据，在网上发布火星每日天气报告，提供火星气温、风速、气压等信息。

2019年2月19日起，美国国家航空航天局开始利用“洞察号”发回的数据，在网上发布火星每日天气报告，提供火星气温、风速、气压等信息。

“洞察号”在火星表面安装了“火震仪”（火星上的地震称为火震），并于2019年4月首次探测到火震。2020年2月25日，国外媒体报道，“洞察号”已经探测到数百次“火震”。但报道提到的24次最大的火震，也仅达到地球上3级或4级地震的水平。

形形色色的计划在不断酝酿和准备之中，其中的一大亮点就是中国的火星探测计划。

第五章
未来的岁月

中国“探火”起跑

火星探测，可以牵引航天技术的进步，获得新的科学发现，并有助于大力提升公民对太空和科技创新的热情。如今不仅是美国这样的科技强国，而且像印度这样的发展中国家，都在努力研制和发射火星探测器。2013 年 11 月 5 日，印度成功发射“曼加里安号”火星轨道器，其大小相当于一个标准的冰箱，探测目标是火星大气、表面特征、地貌、矿物等，特别是关注火星大气中是否存在甲烷——这有望提供火星上是否曾经或仍然存在生命的线索。2014 年 9 月 24 日，“曼加里安号”顺利进入火星轨道，工作正常。

由于火星与地球的轨道运动差异，发射火星探测器的有利时机——所谓的发射“窗口”——每 26 个月才会有一次。2020 年 7 月，人类“探火”的宏伟史诗又增添了浓墨重彩的一章，在 10 来天的时间里，有 3 个国家的火星探测器相继启程前往这颗红色的行星：阿联酋于 7 月 20 日发射“希望号”（Hope，阿拉伯语：Al-Amal）、中国于 7 月 23 日发射“天问一号”、美国于 7 月 30 日发射“毅力号”（Perseverance）。

“希望号”是一个环绕火星运行的轨道器，每55小时环绕火星一圈，目标是“率先制作出火星全球动态气象图”，它已于2021年2月10日成功进入环火轨道。“毅力号”于2021年2月19日在火星上安全着陆，其首要任务是采集并妥善储存火星岩石样品，以待未来的探测器有朝一日将这些样品带回地球——这可能要等到2031年。

中国探火的决策——“绕、落、巡”一步到位，尤令世人瞩目：“天问一号”轨道器环绕火星运行，作为火星的人造卫星在空间执行探测任务；它施放的着陆器降落到火星表面，成为一个多功能的固定工作平台；自着陆器驶出的火星车则可在一定范围内活动，实施既定的巡视计划。

过去，美国前后花了30多年时间，才逐步实现了火星探测的“绕”“落”“巡”。可见，中国一次性实现“绕、落、巡”确实堪称雄心勃勃。2021年2月10日，比“希望号”稍晚，“天问一号”也顺利进入环火轨道，并传回首幅火星图像。5月

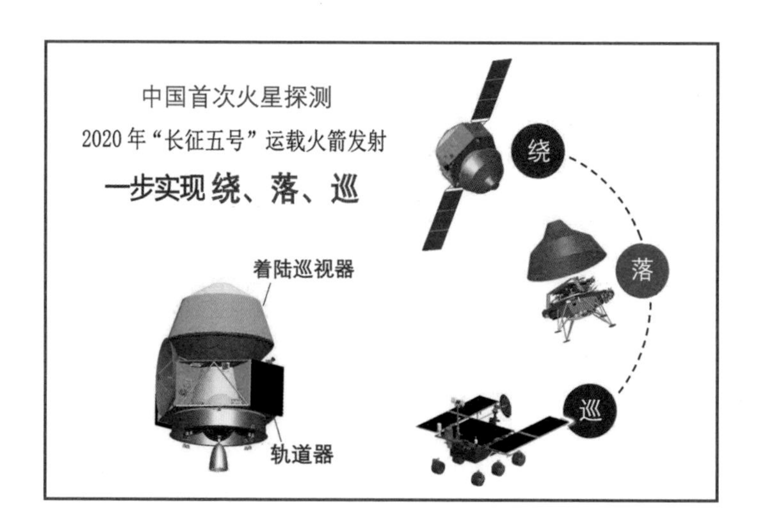

图5-5-1　中国首次火星探测的策略：“绕”“落”“巡”三步并作一步走

15日，其着陆器成功着陆到火星乌托邦平原南部的预选区域。5月22日，它携带的“祝融号”火星车安全驶离着陆平台，到达火星表面，开始巡视探测。一次性实现“绕、落、巡”的决策如愿以偿！

在火星表面工作的巡视器和科学考察站，必须能随时同地球保持通信联系。为此，美国国家航空航天局和欧洲空间局一直在致力于建设火星探测的通信中继网。它们现存的火星通信中继网由“火星奥德赛”“火星勘测轨道器”和“火星快车”三个轨道器组成。此外，美国的“马文号”在完成科学探测任务之后，也将提供火星通信中继服务。欧洲空间局和俄罗斯合作发射的“痕量气体轨道器”，除以火星大气监测、成分分析等作为科学目标外，也能提供火星通信中继服务。

中国未来的火星探测任务将逐步增多，需要功能强大的通信服务支持。

中国未来的火星探测任务将逐步增多，需要功能强大的通信服务支持。美国和欧洲的上述轨道器，已经组成一个

图 5-5-2　中国首次火星探测的着陆器和火星车艺术形象图

图5-5-3 “祝融号”火星车在着陆器平台上拍摄的前方景象。图像上部的两个伸杆是已展开到位的次表层雷达（来源：中国国家航天局）

国际性的火星通信中继网。中国今后发射火星探测轨道器，应力争具有尽可能长的设计寿命，以满足后续火星探测的通信中继需求。倘若火星通信中继能够有 10 年左右的寿命周期，那么它就能为 5 个发射窗口提供火星探测的通信中继服务。

火星探测早期大多以火星全球成像为主，目的在于积累基本数据，为日后降落火星表面打好基础。进入 21 世纪，火星探测转向着陆和巡视搜索，主要科学目标是寻找火星上的水和生命信号，重点主题包括：火星大气中的微量气体（包括甲烷等）、火星土壤中的有机物、火星岩石的流水作用痕迹、火星表层和次表层的水（包括霜、露）等。搜寻火星上的有机物和生命信号渐成关注的热点，因此需要生命科学家积极参与。

在成功实现“绕”、“落”、“巡”之后，中国将同其他国家一样——甚至一道，把自动取样器采集的火星土壤和岩石样品运回地球，送入顶级的科学实验室进行“会诊”，分析它们的化学成分，寻找与生命活动有关的蛛丝马迹……

在成功实现“绕”、“落”、“巡”之后，中国将同其他国家一样——甚至一道，把自动取样器采集的火星土壤和岩石样品运回地球，送入顶级的科学实验室进行“会诊”，分析它们的化学成分，寻找与生命活动有关的蛛丝马迹……

所有上述这些，都是不载人的火星飞行和探测。人类究竟何时才能亲自踏上火星？载人火星飞行究竟如何实施？这是有实力进行火星探测的国家共同关心的难题。在介绍可能的方案之前，我们不妨再次反思：探索火星的历程如此艰辛，人类又何必执意前行呢？

究竟为了什么

人类究竟为什么要探测火星呢？

首先，这是人类诞生之初就具备的宝贵禀性——好奇心和求知欲在现代的延伸，是因为人类渴望更深刻地揭示大自然的奥秘。人类的这种欲望将永无止境。

其次，他山之石可以攻玉，研究其他行星有助于更好地了解我们自身的地球。对于人类创造更美好的未来而言，这类探测的意义无论怎样估计也是不会过高的。

例如，任何一个人都会或多或少地关心怎样才能让自己的大脑工作得更好，怎样才能延缓自己的衰老，怎样才能及早知道自己的身体出了什么毛病，怎样才能干脆利落地治好种种疾病等。我们对生命现象越是洞察入微，对上述这类事情就能了解得越透彻，我们的境况也就会越好。然而，要解读生命现象却是一大难题。

地球上所有的生命都有共同的祖先，它们都是远房的“堂兄弟”或“表姐妹”。它们在本质上都属于同一种类型：全都由同一类型的复杂分子、经历同一类型的化学反应而形成。无论是一个细菌、一头大象，一棵柳树，还是一个人的生物分子，彼此之间的差异其实相当微小。因此，它们可以统称为“地球型生命”。

寻找火星生命的最终结果，我们今天仍难预料。但是，这并不妨碍我们对每一种可能的结果进行理性的分析和思考。

寻找火星生命的最终结果，我们今天仍难预料。但是，这并不妨碍我们对每一种可能的结果进行理性的分析和思考。

首先，要是我们能够在火星上发现生命，那么它们有可能会与地球上的生命形式截然不同。这样，我们所知道的生命模式，就从唯一的一种增加到了两种。对这两种生命模式进行对比研究，必将使我们对生命本质的了解陡然增加，并使我们从根本上加深对于人类自身这种生命形式的理解。即使在火星上找到仅仅相当于地球上的细菌那么简单的生命，那也将是巨大的收获。

另一方面，如果我们发现构成火星生命的化合物与构成地球生命的化合物并没有本质上的不同，那可能意味着生命的基本模式就只有这唯一的一种。弄明白事情为何如此，同样可以大大加深我们对生命本质的理解。

但是，假如在火星上找不到任何形式的生命呢？那么，我们应该想到，这很可能是由于我们假想火星生命之所作所为亦如地球生命一般，才导致搜索一无所获。倘若火星生命确实与地球生命全然不同，那么我们就必须寻求全新的办法才有可能找到它们。

再退一步讲，要是火星上当真不存在生命，人类为此付出的心血和钱财是否就白费了呢？不。在地球上，从无生命物质演化出生命是一个极其漫长的过程。即使火星上确实未能形成生命，这一过程仍有可能已经起步却又半途中止了。也许，火星上某些地区的土壤中，包含着一些在通往生命之途上半路夭折的分子。它们或许能告诉我们，地球上生命形成之前的“化学演化”阶段应该是什么模样。

还可以再退一步，如果火星上根本不存在任何与生命有关的东西，那么人类的研究是不是就成了无的放矢？不。火星和地球有那么多的相似之处，但这两个世界发展的结果竟然恰好相反：地球上充满着生命，火星上则全无生命可言。弄清导致这种差异的原因，对于更深刻地理解地球生命本身显然也将大有裨益。

归根到底，对地球外生命的探索将有助于我们解开生命起源的疑团，有助于加深对生命现象的理解，其最终结果则是使整个人类生活得更加美满。

归根到底，对地球外生命的探索将有助于我们解开生命起源的疑团，有助于加深对生命现象的理解，其最终结果则是使整个人类生活得更加美满。

最后，必须强调，人类探测火星，还因为看到了一种非常诱人的前景：也许有朝一日，火星将会成为人类的新家园。这，正是下一节谈论的主题。

人类的新家园

人类一直在不断扩展自身的生存空间，500 多年前哥伦布发现了美洲大陆，现在那里已经挤满了人。如今，就连南极大陆的冰原也变得越来越热闹了。人类的行踪已经越出地球，光顾了月球这位近邻——早在 20 世纪六七十年代宇航员就到过那里。在人类21世纪的议程中，开发月球将会占据更加显赫的一席。

“袖珍的地球”——火星，乃是继月球之后人类的又一块新大陆。

“袖珍的地球”——火星，乃是继月球之后人类的又一块新大陆。先前的火星飞行都是无人的，欲实施载人火星飞行这一空前壮举，必须有新的思路。如今，可行的方案已经初露端倪，下面介绍一种相当新颖的设想。

美国军火巨头“洛克希德—马丁太空系统”（Lockheed Martin Space Systems）公司，简称“洛马公司”或“洛·马公司”，在航天领域有着不凡的业绩。仅就火星探测而言，在“火星奥德赛”、“火星全球勘测者”、“火星勘测轨道器”以及“凤凰号”着陆器等重大项目中，洛马公司都起到了重要作用。

2017年9月下旬，在澳大利亚举行的第68届国际宇航大会上，洛马公司同美国著名的“太空探索技术”（SpaceX）公司各自亮出一种载人火星探测的构想。它们也许称得上是迄今为止最靠谱的方案。洛马公司的方案名叫“火星营地”（Mars Base Camp，简称MBC），它的一大优点是利用现有的技术就能实现。

“火星营地”计划旨在建立可长期使用的火星基础设施，为人类真正在火星上长期生存服务。

“火星营地”计划旨在建立可长期使用的火星基础设施，为人类真正在火星上长期生存服务。它的具体目标，是建造一个可以在环绕火星的轨道上工作1000天的载人空间站，并借助它在2030年前后把首批宇航员送上火星。

在火星上空飞行的空间站，是“火星营地”计划的主体。其核心组件是两个互相连接的圆台形实验舱，实验舱两侧还可以延伸两个服务舱，用来提供太阳能发电、热控和储水。

图 5-5-4　洛马公司设想的"火星营地"方案。中央的空间站由两个相连的圆台形实验舱构成，其上下两侧各有一个服务舱与之相接。图中左下方另有一个"火星升降飞行器"即将与空间站对接，右上方则有一个已对接的升降飞行器。升降飞行器分离后，空间站的两端也可与送水飞船对接

与"火星营地"空间站配套的"火星升降飞行器"（Mars Ascent/Descent Vehicle，简称 MADV），可以同空间站对接和分离。升降飞行器离开空间站后，可以凭借火箭发动机，利用"超音速反推"技术逐渐减速，将宇航员、机器人以及物资装备降落到火星表面。"火星升降飞行器"的负载可以支持宇航员在火星上工作两个星期，然后返回"火星营地"空间站。

第一代的火星营地计划称为"火星营地-1"，拟将 6 名宇航员从地球送往环绕火星的轨道上。由于受火星和地球之间飞行窗口的限制，这些宇航员必须在环绕火星的轨道上逗留将近一年，然后方能返回地球。执行"火星营地-1"计划的宇航员并不亲自登上火星，而是在营地空间站里遥控操纵机器人降落到火星表面。其实，现有的火星探测器也都是遥控机器人，只

是无线电波从地球传到火星要花费约380秒（火星离地球最近时）至2670秒（火星离地球最远时）的时间，因此实时决策的指令往往无法执行。相比之下，“火星营地”空间站同火星表面却“近在咫尺”，宇航员在“火星营地”空间站上发指令，简直就像面对面地下命令。

“火星营地”在执行任务期间，不可避免地需要在轨维修。但是，要携带那么多样的备件，却很不切合实际。为此，“火星营地”可以配备大型3D打印机，直接生产必要的零件。

“火星营地-1”获得成功之后，就可以开始实施宇航员亲自登陆火星表面的“火星营地-S”任务了，这里的字母S正是surface（表面）一词的首字母。此时，“火星营地-1”仍继续在环绕火星的轨道上运行，承担火星与地球通信的中继工作，并持续接收从地球送来的补给物资。

宇航员倘若要在火星上住一年，那就必须有完整的生活设施，包括居住舱、漫游车、发电机和各种物资工具。这些东西应该在人员出发之前，事先送到火星上。而在“火星营地”计划框架中，宇航员停留在火星表面的时间不必太长，因而物资保障可以大为简化。

首次登陆任务，可以从“火星营地”空间站派遣一个4人考察组，乘坐升降飞行器着陆到火星表面。然后，其中2人留守在飞行器中，另外2人出舱考察。外出考察的队员无须离开太远，且可定时回到升降飞行器内休整或轮换。两个星期以后，考察组乘坐升降飞行器返回“火星营地”空间站，进行休整、分析样品、撰写报告等，并给升降飞行器补充燃料。然后，可以再次派遣考察组，到火星上的其他地点着陆。

同航天员全程待在火星上相比，以“火星营地”空间站为“家”、以升降飞行器作为“班车”，到火星表面去“上班”的模式，不仅费用较低，而且还有许多别的好处。例如：

一是安全性高。如果要在火星上连续待上一年，那就必须很精准地降落到预定地点。如果采用“火星营地”模式，那么只要着陆场平整就可以了。再者，目前人类对火星的了解还不够充分，短期内尚难建立完善的火星地面设施。空间站则较为安全，到火星表面短期执行任务可以降低遇险的概率。

二是灵活性强。此前的无人着陆器，都是先通过火星轨道器测绘地形，然后在地球上选定着陆场。“火星营地”的考察队却可以在抵达火星轨道之后，在空间站中就近确认着陆场地，这会带来很大的方便。

三是随时撤离能力强。考察队不必远离升降飞行器，万一发生人员伤病，可以立刻乘升降飞行器返回“火星营地”空间站。

火星升降飞行器的火箭发动机采用液态氢和液态氧作为燃料，燃烧反应生成的水可供考察队生活使用。因此，液氢和液氧几乎是飞船唯一的消耗品。每实施一次“火星营地”计划，能安排多少次从空间站前往火星表面实地探索，也只是取决于液氢和液氧的储备量。

火星升降飞行器的火箭发动机采用液态氢和液态氧作为燃料，燃烧反应生成的水可供考察队生活使用。

当然，直接从地球上带去巨量的液氢和液氧会有很多不便和危险。有一个更巧妙的办法，那就是从地球上带去相当数量的水。在“火星营地”空间站利用太阳能发电，将水电解，生成所需的液氢和液氧。这正是“火星营地”计划中一个可圈可点的妙招。

人们自然要问：一开始从地球带去的那些水用完以后怎么办？洛马公司构思了另一种飞行器，名称就叫“送水飞船”（Water Delivery Vehicle，简称 WDV）。从地球上派出两艘各携带 52 吨水的送水飞船，就可以支撑火星升降飞行器执行一次任务。送水飞船到达火星轨道后同“火星营地”空间站交会对接，将所携带的水电解成液氢和液氧。如果两艘“送水飞船”同时工作，那么用两个半月时间就可以为一艘火星升降飞行器准备好燃料。当然，如果有朝一日，人们在月球、小行星或者火星上发现了有开发价值的水资源，那就不必再依赖地球补水了。

倘若财源充裕，还可以派遣多艘满载的“送水飞船”到火星轨道上待命。届时，火星升降飞行器也可以脱离“火星营地”空间站，直接同这些送水飞船对接以补充燃料。然后，升降飞行器再到空间站接上宇航员前往火星表面“上班”。考察结束后，宇航员仍由升降飞行器送回“火星营地”空间站，直到完成全部任务，最终返回地球。

为了在未来的岁月中，能在火星上舒适地生活和工作，人们必须营造一个个安全的“居所”。它们像是一套套全封闭的别墅，或者说像一个个降到火星表面上的“空间站”。

为了在未来的岁月中，能在火星上舒适地生活和工作，人们必须营造一个个安全的“居所”。它们像是一套套全封闭的别墅，或者说像一个个降到火星表面上的“空间站”。“居所”外面是未经改造的火星环境，内部是适宜栖息的人造空间。一批“居所”组合起来，就形成了具有不同大小和功能的“火星基地”。“火星基地”不断扩大，又将逐渐形成各具特色的社区、村落、城镇……

那么，更进一步，能不能从根本上把整个火星改造成适宜人类生存的又一个新家园呢？

科学家提出了“火星地球化”的大胆构想：利用精心选择

图 5-5-5　这是一幅火星“居所”概念图，前景和背景是典型的火星景观。画面中央有一座穹顶冰屋，其右侧有一辆增压的火星车。人在户外须戴上航天头盔，身穿轻便宇航服（来源：NASA）

图 5-5-6　未来的火星村落艺术构想图

的“温室气体”——例如二氧化碳、氯氟烃和氨等——产生的温室效应，有可能将火星表面的温度提升到接近水的冰点，这时大气中的水蒸气、由遗传工程改造过的植物产生的氧气，以及表面环境的微观调控，又将使温度进一步上升，变得对地球生命更为友善。在火星整体环境变得适宜于人类定居之前，还可以先引进各种微生物和动植物。

当然，只有对火星的了解远比今天更充分时，人类才能既负责任又有把握地大规模改造它的环境。而且，应该认为，判别人类是否有资格使其他天体地球化的一项重要指标，乃是人类能不能首先把自己的世界管好。乐观的估计是，也许在200年内，此类计划即可启动。也许，再过几百年，火星真的就成了人类的又一个新家园？

经常有人问：今天，人类在地球上还有那么多的问题有待于解决，还有贫穷、灾害、饥荒、疾病、愚昧等一大堆麻烦事，我们怎么能将大把大把的金钱扔向太空，去搞什么月球探测、火星飞行呢？

诚然，航天事业需要巨额的资金，任何

图5-5-7　火星地球化进程模拟图。(上)现时的火星，(中上)地球化进程前期，(中下)地球化进程过半，(下)火星改造成了又一个地球。达埃因·巴拉德(Daein Ballard)作于2006年(来源：common.wikipedia)

一个国家都不能不考虑“钱”的问题。探索火星确实要耗费巨额财富，但是，人类获得了重要的知识。知识是真正的无价之宝，关键则在于如何聪明而理智地使用它。历史已经一再证明，只要人类文明在继续发展，理性之梦就永远会孕育出新的奇迹。在“飞天”、“奔月”已成现实的今天，人类应该为“火星地球化”的憧憬感到自豪和骄傲……

尾声：永恒的追星

这部“追星协奏曲”，已经到了尾声。

实际上，它只是描绘了人类在太阳系中“追星”的梗概。还有许多人和事，正好成为其他作品的精彩素材。

在我们银河系中，总共有2000多亿颗恒星，太阳只是其中的一个代表。在我们的宇宙中，形形色色的星系数以千亿计，银河系只是其中的普通一员。宇宙的奥秘层出不穷，人类为探索它们谱写了无数辉煌的乐章和诗篇，我们不应错失欣赏的好机会。

林语堂曾经说过：“最好的建筑是这样的：我们居住其中，却感觉不到自然在哪里终了，艺术在哪里开始。”我想，最好的科普作品和科学人文读物，也应该令人“感觉不到科学在哪里终了，人文在哪里开始”。如何达到这种境界？很值得我们多多尝试。

留下这短暂的尾声，正为了永恒的追星。

图6-1　哈勃空间望远镜拍摄的这张照片显示出成千上万个星系。显而易见，人类追星的梦想永远也不会终结